建筑结构设计原理与方法探索

吕文夫　杨嫚嫚　刘超　著

辽宁大学出版社　沈阳
Liaoning University Press

图书在版编目（CIP）数据

建筑结构设计原理与方法探索/吕文夫，杨嫚嫚，刘超著. --沈阳：辽宁大学出版社，2024.12.
ISBN 978-7-5698-1885-7

Ⅰ. TU318

中国国家版本馆 CIP 数据核字第 2024A2035J 号

建筑结构设计原理与方法探索

JIANZHU JIEGOU SHEJI YUANLI YU FANGFA TANSUO

出 版 者：	辽宁大学出版社有限责任公司
	（地址：沈阳市皇姑区崇山中路66号　邮政编码：110036）
印 刷 者：	鞍山新民进电脑印刷有限公司
发 行 者：	辽宁大学出版社有限责任公司
幅面尺寸：	170mm×240mm
印　　张：	14.25
字　　数：	224 千字
出版时间：	2024 年 12 月第 1 版
印刷时间：	2025 年 1 月第 1 次印刷
责任编辑：	郭　玲
封面设计：	徐澄玥
责任校对：	任　伟

书　　号：ISBN 978-7-5698-1885-7
定　　价：88.00 元

联系电话：024-86864613
邮购热线：024-86830665
网　　址：http://press.lnu.edu.cn

前　言

　　建筑结构设计原理与方法探索，是建筑领域内对结构设计理论与实践的深入剖析。这一探索不仅广泛涉及结构设计的根基原理，包括力学原理、材料特性、设计规范等，还积极拓展至结构设计的创新路径，涵盖前沿的设计理念、技术革新以及跨学科的深度融合。在建筑的全生命周期中，结构设计发挥着核心作用，它不仅关乎建筑的安全性与功能性，更直接影响到建筑的经济性与美观性。面对社会发展与科技进步带来的新挑战与机遇，如对可持续发展的迫切需求、对环境适应性的高度关注，以及新材料与新技术的广泛应用，建筑结构设计必须不断适应和创新。

　　本书深入挖掘了建筑结构设计的深层逻辑，首先探讨了建筑结构与建筑之间的密切关系，继而深入剖析了抗震设计和概念设计的基础理论，以及在设计过程中必须遵循的核心原则。然后详尽地分析了框架结构、剪力墙结构、高层建筑结构和钢筋混凝土楼盖结构的设计原则与方法，并特别强调了内力计算的精确性、结构延性设计的重要性以及结构布局的合理性。此外，书中还细致地探讨了高层筒体结构、复杂高层结构以及高层混合结构设计，确保了设计的深度与广度。最后，对钢筋混凝土单层厂房设计书中进行了全面的讨论，包括结构的组成、布置、内力分析、柱的设计以及构件间的连接构造等关键要素。本书的目标是为结构工程师及相关专业人员提供坚实的理论基础和实用的设计指导，以促进建筑结构设计的创新与进步。

本书力图系统性地介绍建筑结构设计的核心原理与实用方法，旨在为读者搭建一个学习与研究的桥梁。鉴于建筑结构设计的复杂性与多变性，书中的见解和论述难免存在局限。笔者热切期待读者的反馈与建议，以便能够不断修正和丰富内容。笔者同样希望本书能够点燃更多专业人士对建筑结构设计的热情，激励大家携手并进，共同促进这一学科的繁荣与成长。

作 者

2024 年 10 月

目　　录

第一章　建筑结构设计概述 ··· 1

　第一节　建筑结构和建筑 ··· 1

　第二节　建筑结构抗震设计及概念设计基本知识 ····················· 7

　第三节　建筑结构设计基本原理 ··· 25

第二章　框架结构设计原理及方法 ·· 40

　第一节　框架结构内力的近似计算方法 ································ 40

　第二节　钢筋混凝土框架的延性设计 ··································· 55

第三章　剪力墙结构设计原理及方法 ····································· 70

　第一节　剪力墙结构的受力特点和分类 ································ 70

　第二节　剪力墙结构内力及位移的近似计算 ·························· 75

　第三节　剪力墙结构的延性设计 ··· 89

第四章　高层建筑结构设计原理及方法 ································ 103

　第一节　高层建筑结构布置原则和设计要求 ························ 103

　第二节　高层筒体结构设计 ··· 126

　第三节　复杂高层结构设计 ··· 132

　第四节　高层混合结构设计 ··· 139

第五章　钢筋混凝土楼盖结构设计原理及方法 ………………… 146

第一节　单向板肋梁楼盖设计 …………………………………… 146
第二节　双向板肋梁楼盖设计 …………………………………… 167
第三节　楼梯结构设计 …………………………………………… 179

第六章　钢筋混凝土单层厂房设计原理及方法 …………………… 184

第一节　单层厂房结构的组成及布置 …………………………… 184
第二节　单层厂房结构排架内力分析 …………………………… 192
第三节　单层厂房柱的设计 ……………………………………… 208
第四节　单层厂房各构件与柱连接构造设计 …………………… 214

参考文献 ……………………………………………………………… 221

第一章　建筑结构设计概述

第一节　建筑结构和建筑

一、建筑物设计

一般建筑物的设计从业主组织设计招标或者委托方案设计开始，到施工图设计完成为止，整个设计工程可划分为方案设计、初步设计和施工图设计三个主要设计阶段。对于小型和功能简单的建筑物，工程设计可分方案设计和施工图设计两个阶段；对重大工程项目，在三个设计阶段的基础上，通常会在初步设计之后增加技术设计环节，然后进入到施工图设计阶段。

二、建筑与结构的关系

建筑物的设计过程，需要建筑师、结构工程师和其他专业工程师（水、暖、电）共同合作完成，特别是建筑师和结构工程师的分工与合作，在整个设计过程中，尤为重要，二者各自的主要设计任务见表1-1。

表 1-1　　　　　　　建筑设计和结构设计的主要任务

建筑设计	结构设计
(1) 与规划的协调，建筑体型和周边环境的设计； (2) 合理布置和组织建筑物室内空间； (3) 解决好采光通风、照明、隔声、隔热等建筑技术问题； (4) 艺术处理和室内外装饰。	(1) 合理选择、确定与建筑体系相称的结构方案和结构布置，满足建筑功能要求； (2) 确定结构承受的荷载，合理选用建筑材料； (3) 解决好结构承载力、正常使用方面的所有结构技术问题； (4) 解决好结构方面的构造和施工方面的问题。

一栋建筑物的完成，是各专业设计人员紧密合作的成果。设计的最终目标

是达到形式和功能的统一，也就是建筑和结构的统一。建筑必须是个有机体，其建筑、结构、材料、功能、形式和环境，应当相互协调、完整一致。

三、建筑结构的基本概念

（一）建筑结构的定义

建筑结构（一般可简称为结构）是指建筑空间中由基本结构构件（梁、柱、桁架、墙、楼盖和基础等）组合而成的结构体系，用以承受自然界或人为施加在建筑物上的各种作用。建筑结构应具有足够的强度、刚度、稳定性和耐久性，以满足建筑物的使用要求，为人们的生命财产提供安全保障。

建筑结构是一个由构件组成的骨架，是一个与建筑、设备以及外界环境形成对立统一的有明显特征的体系，建筑结构的骨架具有与建筑相协调的空间形式和造型。

在土建工程中，结构主要有四个方面的作用：

①形成人类活动的空间。这个作用可以由板（平板、曲面板）、梁（直梁、曲梁）、桁架、网架等水平方向的结构构件，以及柱、墙、框架等竖直方向的结构构件组成的建筑结构来实现。

②为人群和车辆提供通道。这个作用可用以上构件组成的桥梁结构来实现。

③抵御自然界水、土、岩石等侧向压力的作用。这个作用可用水坝、护堤、挡土墙、隧道等水工结构和土工结构来实现。

④构成为其他专门用途服务的空间。这个作用可以用排除废气的烟囱、储存液体的油罐及水池等特殊结构来实现。

（二）建筑结构的分类

根据建筑结构采用的材料、建筑结构的受力特点以及层数等几个方面，对建筑结构进行分类。

1. 按建筑结构采用的材料分类

①混凝土结构。混凝土结构是指以混凝土为主制成的结构，包括素混凝土结构、钢筋混凝土结构和预应力混凝土结构等。素混凝土结构是指无筋或不配置受力钢筋的混凝土结构，其抗拉性能很差，主要用于受压为主的结构，比如基础垫层等。钢筋混凝土结构则是由钢筋和混凝土这两种材料组成共同受力的结构，这种结构能很好地发挥混凝土和钢筋这两种材料不同的力学性能，整体受力性能好，是目前应用最广泛的结构。预应力混凝土结构是指配有预应力钢筋，通过张拉或其他方法在结构中建立预应力的混凝土结构，预应力混凝土结构很好地解决了钢筋混凝土结构抗裂性差的缺点。

②砌体（包括砖、砌块、石等）结构。砌体结构是指由块材（砖、石或砌块）和砂浆砌筑而成的墙、柱作为建筑物的主要受力构件的结构。按所用块材的不同，可将砌体分为砖砌体、石砌体和砌块砌体三类。砌体结构具有悠久的历史，至今仍是应用极为广泛的结构形式。

③钢结构。钢结构是以钢板和型钢等钢材通过焊接、铆接或螺栓连接等方法构筑成的工程结构。

钢结构的强度大、韧性和塑性好、质量稳定、材质均匀，接近各向同性，理论计算的结果与实际材料的工作状况比较一致，有很好的抗振、抗冲击能力。钢结构工作可靠，常常用来制作大跨度、重承载的结构以及超高层结构。

④木结构。以木材为主要材料所形成的结构体系，一般都是由线形单跨的木杆件组成。木材是一种密度小、强度高、弹性好、色调丰富、纹理美观、容易加工和可再生的建筑材料。在受力性能方面，木材能有效地抗压、抗弯和抗拉，尤其是抗压和抗弯具有很好的塑性，所以在建筑结构中得到广泛使用且经千年而不衰。

⑤钢—混凝土组合结构。钢—混凝土组合结构（简称组合结构）是将钢结构和钢筋混凝土结构有机组合而形成的一种新型结构，它能充分利用钢材受拉和混凝土受压性能好的特点，建筑工程中常用的组合结构有：压型钢板—混凝土组合楼盖、钢与混凝土组合梁、型钢混凝土、钢管混凝土等类型，组合结构在高层和超高层建筑及桥梁工程中得到广泛应用。

⑥木混合结构。木混合结构指的是将不同材料通过不同结构布置方式和木材混合而成的结构。木混合结构可以将两种不同类型的结构混合起来，充分发挥各自的结构和材料优势，同时改善单一材料结构的性能缺陷。就材料而言，目前较为常见的木混合结构有木—混凝土混合结构和钢木混合结构。

其他还有塑料结构、薄膜充气结构等。

2. 按建筑物的层数、高度和跨度分类

(1) 单层建筑结构

单层建筑结构包括单层工业厂房、食堂以及仓库等。

(2) 多层建筑结构

多层建筑结构一般指层数在2～9层的建筑物。

(3) 高层建筑结构

从结构设计的角度，中国《高层建筑混凝土结构技术规程》（JGJ 3—2010）规定：10层及10层以上或者房屋高度大于28m的住宅建筑，和房屋高度大于24m的其他民用建筑为高层建筑。

从建筑设计的角度，中国《建筑设计防火规范（2018年版）》（GB 50016

—2014)规定：建筑高度大于 27m 的住宅建筑和建筑高度大于 24m 的非单层厂房、仓库和其他民用建筑为高层建筑。

(4) 大跨建筑结构

大跨建筑结构一般指跨度大约在 40~50m 以上的建筑。

(三) 建筑结构体系

建筑结构体系是一个由基本结构构件集合而成的空间有机体。各基本结构构件的合理组合才能形成满足建筑使用功能的空间，并且能作为整体结构将自然界和人为施加的各种作用传给基础和地基。结构设计的一个重要内容就是确定用哪些基本结构构件组成满足建筑功能要求、受力合理的结构体系。

1. 建筑结构的基本结构构件

建筑结构的基本结构构件主要有：板、梁、柱、墙、杆、拱、壳、膜等。

结构基本构件可以形成多种多样的建筑结构，结构和建筑的紧密结合，可以创造出美轮美奂的优秀建筑作品。

2. 建筑结构的体系分类

按建筑结构的结构形式、受力特点划分，建筑结构的结构体系主要有：

①砌体承重墙结构体系，主要有横墙承重体系、纵墙承重体系、内框架承重体系、纵横墙承重体系等；

②排架结构体系；

③中大跨结构体系，主要有：单层刚架结构体系、桁架结构体系、网架结构体系、拱结构体系、壳体结构体系、索结构体系、膜结构体系等；

④高层建筑结构体系，主要有：框架结构体系、剪力墙结构体系、框架—剪力墙结构体系、筒体结构体系等；

⑤超高层建筑结构体系，主要有：巨型框架结构体系、巨型桁架结构体系以及巨型支撑结构体系等。

(四) 各类结构在工程中的应用

1. 混凝土结构

混凝土结构是在研制出硅酸盐水泥（19 世纪 20 年代初）后发展起来的，并从 19 世纪中期开始在土建工程领域逐步得到应用。与其他结构相比，混凝土结构虽然起步较晚，但因其具有很多明显的优点而得到迅猛发展，现已成为一种十分重要的结构形式。

在建筑工程中，住宅、商场、办公楼、厂房等多层建筑，广泛地采用混凝土框架结构或墙体为砌体、屋（楼）盖为混凝土的结构形式，高层建筑大都采用混凝土结构。在中国成功修建的如上海中心（地上 120 层，结构高度 574.6m）、广州周大福金融中心（地上 111 层，530m）、上海环球金融中心

（地上101层，492m）、国外修建的如阿联酋迪拜的哈利法塔（169层，828m）、莫斯科联邦大厦（东塔）（95层，374m）、马来西亚吉隆坡石油大厦（88层，452m）、美国亚特兰大美国银行广场（55层，312m）等著名的高层建筑，也都采用了混凝土结构或钢—混凝土组合结构。除了高层外，在大跨度建筑方面，由于广泛采用预应力技术和拱、壳、V形折板等形式，已使建筑物的跨度达百米以上。

在交通工程中，大部分的中、小型桥梁都采用钢筋混凝土来建造，尤其是拱形结构的应用，使得桥梁的大跨度得以实现，如中国的重庆万州长江大桥，采用劲性骨架混凝土箱形截面，净跨达420m；克罗地亚的克尔克口号桥为跨度390m的敞肩拱桥。一些大跨度桥梁常采用钢筋混凝土和悬索或斜拉结构相结合的形式，悬索桥中如中国的润扬长江大桥南汊桥（主跨1490m），日本的明石海峡大桥（主跨1990m）；斜拉桥中如中国的杨浦大桥（主跨602m），日本的多多罗大桥（主跨890m）等，都是极具代表性的中外名桥。

在水利工程和其他构筑物中，钢筋混凝土结构也扮演着极为重要的角色：长江三峡水利枢纽中高达186m的拦江大坝为混凝土重力坝，筑坝的混凝土用量达1527万 m^2；现在，仓储构筑物、管道、烟囱及塔类建筑也广泛采用混凝土结构。高达553m的加拿大多伦多电视塔，就是混凝土高耸建筑物的典型代表。另外，飞机场的跑道、海上石油钻井平台、高桩码头、核电站的安全壳等也都广泛采用混凝土结构。

2. 砌体结构

砌体结构是最传统、古老的结构。自人类从巢、穴居进化到室居之初，就开始出现以块石、土坯为原料的砌体结构，进而发展为烧结砖瓦的砌体结构。中国的万里长城、安济桥（赵州桥），国外的埃及大金字塔、古罗马大角斗场等，都是古代流传下来的砖石砌体的佳作。混凝土砌块砌体只是近百年才发展起来，在中国，直到20世纪50年代才开始建造用混凝土空心砌块作墙体的房屋。砌体结构不仅适用作建筑物的围护或作承重墙体，而且可砌筑成拱、券、穹隆结构，以及塔式筒体结构，尤其在使用配筋砌体结构以后，在房屋建筑中，已从过去建造低矮民房，发展到建造多层住宅、办公楼、厂房、仓库等。国外有用砌体作承重墙建造了20层楼的例子。

在桥梁及其他建设方面，大量修建的拱桥，则是充分利用了砌体结构抗压性能较好的特点，最大跨度可达120m。由于砌体结构具有经济、取材广泛、耐久性好等优点，还被广泛地应用于修建小型水池、料仓、烟囱、渡槽、坝、堰、涵洞以及挡土墙等工程。

随着新材料、新技术、新结构的不断研制和发展（诸如新型环保型砌块、高粘结性能的砂浆、墙板结构、配筋砌体等），加上计算方法和实验技术手段的进步，砌体结构亦将在中国的建筑、交通、水利等领域中发挥更大的作用。

3. 钢结构

钢结构是由古代生铁结构发展而来，在中国就有秦始皇时代生铁建造的桥墩，在汉代及明、清年代，建造了若干铁链悬桥，此外还有古代的众多铁塔。到了近代，钢结构已广泛地在工业与民用建筑、水利、码头、桥梁、石油、化工、航空等各领域得到应用。钢结构主要用于建造大型、重载的工业厂房，如冶金、锻压、重型机械工厂厂房等；需要大跨度的建筑，比如桥梁、飞机库、体育场、展览馆等；高层及超高层建筑物的骨架；受振动或地震作用的结构；以及储油（气）罐、各种管道、井架、吊车、水闸的闸门等。近年来，轻钢结构也广泛应用于厂房、办公、仓库等建筑，并已应用到轻钢住宅、轻钢别墅等居住类建筑。

随着科学技术的发展和新钢种、新连接技术以及钢结构研究的新成果的出现，钢结构的结构形式、应用范围也会有新的突破和拓展。

4. 木结构

21世纪初期，国务院先后发布了《绿色建筑行动方案》《促进绿色建材生产和应用行动方案》等政策文件，在文件中强调未来中国建筑应走向绿色、环保的方向。随后，国务院在发布的《中共中央国务院关于进一步加强城市规划建设管理工作的若干意见》中还明确提出了要"在具备条件的地方倡导发展现代木结构建筑"，为了中国现代木结构建筑的发展带来了新的机遇。

5. 组合结构

组合结构是指由两种或两种以上不同材料组成，并且材料之间能以某种方式有效传递内力，以整体的形式产生抗力的结构。目前最常见的是钢与混凝土组合结构（以下简称组合结构）。

建筑工程中常用的组合结构类型有：压型钢板—混凝土组合楼盖、钢与混凝土组合梁、型钢混凝土、钢管混凝土等组合承重构件，还有组合斜撑、组合墙等抗侧力构件。

组合结构充分利用了钢材和混凝土材料各自的材料性能，具有承载力高、刚度大、抗震性能好、构件截面尺寸小、施工快速方便等优点。和钢筋混凝土结构相比，组合结构可以减小构件截面尺寸，减轻结构自重，减小地震作用，增加有效使用空间，降低基础造价，方便安装，缩短施工周期，增加构架和结构的延性等。与钢结构相比，可以减少用钢量，增大刚度，增加稳定性和整体性，提高结构的抗火性和耐久性等。

另外，采用组合结构可以节省脚手架和模板，便于立体交叉施工，减小现场湿作业量，缩短施工周期，减小构件截面并增大净空和实用面积。通过地震灾害调查发现，与钢结构和钢筋混凝土结构相比，组合结构的震害影响最低。组合结构造价一般介于钢筋混凝土结构和钢结构之间，如考虑到因结构自重减轻而带来的竖向构件截面尺寸减小，造价甚至还要更低。

第二节 建筑结构抗震设计及概念设计基本知识

考虑到中国绝大部分乡村和城市都处于抗震设防区，建筑结构的学习需掌握建筑结构抗震及概念设计方面的知识，主要内容包括：地震特性及震害现象；地震震级、地震烈度、基本烈度、设防烈度的概念；三水准设防目标；两阶段设计方法及建筑结构抗震中概念设计的一些基本内容。通过学习，人们要理解和掌握建筑结构抗震概念设计的内涵，了解建筑结构抗震性能设计的一般要求，以便熟练、灵活运用。

一、地震特性

地震是来自地球内部构造运动的一种自然现象。中国是多震国家，地震发生的地域范围广，且强度大。为减轻建筑的地震破坏，避免人员伤亡，减少经济损失，土木工程师等工程技术人员必须了解建筑结构抗震设计基本知识，对建筑工程进行抗震分析和抗震设计。

（一）地震类型

1. 按地震的成因分类

诱发地震：由于人工爆破、矿山开采及兴建水库等工程活动所引发的地震。影响范围较小，地震强度一般不大。

火山地震：由于活动的火山喷发，岩浆猛烈冲出地面引起的地震。主要发生在有火山的地域，中国很少见。

构造地震：地球内部由地壳、地幔以及地核三圈层构成，其中地壳是地球外表面的一层很薄的外壳，它由各种不均匀岩石及土组成；地幔是地壳下深度约为2900km的部分，由密度较大的超基岩组成；地核是地幔下界面（称为古登堡截面）至地心的部分，地核半径约为3500km，分内核和外核。从地下2900～5100km深处范围，叫作外核，5100km以下的深部范围称内核。地球内部各部分的密度、温度及压力随深度的增加而增大。

根据板块构造学说，地球表层主要由六个巨大板块组成：美洲板块、非洲板块、亚欧板块、印度洋板块、太平洋板块以及南极洲板块。板块表面岩石层厚度约为70～100km，板块之间的运动使板块边界地区的岩层发生变形而产生应力，当应力积累一旦超过岩体抵抗它的承载力极限时，岩体即会发生突然断裂或错动，释放应变能，从而引发的地震称为构造地震。构造地震发生次数多，影响的范围广，是地震工程的主要研究对象。

2. 按震源的深度分类

浅源地震：震源深度在70km以内的地震。

中源地震：震源深度在70～300km范围以内的地震。

深源地震：震源深度超过300km的地震。

3. 地震术语

震源：地球内岩体断裂错动并引起周围介质剧烈振动的部位称为震源。

震中：震源正上方的地面位置称为震中。

震中距：地面某处至震中的水平距离称为震中距。

震源深度：震源到震中的垂直距离。

震源和震中不是一个点，而是有一定范围的区域。

（二）地震波和地震动

地震发生时，地球内岩体断裂、错动产生的振动，即地震动，以波的形式通过介质从震源向四周传播，这就是地震波。地震波是一种弹性波，它包括了体波和面波。

体波：在地球内部传播的波称为体波。体波有纵波和横波两种形式。纵波是压缩波（P波），其介质质点运动方向与波的前进方向相同。纵波周期短、振幅较小，传播速度最快，引起地面上下颠簸；横波是剪切波（S波），其介质质点运动方向与波的前进方向垂直。横波周期长、振幅较大，传播速度次于纵波，引起地面左右摇晃。

面波：沿地球表面传播的波叫作面波。面波有瑞雷波（R波）和乐夫波（L波）两种形式。瑞雷波传播时，质点在波的前进方向和地表法向组成的平面内作逆向的椭圆运动。会引起地面晃动；乐夫波传播时，质点在与波的前进方向垂直的水平方向作蛇形运动。面波速度最慢，周期长，振幅大，比体波衰减慢。

综上所述，地震时纵波最先到达，横波次之，面波最慢；就振幅而言，后者最大。当横波和面波都到达时振动最为强烈，面波的能量大，是引起地表和建筑物破坏的主要原因。由于地震波在传播的过程中逐渐衰减，随震中距的增加，地面振动逐渐减弱，地震的破坏作用也逐渐减轻。

地震发生时，由于地震波的传播而引起的地面运动，称之为地震动。地震动的位移、速度和加速度可以用仪器记录下来。

地震动的峰值（最大振幅）、频谱和持续时间，通常称为地震动的三要素。工程结构的地震破坏，与地震动的三要素密切相关。

（三）地震等级和地震烈度

地震等级简称震级，是表示一次地震时所释放能量的多少，也是表示地震强度大小的指标。一次地震只有一个震级。目前中国采用的是国际通用的里氏震级 M，并且考虑了震中距小于 100km 的影响，即按下式计算

$$M = \lg A + R(\Delta) \tag{1-1}$$

式中：A——地震记录图上量得的以 μm 为单位的最大水平位移（振幅）；

$R(\Delta)$——随震中距而变化的起算函数。

震级 M 与地震释放的能量 E（尔格 erg）之间的关系为

$$\lg E = 1.5M + 11 \tag{1-2}$$

式（1-2）表明，震级 M 每增加一级，地震所释放的能量 E 约增加 30 倍。2～4 级的浅震，人就可以感觉到，称为有感地震；5 级以上的地震会造成不同程度的破坏，叫破坏性地震；7 级以上的地震叫作强烈地震或者大震。目前，世界上已记录到的最大地震等级为 9.0 级。

地震烈度是指某一地区的地面和各类建筑物遭受一次地震影响的平均强弱程度。距震中的距离不同，地震的影响程度不同，即烈度不同。一般而言，震中附近地区，烈度高；距离震中越远的地区，烈度越低。根据震级可以粗略地估计震中区烈度的大小，即

$$I_0 = \frac{3}{2}(M - 1) \tag{1-3}$$

式中：I_0——震中区烈度；

M——里氏震级。

为评定地震烈度，需要建立一个标准，这个标准称为地震烈度表。世界各国的地震烈度表不尽相同。如日本采用 8 度地震烈度表，欧洲一些国家采用 10 度地震烈度表，中国采用的是 12 度的地震烈度表，也是绝大多数国家采用的标准。

按照地震烈度表中的标准可以对受一次地震影响的地区评定出相应的烈度。具有相同烈度的地区的外包线，称之为等烈度线（或等震线）。等烈度线的形状与地震时岩层断裂取向、地形、土质等条件有关，多数近似呈椭圆形。一般情况下，等烈度的度数随震中距的增大而减小，但有时也会出现局部高一度或低一度的异常区。

基本烈度是指一个地区在一定时期（中国取 50 年）内在一般场地条件下，按一定的超越概率（中国取 10%）可能遭遇到的最大地震烈度，可以取为抗

震设防的烈度。

目前,中国已将国土划分为不同基本烈度所覆盖的区域,这一工作称为地震区划。随着研究工作的不断深入,地震区划将给出相应的震动参数,如地震动的幅值等。

二、建筑结构的抗震设防

(一)抗震设防目标

抗震设防是指对建筑物或构筑物进行抗震设计,以达到结构抗震的作用和目标。抗震设防的目标就是在一定的经济条件下,最大限度地减轻建筑物的地震破坏,保障人民生命财产的安全。目前,许多国家的抗震设计规范都趋向于以"小震不坏,中震可修,大震不倒"作为建筑抗震设计的基本准则。

抗震设防烈度与设计基本地震加速度之间的对应关系见表1-2。根据中国对地震危险性的统计分析得到:设防烈度比多遇烈度高约1.55度,而罕遇地震比基本烈度高约1度。[①]

表1-2　　抗震设防烈度与设计基本地震加速度值的对应关系

设防烈度	6度	7度	8度	9度
设计基本地震加速度值	0.05g	0.10g(0.15g)	0.20g(0.30g)	0.40g

注:g为重力加速度

比如,当设防烈度为8度时,其多遇烈度为6.45度,罕遇烈度为9度。

中国《建筑抗震设计标准》(GB/T 50011-2010)规定,设防烈度为6度及6度以上地区必须进行抗震设计,并提出三水准抗震设防目标:

第一水准:当建筑物遭受低于本地区抗震设防烈度的多遇地震影响时,建筑主体一般不受损坏或不需修理可继续使用(小震不坏);

第二水准:当建筑物遭受到相当本地区抗震设防烈度的地震影响时,可能发生损坏,但经一般性修理或不需修理仍可继续使用(中震可修);

第三水准:当建筑物遭受高于本地区抗震设防烈度的罕遇地震影响时,不致倒塌或发生危及生命的严重破坏(大震不倒)。

另外,中国《建筑抗震设计标准》(GB/T 50011-2010)对主要城市和地区的抗震设防烈度、设计基本加速度值给出了具体规定,同时指出了相应的设计地震分组,这样划分能更好地体现震级和震中距的影响,使对地震作用的计

[①] 抗震设计浅析 https://wenku.baidu.com/view/94c7ca22bd1e650e52ea551810a6f524cdbfcb79.html

算更为细致，中国采取 6 度起设防的方针，地震设防区面积约占国土面积的 60%。

(二) 建筑物抗震设防分类及设防标准

1. 抗震设防分类

由于建筑物功能特性不同，地震破坏所造成的社会和经济后果是不同的。对于不同用途的建筑物，应当采用不同的抗震设防标准来达到抗震设防目标的要求。根据《建筑工程抗震设防分类标准》(GB 50223－2008) 的规定，建筑抗震设防类别划分，应根据下列因素的综合分析确定：

①建筑破坏造成的人员伤亡、直接和间接经济损失及社会影响的大小。

②城镇的大小、行业的特点、工矿企业的规模。

③建筑使用功能失效后，对全局的影响范围大小、抗震救灾影响以及恢复的难易程度。

④建筑各区段（区段指由防震缝分开的结构单元、平面内使用功能不同的部分，或上下使用功能不同的部分）的重要性有显著不同时，可按区段划分抗震设防类别。下部区段的类别不应低于上部区段。

⑤不同行业的相同建筑，当所处地位及地震破坏所产生的后果和影响不同时，其抗震设防类别可不相同。

建筑工程应分为以下四个抗震设防类别：

①特殊设防类：指使用上有特殊设施，涉及国家公共安全的重大建筑工程和地震时可能发生严重次生灾害等特别重大灾害后果，需进行特殊设防的建筑。简称甲类。

②重点设防类：指地震时使用功能不能中断或需尽快恢复的生命线相关建筑，以及地震时可能导致大量人员伤亡等重大灾害后果，需要提高设防标准的建筑。简称乙类。

③标准设防类：指大量的除①、②、④款以外按标准要求进行设防的建筑。简称丙类。

④适度设防类：指使用上人员稀少且震损不致产生次生灾害，允许在一定条件下适度降低要求的建筑，简称丁类。

2. 建筑物设防标准

各抗震设防类别建筑的抗震设防标准，应符合下列要求：

①标准设防类，人们应按本地区抗震设防烈度确定其抗震措施和地震作用，达到在遭遇高于当地抗震设防烈度的预估罕遇地震影响时不致倒塌或发生危及生命安全的严重破坏的抗震设防目标。

②重点设防类，人们应按高于本地区抗震设防烈度一度的要求加强其抗震

措施；但抗震设防烈度为 9 度时应按比 9 度更高的要求采取抗震措施；地基基础的抗震措施应符合有关规定。同时，人们应按本地区抗震设防烈度确定其地震作用。对划为重点设防类且规模很小的工业建筑，当改用抗震性能较好的材料且符合抗震设计规范对结构体系的要求时，允许按标准设防类设防。

③特殊设防类，人们应按高于本地区抗震设防烈度提高一度的要求加强其抗震措施；但抗震设防烈度为 9 度时应按比 9 度更高的要求采取抗震措施。同时，人们应按批准的地震安全性评价的结果且高于本地区抗震设防烈度的要求确定其地震作用。

④适度设防类，允许比本地区抗震设防烈度的要求适当降低其抗震措施，但抗震设防烈度为 6 度时不应降低。一般情况下，人们仍然应按本地区抗震设防烈度确定其地震作用。

《建筑工程抗震设防分类标准》（GB 50223－2008）中，对各种建筑类型的抗震设防类别都有具体规定，如教育建筑中，幼儿园、小学、中学的教学用房以及学生宿舍和食堂，抗震设防类别应不低于重点设防类；居住建筑的抗震设防类别不应低于标准设防类。

抗震设防是以现有的科学水平和经济条件为前提。规范的科学依据只能是现有的经验和资料。目前对地震规律性的认识还很不足，随着科学水平的提高，规范的规定会有相应的突破；而且规范的编制要根据国家经济条件的发展，适当考虑抗震设防水平，制定相应的设防标准。

（三）建筑物抗震设计方法

为实现上述三水准的抗震设防目标，中国建筑抗震设计规范采用两阶段设计方法。同时规定当抗震设防烈度为 6 度时，除《建筑抗震设计标准》（GB/T 50011－2010）有具体规定外，对乙、丙、丁类的建筑可不进行地震作用计算。第一阶段设计是承载力验算：按与设防烈度对应的多遇地震烈度（第一水准）的地震动参数计算结构的弹性地震作用标准值和相应的地震作用效应，和其他荷载效应进行组合，进行验算结构构件的承载力和结构的弹性变形，可以满足在第一水准下具有必要的承载力可靠度。对于大多数的结构，可只进行第一阶段设计，而通过概念设计和抗震构造措施来满足第三水准的设计要求。

第二阶段设计弹塑性变形验算，对地震时易倒塌的结构、有明显薄弱层的不规则结构以及有专门要求的建筑，除进行第一阶段设计外，还要按罕遇地震烈度对应的地震作用效应验算结构的弹塑性变形并采取相应的抗震构造措施，以保证结构满足第三水准的抗震设防要求。

目前一般认为，良好的抗震构造及概念设计有助于实现第二水准抗震设防要求。

三、建筑结构抗震概念设计

由工程抗震基本理论及长期工程抗震经验总结的工程抗震基本概念，往往是保证良好结构性能的决定因素，结合工程抗震基本概念的设计可称为"抗震概念设计"。

在进行抗震概念设计时，人们应当在开始工程设计时把握好能量输入、房屋体型、结构体系、刚度分布、构件延性等几个主要方面，从根本上消除建筑中的抗震薄弱环节，再辅以必要的构造措施，就有可能使设计出的房屋建筑具有良好的抗震性能和足够的抗震可靠度。抗震概念设计自20世纪70年代提出以来愈来愈受到国内外工程界的普遍重视。

（一）选择有利场地

地震造成的建筑物破坏类型主要有：①由于地震时地面强烈运动，使建筑物在振动过程中，因丧失整体性或强度不足，或者变形过大而破坏；②由于水坝坍塌、海啸、火灾、爆炸等次生灾害所造成的；③由于断层错动、山崖崩塌、河岸滑坡、地层陷落等地面严重变形直接造成的。前两种破坏情况可以通过工程措施加以防治；而第三种情况，单靠工程措施是很难达到预防目的的，或者所花代价太昂贵。因此，选择工程场址时，人们应该详细勘察，认清地形、地质情况，挑选对建筑抗震有利的地段，尽可能避开对建筑抗震不利的地段；任何情况下，人们不得在抗震危险地段上，建造可能引起人员伤亡或较大经济损失的建筑物。

1. 避开抗震危险地段

建筑抗震危险的地段，一般是指地震时可能发生崩塌、滑坡、地陷、泥石流等地段，以及震中烈度为8度以上的发震断裂带在地震时可能发生地表错位的地段。

断层是地质构造上的薄弱环节。强烈地震时，断层两侧的相对移动还可能出露于地表，形成地表断裂。

陡峭的山区，在强烈地震作用下，常发生巨石塌落、山体崩塌。

地下煤矿的大面积采空区，特别是废弃的浅层矿区，地下坑道的支护或被拆除，或因年久损坏，地震时的坑道坍塌可能导致大面积地陷，引起上部建筑毁坏，因此，采空区也应视为抗震危险地段，不能在其上建房。

2. 选择有利于抗震的场地

中国乌鲁木齐、东川、邢台、通海、唐山等地所发生的几次地震，根据震害普查所绘制的等震线图中，在正常的烈度区内，常存在着小块的高一度或低一度的烈度异常区。此外，同一次地震的同一烈度区内，位于不同小区的房屋，尽管建筑形式、结构类别、施工质量等情况基本相同，但是震害程度却出现较大差异。究其原因，主要是地形和场地条件不同造成的。

对建筑抗震有利的地段，一般是指位于开阔平坦地带的坚硬场地土或密实均匀中硬场地土。对建筑抗震不利的地段，就地形而言，一般是指条状突出的山嘴，孤立的山包和山梁的顶部，高差较大的台地边缘，非岩质的陡坡，河岸和边坡的边缘；就场地土质而言，一般是指软弱土、易液化土，故河道、断层破碎带、暗埋塘浜沟谷或半挖半填地基等，以及在平面分布上成因、岩性和状态明显不均匀的地段。

地震工程学者大多认为，地震时，在孤立山梁的顶部，基岩运动有可能被加强。国内多次大地震的调查资料也表明，局部地形条件是影响建筑物破坏程度的一个重要因素。宁夏海原地震，位于渭河谷地的姚庄，烈度为7度；而相距仅2km的牛家庄，因位于高出百米的突出的黄土梁上，烈度竟高达9度。[①]

河岸上的房屋，常因地面不均匀沉降或地面裂隙穿过而裂成数段。这种河岸滑移对建筑物的危害，靠工程构造措施来防治是不经济的，一般情况下宜采取避开的方案。必须在岸边建房时，应采取可靠措施，消除下卧土层的液化性，提高了灵敏黏土层的抗剪强度，以增强边坡稳定性。

不同类别的土壤，具有不同的动力特性，地震反应也随之出现差异。一个场地内，沿水平方向土层类别发生变化时，一幢建筑物不宜跨在两类不同土层上，否则可能危及该建筑物的安全。无法避开时，除了考虑不同土层差异运动的影响外，还应采用局部深基础，使整个建筑物的基础落在同一个土层上。

饱和松散的砂土和粉土，在强烈地震动作用下，孔隙水压急剧升高，土颗粒悬浮于孔隙水中，从而丧失受剪承载力，在自重或较小附压下即产生较大沉陷，并伴随着喷水冒砂。当建筑地基内存在可液化土层时，人们应采取有效措施，完全消除或部分消除土层液化的可能性，并应对上部结构适当加强。

淤泥和淤泥质土等软土，是一种高压缩性土，抗剪强度很低。软土在强烈地震作用下，土体受到扰动，絮状结构遭到破坏，强度显著降低，不仅压缩变形增加，还会发生一定程度的剪切破坏，土体向基础两侧挤出，造成建筑物的急剧沉降和倾斜。

天津塘沽港地区，地表下3～5m为冲填土，其下为深厚的淤泥和淤泥质土。地下水位为-1.6m。20世纪70年代兴建的16幢3层住宅和7幢4层住宅，均采用筏板基础。20世纪70年代地震前，累计下沉量分别为200mm和

---

① 《建筑与市政工程抗震通用规范》GB55002—2021（附条文说明）https://zhuanlan.zhihu.com/p/421264035

300mm，地震期间的突然沉降量分别达150mm和200mm。震后，房屋向一侧倾斜，房屋四周的外地坪、地面隆起。根据以上情况，对于高层建筑，即使采用"补偿性基础"，也不允许地基持力层内有上述软土层存在。

此外，在选择高层建筑的场地时，人们应尽量建在基岩或薄土层上，或应建在具有"平均剪切波速"的坚硬场地上，以减少输入建筑物的地震能量，从根本上减轻地震对建筑物的破坏作用。

（二）确定合理建筑体型

一幢房屋的动力性能基本上取决于它的建筑设计和结构方案。建筑设计简单合理，结构方案符合抗震原则，就能从根本上保证房屋具有良好的抗震性能。反之，建筑设计追求奇特、复杂，结构方案存在薄弱环节，即使进行精细的地震反应分析，在构造上采取了补强措施，也不一定能达到减轻震害的预期目的。这里主要以混凝土结构为例，介绍如何确定合理的建筑体型，其他材料组成的结构，其建筑体型相关要求在此不多做赘述。

1. 建筑平面布置

建筑物的平、立面布置宜规则、对称，质量和刚度变化均匀，避免楼层错层。国内外多次地震中均有不少震例表明，凡是房屋体型不规则，平面上凸出凹进，立面上高低错落，破坏程度均比较严重；而房屋体型简单整齐的建筑，震害都比较轻。这里"规则"包含了对建筑的平、立面外形尺寸，抗侧力构件布置、质量分布，直至强度分布等诸多因素的综合要求，这种"规则"对高层建筑尤为重要。

地震区的高层建筑，平面以方形、矩形、圆形为好；正六边形、正八边形、椭圆形、扇形也可以。三角形平面虽也属简单形状，但是，由于它沿主轴方向不都是对称的，地震时容易产生较强的扭转振动，因而不是理想的平面形状。此外，带有较长翼缘的L形、T形、十字形、U形、H形、Y形平面也不宜采用。因为这些平面的较长翼缘，地震时容易因发生差异侧移而加重震害。

事实上，由于城市规划、建筑艺术和使用功能等多方面的要求，建筑不可能都设计为方形或者圆形。中国《高层建筑混凝土结构技术规程》（JGJ 3—2010），对地震区高层建筑的平面形状作了明确规定；并且提出对这些平面的凹角处，应采取加强措施。

2. 建筑立面布置

地震区建筑的立面也要求采用矩形、梯形、三角形等均匀变化的几何形状，尽量避免采用带有突然变化的阶梯形立面。因为立面形状的突然变化，必然带来质量和抗侧移刚度的剧烈变化，地震时，该突变部位就会剧烈振动或塑性变形集中而加重破坏。

中国《高层建筑混凝土结构技术规程》(JGJ 3－2010)规定：建筑的竖向体形宜规则、均匀，避免有过大的外挑和收进。结构的侧向刚度宜下大上小，逐渐均匀变化，不应当采用竖向布置严重不规则的结构。并要求抗震设计的高层建筑结构，其楼层侧向刚度不宜小于相邻上部楼层侧向刚度的70%或其上相邻三层侧向刚度平均值的80%。

按《高层建筑混凝土结构技术规程》(JGJ 3－2010)，高层建筑的高度限值分A、B两级，A级规定较严，是目前应用最广泛的高层建筑高度，B级规定较宽，但采取更严格的计算和构造措施。A级高度高层建筑的楼层抗侧力结构的层间受剪承载力不宜小于其相邻上一层受剪承载力的80%，不应小于其相邻上一层受剪承载力的65%；B级高度高层建筑的楼层抗侧力结构的受剪承载力不应小于其上一层受剪承载力75%。

3. 房屋的高度

一般而言，房屋越高，所受到的地震力和倾覆力矩越大，破坏的可能性也越大。过去一些国家曾对地震区的房屋做过限制，随地震工程学科的不断发展，地震危险性分析和结构弹塑性时程分析方法日趋完善，特别是通过世界范围地震经验的总结，人们已认识到"房屋越高越危险"的概念不是绝对的，是有条件的。

就技术经济而言，各种结构体系都有它自己的最佳适用高度。《建筑抗震设计标准》(GB/T 50011－2010)和《高层建筑混凝土结构技术规程》(JGJ 3－2010)，根据中国当前科研成果和工程实际情况，对各种结构体系适用范围内建筑物的最大高度均作出了规定，表1－3规定了现浇钢筋混凝土房屋适用的最大高度。《建筑抗震设计标准》(GB/T 50011－2010)还规定：对于平面和竖向不规则的结构或类Ⅳ场地上的结构，适用的最大高度应适当降低。

表1－3 现浇钢筋混凝土房屋适用的最大高度（单位：m）

结构体系 6度	抗震设防烈度			
	7度	8度(0.2g)	8度(0.3g)	9度
框架	60	50	40	35	24
框架—抗震墙	130	120	100	80	50
抗震墙	140	120	100	80	60
部分框支抗震墙	120	100	80	50	不应采用

续表

结构体系6度		抗震设防烈度			
		7度	8度（0.2g）	8度（0.3g）	9度
筒体	框架—核心筒	150	130	100	90	70
	筒中筒	180	150	120	100	80
板柱—抗震墙		80	70	55	40	不应采用

注：1. 房屋高度指室外地面到主要屋面板板顶的高度（不考虑局部突出屋顶部分）；2. 框架—核心筒结构指周边稀柱框架和核心筒组成的结构；3. 部分框支抗震墙结构指首层或底部两层为框支层的结构，不包括仅个别框支墙的情况；4. 表中框架，不包括异形柱框架；5. 板柱—抗震墙结构指板柱、框架和抗震墙组成抗侧力体系的结构；6. 乙类建筑可按本地区抗震设防烈度确定其适用的最大高度；7. 超过表内高度的房屋，应进行专门研究和论证，采取了有效的加强措施。

4. 房屋的高宽比

相对建筑物的绝对高度，建筑物的高宽比更为重要。因为建筑物的高宽比值越大，即建筑物越高瘦，地震作用下的侧移越大，地震引起的倾覆作用越严重。巨大的倾覆力矩在柱（墙）和基础中所引起的压力和拉力比较难于处理。

世界各国对房屋的高宽比都有比较严格的限制。中国对混凝土结构高层建筑高宽比的要求是按结构类型和地震烈度区分的，见表1—4。

表1—4　　　　钢筋混凝土结构高层建筑结构适用的最大高宽比

结构体系	非抗震设计	抗震设防烈度		
		6度、7度	8度	9度
框架	5	4	3	—
板柱—剪力墙	6	5	4	
框架—剪力墙、剪力墙	7	6	5	4
框架—核心筒	8	7	6	4
筒中筒	8	8	7	5

注：当有大底盘时，计算高宽比的高度从大底盘顶部算起。

5. 防震缝的合理设置

合理地设置防震缝，可以将体型复杂的建筑物划分为"规则"的建筑物，从而可将减轻抗震设计的难度及提高抗震设计的可靠性。但设置防震缝会给建筑物的立面处理、地下室防水处理等带来一定的难度，而且防震缝如果设置不当还会引起相邻建筑物的碰撞，从而加重地震破坏的程度。在国内外历史地震中，不乏建筑物碰撞的事例。

近年来国内一些高层建筑一般通过调整平面形状和尺寸，并且在构造上以及施工时采取一些措施，尽可能不设伸缩缝、沉降缝和防震缝。不过，遇到下列情况，还是应设置防震缝，将整个建筑划分为若干个简单的独立单元。

①房屋长度超过表1-5中规定的伸缩缝最大间距，又无条件地采取特殊措施而必须设置伸缩缝时；

②平面形状、局部尺寸或立面形状不符合规范的有关规定，而又未在计算和构造上采取相应措施时；

③地基土质不均匀，房屋各部分的预计沉降量（包括地震时的沉陷）相差过大，必须设置沉降缝时；

④房屋各部分的质量或结构抗侧移刚度大小悬殊时。

表1-5　　　　　　　　　伸缩缝的最大间距

结构体系	施工方法	最大间距/m
框架结构	现浇	55
剪力墙结构	现浇	45

注：1. 框架—剪力墙的伸缩缝间距可根据结构的具体布置情况取表中框架结构与剪力墙结构之间的数值；2. 当屋面无保温或隔热措施、混凝土的收缩较大或室内结构因施工外露时间较长时，伸缩缝间距应适当减小；3. 现浇挑檐、雨罩等外露结构的局部伸缩缝间距不宜大于12m；4. 位于气候干燥地区、夏季炎热且暴雨频繁地区的结构，伸缩缝的间距宜适当减小。

当采用下列构造措施和施工措施减少温度和混凝土收缩对于结构的影响时，可适当放宽伸缩缝的间距。

①顶层、底层、山墙和纵墙端开间等受温度变化影响较大的部位提高配筋率；

②顶层加强保温隔热措施，外墙设置外保温层；

③每30～40m间距留出施工后浇带，带宽800～1000mm，钢筋采用搭接接头，后浇带混凝土宜在两个月后浇筑；

④顶部楼层改用刚度较小的结构形式或顶部设局部温度缝，将结构划分为长度较短的区段；

⑤采用收缩小的水泥、减少水泥用量、在混凝土中加入适宜的外加剂；

⑥提高每层楼板的构造配筋率或采用部分预应力结构。

对于多层砌体结构房屋，当房屋立面高差在6m以上，或房屋有错层且楼板高差较大，或各部分结构刚度、质量截然不同时宜设置防震缝，缝两侧均应设置墙体，缝宽应根据烈度和房屋高度确定，一般为70～100mm。

需要说明的是，对于抗震设防烈度为6度以上的房屋，所有伸缩缝和沉降缝，均应符合防震缝的要求。此外，对体型复杂的建筑物不设抗震缝时，人们应对建筑物进行较精确的结构抗震分析，估计其局部应力和变形集中及扭转影响，判明其易损部位，采取加强措施或提高变形能力的措施。

(三) 采用合理的抗震结构体系

1. 结构选型

(1) 结构材料的选择

在建筑方案设计阶段，研究建筑形式的同时，需要考虑选用哪一种结构材料，以及采用什么样的结构体系，方便能够根据工程的各方面条件，选用既符合抗震要求又经济实用的结构类型。

结构选型涉及的内容较多，应根据建筑的重要性、设防烈度、房屋高度、场地、地基、基础、材料和施工等因素，经技术、经济条件比较综合确定。单从抗震角度考虑，作为一种好的结构形式，应具备下列性能：①延性系数高；②"强度/重力"比值大；③均质性好；④正交各向同性；⑤构件的连接具有整体性、连续性和较好的延性，并能发挥材料的全部强度。

按照上述标准来衡量，常见建筑结构类型，依其抗震性能优劣而排列的顺序是：①钢（木）结构；②型钢混凝土结构；③混凝土—钢混合结构；④现浇钢筋混凝土结构；⑤预应力混凝土结构；⑥装配式钢筋混凝土结构；⑦配筋砌体结构；⑧砌体结构等。

钢结构具有极好的延性，良好的连接，可靠的节点，以及在低周往复荷载下有饱满稳定的滞回曲线，历次地震中，钢结构建筑的表现均很好，但是也有个别建筑因竖向支撑失效而破坏。就地震实践中总的情况来看，钢结构的抗震性能优于其他各类材料组成的结构。

事实上，只要经过合理的抗震设计，现浇钢筋混凝土结构就具有足够的抗震可靠度。它有着以下几方面的优点：①通过现场浇筑，可形成具有整体式节点的连续结构；②就地取材；③造价较低；④有较大的抗侧移刚度，从而较小结构侧移，保护非结构构件遭破坏；⑤良好的设计可以保证结构具有足够的延性。

但是，钢筋混凝土结构也存在着以下几方面的缺点：①周期性往复水平荷载作用下，构件刚度因裂缝开展而递减；②构件开裂后钢筋的塑性变形，使裂缝不能闭合；③低周往复荷载下，杆件塑性铰区反向斜裂缝的出现，将混凝土挤碎，产生永久性的"剪切滑移"。

砌体结构由于自重大，强度低，变形能力差，在地震中表现出较差的抗震能力。但砌体结构因其造价低廉、施工技术简单、可居住性好而广受欢迎。为了提升其抗震能力,加设构造柱和圈梁已成为一种有效的解决途径。圈梁,作为一种水平闭合的梁,能够增强建筑物的整体刚度,有效约束墙体的裂缝发展,从而提高结构的整体性。在地震时,圈梁通过分散地震产生的水平力,减少墙体的水平位移,从而保护结构不受破坏。构造柱则是一种竖向构件,与圈梁共同工作,进一步增强砌体结构的抗震性能。构造柱的存在可以有效分担地震产生的剪力,减轻墙体的受力负担,防止墙体在地震中发生倒塌。因此,圈梁和构造柱在砌体结构中共同构成了有效的抗震体系。它们通过增强结构的整体刚度、约束墙体裂缝发展和分担地震剪力,显著提高了砌体结构的抗震能力,保护了建筑物的安全。[1]

(2)抗震结构体系的确定

不同的结构体系,其抗震性能、使用效果和经济指标亦不同。《建筑抗震设计标准》(GB/T 50011-2010)关于抗震结构体系,有下列各项要求:

①抗震结构体系应具有明确的计算简图和合理的地震作用传递途径;

②抗震结构体系要有多道抗震防线,应避免因部分结构或构件破坏而导致整个体系结构丧失抗震能力或对重力荷载的承载能力;

③抗震结构体系应具备必要的强度,良好的变形能力和耗能能力;

④抗震结构体系宜具有合理的刚度和强度分布,避免因局部削弱或者变形形成薄弱部位,产生过大的应力集中或塑性变形集中;对于可能出现的薄弱部位,应采取措施提高抗震能力。

就常见的多层及中高层建筑而言,砌体结构在地震区一般适宜于6层及6层以下的居住建筑。框架结构平面布置灵活,通过良好的设计可获得较好的抗震能力,但框架结构抗侧移刚度较差,在地震区一般用于10层左右体型较简单和刚度较均匀的建筑物。对于层数较多、体型复杂、刚度不均匀的建筑物,为了减小侧移变形,减轻震害,人们应采用中等刚度的框架—剪力墙结构或剪力墙结构。

选择结构体系,人们应考虑建筑物刚度与场地条件的关系。当建筑物自振周期与地基土的特征周期一致时,容易产生共振而加重建筑物的震害。建筑物的自振周期与结构本身刚度有关,在设计房屋之前,一般应首先了解场地和地基土以及其特征周期,调整结构刚度,避开共振周期。

对于软弱地基宜选用桩基、筏片基础或箱形基础。岩层高低起伏不均匀或有液化土层时最好采用桩基,后者桩尖必须穿入非液化土层,防止失稳。筏片

---

[1] 简述圈梁和构造柱对砌体结构的抗震作用 https://wenku.baidu.com/view/5d7f5e7eadaad1f34693daef5ef7ba0d4b736d6d.html

基础的混凝土和钢筋用量较大，刚度也不如箱基。当建筑物层数不多、地基条件又较好时，也可以采用单独基础或十字交叉带形基础等等。

2. 抗震等级

抗震等级是结构构件抗震设防的标准，钢筋混凝土房屋应根据烈度、结构类型和房屋高度采用不同的抗震等级，并应符合相应的计算、构造措施和材料要求。抗震等级的划分考虑了技术要求和经济条件，随着设计方法的改进和经济水平的提高，抗震等级将做相应调整。抗震等级共分为四级，它体现了不同的抗震要求，其中一级抗震要求最高，丙类多层及高层钢筋混凝土结构房屋的抗震等级划分见表1-6。

表1-6　丙类多层及高层现浇钢筋混凝土结构抗震等级

结构类型			烈度						
			6度	7度		8度		9度	
框架结构	高度/m		≤24	>24	≤24	>24	≤24	>24	≤24
	框架		四	三	三	二	二	一	一
	大跨度框架		三		二		一		一
框架—抗震墙结构	高度/m		≤60	>60	≤24	25～60	>60	≤24	25～60	>60	≤24	25～50
	框架		四	三	四	三	三	三	二	二	一	二	一
	抗震墙		三		三		二		二	一	一
抗震墙结构	高度/m		≤80	>80	≤24	25～80	>80	≤24	25～80	>80	≤24	25～60
	一般抗震墙		四	三	四	三	二	三	二	二	一	二	一
部分框支抗震墙结构	高度/m		≤80	>80	≤24	25～80	>80	≤24	25～80		
	抗震墙	一般部位	四	三	四	三	二	三	二		
		加强部位	三	二	三	二	一	二	一		
	框支层框架		二		二		一		一		
框架—核心筒结构	框架		三		二		二		一	
	核心筒		二		二		一		一	

续表

结构类型		烈度						
		6度		7度		8度		9度
		≤24	>24	≤24	>24	≤24	>24	≤24
框架结构	框架	四	三	三	二	二	一	一
	大跨度框架	三		二		一		一
筒中筒结构	外筒	三		二		一		一
	内筒	三		二		一		一
板柱—抗墙结构	高度/m	≤35	>35	≤35	>35	≤35	>35	
	框架、板柱的柱	三	二	二	二	一	一	
	抗震墙	二	二	二	二	二	一	

注：1. 建筑场地为Ⅰ类时，除 6 度外应允许按表内降低一度所对应的抗震等级采取抗震构造措施，但相应的计算要求不应降低；2. 接近或等于高度分界时，应允许结合房屋不规则程度及场地、地基条件确定抗震等级；3. 大跨度框架指跨度不小于 18m 的框架；4. 高度不超过 60m 的框架—核心筒结构按框架—抗震墙的要求设计时，应按表中框架—抗震墙结构的规定确定其抗震等级。

其他类建筑采取的抗震措施应按有关规定和表 1-6 确定对应的抗震等级。由表 1-6 可见，在同等设防烈度和房屋高度的情况下，对不同的结构类型，其次要抗侧力构件抗震要求可低于主要抗侧力构件，即抗震等级低些。比如框架—抗震墙结构中的框架，其抗震要求低于框架结构中的框架；相反，其抗震墙则比抗震墙结构有更高的抗震要求。框架—抗震墙结构之中，当取基本振型分析时，若抗震墙部分承受的地震倾覆力矩不大于结构总地震倾覆力矩的 50%，考虑到此时抗震墙的刚度较小，其框架部分的抗震等级应按框架结构来划分。

另外，对同一类型结构抗震等级的高度分界，《建筑抗震设计标准》（GB/T 50011—2010）主要按一般工业与民用建筑的层高考虑，故对层高特殊的工业建筑应酌情调整。设防烈度为 6 度、建于Ⅰ~Ⅲ类场地上的结构，不需要做抗震验算但需按抗震等级设计截面，满足抗震构造要求。

不同场地对结构的地震反应不同，通常Ⅳ类场地较高的高层建筑的抗震构造措施与Ⅰ~Ⅲ类场地相比应有所加强，而在建筑抗震等级的划分中并未引入场地参数，没有以提高或降低一个抗震等级来考虑场地的影响，而是通过提高其他重要部位的要求（轴压比、柱纵筋配筋率控制；加密区箍筋设置等）来加以考虑。

（四）多道抗震设防

多道抗震防线指的是：

①一个抗震结构体系，应由若干个延性较好的分体系组成，并由延性较好的结构构件连接起来协同工作，比如框架－抗震墙体系是由延性框架和抗震墙两个系统组成。双肢或多肢抗震墙体系由若干个单肢墙分系统组成。

②抗震结构体系应有最大可能数量的内部、外部赘余度，有意识地建立起一系列分布的屈服区，以使结构能够吸收和耗散大量的地震能量，一旦破坏也易于修复。

多道地震防线对抗震结构是必要的。一次大地震，某场地产生的地震动，能造成建筑物破坏的强震持续时间（工程持时），少则几秒，多则几十秒，甚至更长。这样长时间的地震动，一个接一个的强脉冲对建筑物产生多次往复式冲击，造成积累式的破坏。如果建筑物采用的是单一结构体系，仅仅有一道抗震防线，该防线一旦破坏后，接踵而来的持续地震动，就会促使建筑物倒塌。特别是当建筑物的自振周期与地震动卓越周期相近时，建筑物由此而发生的共振，更加速其倒塌进程。如果建筑物采用的是多重抗侧力体系，第一道防线的抗侧力构件在强震作用下破坏后，后面第二甚至第三防线的抗侧力构件立即接替，抵挡住后续的地震动的冲击，可保证建筑物最低限度的安全，免于倒塌。在遇到建筑物基本周期与地震动卓越周期相同或接近的情况时，多道防线就更显示出其优越性。当第一道抗侧力防线因共振而破坏，第二道防线接替后，建筑物自振周期将出较大幅度的变动，与地震动卓越周期错开，减轻地震的破坏作用。

（五）结构整体性

结构的整体性是保证结构各部件在地震作用下协调工作的必要条件。建筑物在地震作用下丧失整体性后，或由于整个结构变成机动构架而倒塌，或者由于外围构件平面外失稳而倒塌。所以，要使建筑具有足够的抗震可靠度，确保结构在地震作用下不丧失整体性，是必不可少的条件之一。

第一，现浇钢筋混凝土结构。结构的连续性是使结构在地震时能够保证整体性的重要手段之一。要使结构具有连续性，首先应从结构类型的选择上着手。事实证明，施工质量良好的现浇钢筋混凝土结构和型钢混凝土结构具有较好的连续性和抗震整体性。强调施工质量良好，是因为即使全现浇钢筋混凝土结构，施工不当也会使结构的连续性遭到削弱甚至破坏。

第二，钢结构。钢材基本属于各向同性的均质材料，且质轻高强、延性好，是一种很适合于建筑抗震结构的材料，在地震作用下，高层钢结构房屋由于钢材材质均匀，强度易于保证，所以结构的可靠性大；轻质高强的特点使得钢结构房屋的自重轻，从而所受地震作用减小；良好的延性使结构在很大的变形下仍不致倒塌，从而保证结构在地震作用下的安全性。但钢结构房屋如果设计和制造不当，在地震作用下，可能发生构件的失稳和材料的脆性破坏或连接破坏，使钢材的性能得不到充分发挥，造成灾难性后果。钢结构房屋抗震性能的优劣取决于结构的选型，当结构体型复杂、平立面特别不规则时，可按实际需要在适当部位设置防震缝，从而形成多个较规则的抗侧力结构单元。此外，钢结构构件应合理控制尺寸，防止局部失稳或整体失稳，如对梁翼缘和腹板的宽厚比、高厚比都作了明确规定，还应加强各构件之间的连接，从而保证结构的整体性，抗震支承系统应保证地震作用时结构的稳定。

第三，砌体结构。圈梁及构造柱对房屋抗震有较重要的作用，它可以加强纵横墙体的连接，以增强房屋的整体性；圈梁还可以箍住楼（屋）盖，增强楼盖的整体性并增加墙体的稳定性；也可以约束墙体的裂缝开展，抵抗由于地震或其他原因引起的地基不均匀沉降而对房屋造成的破坏。所以，地震区的房屋，应按规定设置圈梁及构造柱。

（六）保证非结构构件安全

非结构构件一般包括女儿墙、填充维护墙、玻璃幕墙、吊顶、屋顶电信塔、饰面装置等。非结构构件的存在，将影响结构的自振特性。同时，地震时它们一般会先期破坏。因此，应特别注意非结构构件与主体结构之间应有可靠的连接或锚固，避免地震时脱落伤人。

（七）结构材料和施工质量

抗震结构的材料选用和施工质量应予以重视。抗震结构对于材料和施工质量的具体要求应在设计文件上注明，如所用材料强度等级的最低限制，抗震构造措施的施工要求等，并在施工过程中保证按其执行。

建筑结构设计与工程管理

（八）采用隔震、减震技术

对抗震安全性和使用功能有较高要求或专门要求的建筑结构，可以采用隔振设计或消能减震设计。结构隔振设计是指在建筑结构的基础、底部或下部与上部结构之间设置橡胶隔震支座和阻尼装置等部件，组成具有整体复位功能的隔震层，从而延长整个结构体系的自振周期，减小输入上部结构的水平地震作用。结构消能减震设计是指在建筑结构中设置消能器，通过消能器的相对变形和相对速度提供附加阻尼以消耗输入结构的地震能。建筑结构的隔震设计和消能减震设计应符合相关的规定，也可按建筑抗震性能化目标进行设计。

第三节　建筑结构设计基本原理

一、建筑结构的功能要求和极限状态

（一）建筑结构的功能要求及结构可靠度

建筑结构设计的目的是：科学地解决建筑结构的可靠与经济这对矛盾，力求以最经济的途径，使所设计的结构符合可持续发展的要求，并用适当的可靠度满足各项预定功能的规定。《建筑结构可靠性设计统一标准》（GB 50068－2018）明确规定建筑结构在规定的设计使用年限内应满足以下三个方面的功能要求：

1. 安全性

安全性是指结构在正常使用和正常施工时能够承受可能出现的各种作用，如荷载、温度、支座沉降等；且在设计规定的偶然事件（如地震、爆炸、撞击等）发生时或发生后，结构仍能保持必要的整体稳定性，即结构仅仅发生局部损坏而不至于连续倒塌，以及火灾发生时能在规定的时间内保持足够的承载力。

2. 适用性

适用性是指结构在正常使用时满足预定的使用要求，具有良好的工作性能，如不发生影响使用的过大变形、振动或过宽的裂缝等。

3. 耐久性

耐久性是指结构在服役环境作用和正常使用维护的条件下，结构抵御结构性能劣化（或退化）的能力，即结构在规定的环境中，在设计使用年限内，其材料性能的恶化（如混凝土的风化、腐蚀、脱落以及钢筋锈蚀等）不会超过一定限度。

上述结构的三方面的功能要求统称为结构的可靠性，即结构在规定的时间内、在规定的条件下（正常设计、正常施工、正常使用和正常维护）完成预定功能的能力。而结构可靠度则是指结构在规定的时间内、在规定的条件下、完成了预定功能的概率，即结构可靠度是结构可靠性的概率度量。结构设计的目的就是既要保证结构安全可靠，又要做到经济合理。

结构可靠度定义中所说的"规定的时间"，是指设计使用年限，设计使用年限是指设计规定的结构或结构构件不需进行大修即可按其预定目的使用的时期，即结构在规定的条件下所应达到的使用年限。根据中国的国情，《建筑结

构可靠性设计统一标准》（GB 50068-2018）规定了各类建筑结构的设计使用年限，如表1-7所示。

表1-7　　　　　　　　　　建筑结构的设计使用年限

类别	设计使用年限/年
临时性建筑结构	5
易于替换的结构构件	25
普通房屋和构筑物	50
标志性建筑和特别重要的建筑结构	100

（二）结构的极限状态

结构满足设计规定的功能要求时称为"可靠"，反之则称为"失效"，两者间的界限则被称为"极限状态"。结构或结构的一部分超过某一特定的状态就不能满足设计规定的某一功能要求（或者说濒于失效的特定状态），此特定的状态就称之为该功能的极限状态。一旦超过这一状态，结构就将丧失某一功能而失效。根据功能要求，极限状态分为下列三大类：

1. 承载能力极限状态

这种极限状态对应结构或结构构件达到最大承载能力或达到不适于继续承载的变形的状态。当结构或构件出现下列状态之一时，就认为超过了承载能力极限状态，结构构件就不再满足安全性的要求：结构构件或连接因超过材料强度而破坏，或因过度变形而不适于继续承载；整个结构或其一部分作为刚体失去平衡（如倾覆、过大的滑移等）；结构转变为机动体系；结构或结构构件丧失稳定（如压屈等）；结构因局部破坏而发生连续倒塌；地基丧失承载力而破坏（如失稳等）；结构或者结构构件的疲劳破坏。

承载能力极限状态关系到结构的安全与否，是结构设计的首要任务，必须严格控制出现这种极限状态的可能性，即应具有较高的可靠度水平。

2. 正常使用极限状态

这种极限状态对应于结构或结构构件达到正常使用的某项规定限值的状态。当结构或结构构件出现下列状态之一时，就认为超过了正常使用极限状态：影响正常使用或外观的变形；影响正常使用的局部损坏（比如开裂）；影响正常使用的振动；影响正常使用的其他特定状态（如相对沉降过大等）。

正常使用极限状态具体又分为不可逆正常使用极限状态和可逆正常使用极限状态两种。当产生超越正常使用要求的作用卸除后，该作用产生的后果不可恢复的为不可逆正常使用极限状态；当产生超越正常使用要求的作用卸除后，该作用产生的后果可以恢复的为可逆正常使用极限状态。

3. 耐久性极限状态

这种极限状态对应于结构或结构构件在环境影响下出现的劣化达到耐久性能的某项规定限值或标志的状态。当结构或结构构件出现下列状态之一时，就认为超过了耐久性极限状态：影响承载能力和正常使用的材料性能劣化；影响耐久性能的裂缝、变形、缺口、外观、材料削弱等；影响耐久性能的其他特定状态。

正常使用和耐久性极限状态主要考虑结构的适用性和耐久性，超过正常使用和耐久性极限状态的后果一般不如超过承载能力极限状态严重，但也不能忽略。在正常使用极限状态和耐久性设计时，其可靠度水平允许比承载能力极限状态的可靠度水平适当降低。

在进行建筑结构设计时，一般是将承载能力极限状态放在首位，在使结构或构件满足承载能力极限状态要求（通常是强度满足安全要求）后，再按正常使用和耐久性极限状态进行验算（校核）。

（三）设计状况

结构在施工、安装、运行、检修等不同阶段可能出现不同的结构体系、不同的荷载及不同的环境条件，所以在设计时应分别考虑不同的设计状况：

1. 持久设计状况

持久设计状况是指在结构使用过程中一定出现，并且持续期很长的设计状况，适用于结构使用时的正常情况，建筑结构承受家具和正常人员荷载的状况属持久状况。

2. 短暂设计状况

短暂设计状况是指结构在施工、安装、检修期出现的设计状况，或在运行期短暂出现的设计状况，如结构施工时承受堆料荷载的状况属短暂状况。

3. 偶然设计状况

偶然设计状况是指结构在运行过程中出现的概率很小且持续时间极短的设计状况，包括结构遭受火灾、爆炸、撞击时的情况等。

4. 地震设计状况

地震设计状况是指结构遭受地震时的设计状况。

对不同的设计状况，应采用相应的结构体系、可靠度水平、基本变量和作用组合等进行建筑结构可靠性设计。

在进行建筑结构设计时，对以上四种设计状况均应进行承载能力极限状态设计，以保证结构安全性要求；对持久设计状况尚应进行正常使用极限状态设计，并且宜进行耐久性极限状态设计，以保证结构适用性和耐久性要求；对短暂设计状况和地震设计状况可根据需要进行正常使用极限状态设计；对偶然设计状况可不进行正常使用极限状态和耐久性极限状态设计。

二、结构上的作用、作用效应及结构抗力

(一) 结构上的作用与作用效应

1. 作用与荷载的定义

结构上的"作用"是指直接施加在结构上的集中力或分布力,以及引起结构外加变形或约束变形的原因(比如基础差异沉降、温度变化、混凝土收缩、地震等)。前者以力的形式作用于结构上,称为"直接作用"也常称为"荷载",后者以变形的形式作用在结构上,称为"间接作用"。但是从工程习惯和叙述简便起见,在以后的章节中统一称为"荷载"。

2. 荷载的分类

中国《建筑结构可靠性设计统一标准》(GB 50068-2018)将结构上的荷载按照不同的原则分类,它们适用于不同的场合。

(1) 按随时间的变异分类

荷载按随时间的变异可分为永久荷载、可变荷载和偶然荷载:

①永久荷载。也称为恒荷载,指在设计基准期内其量值不随时间变化,或其变化与平均值相比可以忽略不计,如结构自重、土压力、预加应力等。

②可变荷载。也称为活荷载,指在设计基准期内其量值随时间变化,且其变化与平均值相比不可忽略,如安装荷载、楼面活荷载、风荷载、雪荷载、桥面或路面上的行车荷载、吊车荷载、温度变化等等。

③偶然荷载。指在设计基准期内不一定出现,而一旦出现其量值很大且持续时间很短的作用,如地震、爆炸、撞击等。

(2) 按随空间位置的变异分类

荷载按随空间位置的变异可分为固定荷载和自由荷载:

①固定荷载。指在结构空间位置上具有固定分布的荷载,如结构构件的自重、固定设备重等。

②自由荷载。指在结构空间位置上的一定范围内可以任意分布的荷载,比如吊车荷载、人群荷载等。

(3) 按结构的反应特点分类

荷载按结构的反应特点可分为静态荷载和动态荷载:

①静态荷载。指不使结构产生加速度,或所产生的加速度可以忽略不计的荷载,如结构自重、住宅与办公楼的楼面活荷载、雪荷载等。

②动态荷载。指使结构产生不可忽略的加速度的荷载,如地震荷载、吊车荷载、机械设备振动、作用在高耸结构上的风荷载等。

第一章 建筑结构设计概述

3. 作用效应

直接作用或间接作用施加在结构构件上,由此在结构内产生的内力和变形(如轴力、剪力、弯矩、扭矩以及挠度、转角和裂缝等),称为作用效应。当为直接作用(即荷载)时,其效应也称为荷载效应,通常用 S 表示。通常,荷载效应与荷载的关系可用荷载值与荷载效应系数来表达,即按力学的分析方法计算得到。

如前所述,结构上的荷载都不是确定值,而是随机变量,与之对应的荷载效应除了与荷载有关外,还和计算的模式有关,所以荷载效应 S 也是随机变量。

(二)结构抗力

结构抗力是指结构或结构构件承受和抵抗荷载效应(即内力和变形)以及环境影响的能力,如构件截面的承载力、刚度、抗裂度及材料的抗劣化能力等。结构抗力用 R 表示。混凝土结构构件的截面尺寸、混凝土强度等级以及钢筋的种类、配筋的数量及方式等确定后,构件截面便具有一定的抗力。抗力可按一定的计算模式确定。显然,结构的抗力与组成结构

构件的材料性能(强度、变形模量等)、几何尺寸以及计算模式等因素有关,由于这些因素都是随机变量,故结构抗力 R 也是随机变量。

由上述可见,结构上的荷载(特别是可变荷载)与时间有关,结构抗力也随时间变化。为确定可变荷载及与时间有关的材料性能等取值而选用的时间参数,称之为设计基准期。中国《建筑结构可靠性设计统一标准》(GB 50068－2018)规定的建筑结构设计基准期为 50 年。

三、荷载和材料强度

结构物在使用期内所承受的荷载不是一个定值,而是在一定范围内变动。结构设计时所取用的材料强度,可能比材料的实际强度大或者小,亦即材料的实际强度也在一定范围内波动。所以,结构设计时所取用的荷载值和材料强度值应采用概率统计方法来确定。

(一)荷载代表值

在结构设计中,应根据不同的极限状态的要求计算荷载效应。中国《建筑结构荷载规范》(GB 50009－2012)对不同的荷载赋予了相应的规定量值,荷载的这种量值,称为荷载的代表值。不同的荷载在不同的极限状态情况下,就要求采用不同的荷载代表值进行计算。荷载的代表值分别为:标准值、可变荷载的准永久值、可变荷载频遇值和可变荷载的组合值等。

1. 荷载的标准值

荷载的标准值是结构按极限状态设计时采用的荷载基本代表值，其他的荷载代表值可以通过标准值乘以相应的系数得到。荷载标准值是指结构在使用期内正常情况下可能出现的最大荷载值，可以根据设计基准期（《建筑结构可靠性设计统一标准》（GB 50068－2018）规定为 50 年）内最大荷载概率分布的某一分位值确定。

（1）永久荷载的标准值 G_k

对于结构的自重，可根据结构的设计尺寸、材料或结构构件单位体积的自重计算确定。因为其变异性不大，而且多为正态分布，一般以其分布的均值作为荷载标准值。对于自重变异较大的材料和构件（如现场制作的保温材料、混凝土薄壁构件等），在设计时可根据该荷载对结构有利或不利取其自重的下限值或上限值。

（2）可变荷载的标准值 Q_k

《建筑结构荷载规范》（GB 50009－2012）中给出了各种可变荷载标准值的取值和计算方法，在设计时可查询使用。

2. 可变荷载的准永久值

荷载的准永久值是指可变荷载在按正常使用极限状态设计时，考虑荷载效应准永久组合时所采用的代表值。可变荷载在结构设计基准期内有时会作用得大些，有时会作用得小些，其准永久值是可变荷载在设计基准期内出现时间较长（可理解为总的持续时间不低于 25 年）的那一部分的量值，在性质上类似永久荷载，可变荷载的准永久值可由可变荷载的标准值乘以荷载的准永久值系数求得：

$$可变荷载准永久值 = \psi_q \times 可变荷载的标准值 \qquad (1-4)$$

式中：ψ_q——荷载的准永久值系数，其值小于 1.0，可直接由《建筑结构荷载规范》（GB 50009－2012）查用。

3. 可变荷载的频遇值

可变荷载的频遇值是在设计基准期内，其超越的总时间为规定的较小比率或超越频数（或次数）为规定频率（或次数）的荷载值。该值是正常使用极限状态按频遇组合计算时所采用的可变荷载代表值，亦可由可变荷载的标准值乘以频遇值系数 ψ_f 求得：

$$可变荷载的频遇值 = \psi_f \times 可变荷载的标准值 \qquad (1-5)$$

式中：ψ_f——可变荷载的频遇值系数，其值小于 1.0，可直接由《建筑结构荷载规范》（GB 50009－2012）查用。

4. 可变荷载的组合值

当有两种或两种以上的可变荷载在结构上同时作用时，几个可变荷载同时都达到各自的最大值的概率是很小的，为使结构在两种或两种以上可变荷载作用时的情况与仅有一种可变荷载作用时具有相同的安全水平，除了一个主导荷载（产生最大荷载效应的荷载）仍用标准值外，对其他伴随荷载则可取可变荷载的组合值为其代表值。

$$\text{可变荷载的组合值} = \psi_c \times \text{可变荷载的标准值} \quad (1-6)$$

式中：ψ_c——可变荷载的组合值系数，其值小于 1.0，可直接由《建筑结构荷载规范》（GB 50009—2012）查用。

由上述可知，可变荷载的准永久值、频遇值与组合值均可由可变荷载标准值乘以一个系数得到，所以荷载的标准值是荷载的基本代表值。

（二）结构构件的材料强度

1. 材料强度的标准值

中国《建筑结构可靠性设计统一标准》（GB 50068—2018）规定，材料强度的标准值 f 是结构按极限状态设计时所采用的材料强度基本代表值。材料强度的标准值是用材料强度概率分布的某一分位值来确定的（《建筑结构可靠性设计统一标准》（GB 50068—2018）规定：钢筋和混凝土材料强度的标准值可取其概率分布的 0.05 分位值确定）。由于钢筋和混凝土强度均服从正态分布，故它们的强度标准值可统一表示为

$$f_k = \mu_f - \alpha \sigma_f \quad (1-7)$$

式中：α——与材料实际强度 f 低于 f_k 的概率有关的保证率系数；

μ_f——平均值；

σ_f——标准差。

由此可见，材料强度标准值是材料强度概率分布中具有一定保证率的偏低的材料强度值。

2. 材料强度的设计值

材料强度的设计值是用于承载力计算时的材料强度的代表值，它和材料的强度标准值的关系如下：

$$\text{材料强度的设计值 } f = \text{材料强度的标准值 } f_k \div \text{材料分项系数 } \gamma_m \quad (1-8)$$

式中：材料分项系数 γ_m——混凝土的材料分项系数 $\gamma_c = 1.40$；对 400MPa 级及以下热轧钢筋取 $\gamma_s = 1.10$，对 500MPa 级热轧钢筋取 $\gamma_s = 1.15$；预应力筋 $\gamma_s = 1.20$。

四、概率极限状态设计法

以概率理论为基础的极限状态设计方法，简称为概率极限状态设计法，是以结构的失效概率或可靠指标来度量结构的可靠度的。

（一）结构功能函数与极限状态方程

结构设计的目的是保证所设计的结构构件满足一定的功能要求，也就是如前所述的：荷载效应 S 不应超过结构抗力 R。用来描述结构构件完成预定功能状态的函数 Z 称之为功能函数，显然，功能函数可以用结构抗力 R 和荷载效应 S 表达为：

$$Z = g(R, S) = R - S \tag{1-9}$$

当 $Z>0$（$R>S$）时，结构能完成预定功能，处在可靠状态；

当 $Z<0$（$R<S$）时，结构不能完成预定功能，处于失效状态；

当 $Z=0$（$R=S$）时，结构处于极限状态。

（二）结构的失效概率与可靠指标

1. 结构的可靠概率 P_s 与失效概率 P_f

结构能完成预定功能（$R>S$）的概率即为"可靠概率"，以 P_s 表示；不能完成预定功能（$R<S$）的概率即为"失效概率"，以 P_f 表示。显然，$P_s + P_f = 1$，即失效概率与可靠概率互补，故结构的可靠性可以用失效概率来度量。如前所述，荷载效应 S 和结构抗力 R 都是随机变量，所以 $Z=R-S$ 也应是随机变量，它是各种荷载、材料性能、几何尺寸参数、计算公式以及计算模式等的函数。

2. 可靠指标 β

若功能函数中两个独立的随机变量 R 和 S 服从正态分布，R 和 S 的平均值分别为 μ_R 和 μ_S，标准差分别为 σ_R 和 σ_S，则功能函数 $Z=R-S$ 也服从正态分布，其平均值 μ_Z 和标准差 σ_Z 分别为：

$$\mu_Z = \mu_R - \mu_S \tag{1-10}$$

$$\sigma_Z = \sqrt{\sigma_R^2 + \sigma_S^2} \tag{1-11}$$

结构的失效概率 P_f 与 Z 的平均值 μ_Z 所及标准差 σ_Z 有关，若取 $\beta = \mu_Z / \sigma_Z$，则 β 与 P_f 之间就存在对应关系，β 越大则 P_f 就越小，结构就越可靠；反之，β 越小则 P_f 就越大，结构越容易失效。因此和 P_f 一样，β 可用来表述结构的可靠性，在工程上称 β 为结构的"可靠指标"。当 R 和 S 均服从正态分布时，可靠指标 β 可由下式求得：

$$\beta = \frac{\mu_Z}{\sigma_Z} = \frac{\mu_R - \mu_S}{\sqrt{\sigma_R^2 + \sigma_S^2}} \tag{1-12}$$

显然，可靠指标 β 与失效概率 P_f 有着一一对应的关系。

实际上，R 和 S 都是随机变量，要绝对地保证 R 总大于 S 是不可能的，失效概率 P_f 尽管很小，总是存在的，合理的解答应该是使所设计结构的失效概率降低到人们可以接受的程度。

（三）建筑结构的安全等级和目标可靠指标

1. 结构的安全等级

建筑结构设计时，应根据结构破坏可能产生的后果，即危及人的生命、造成经济损失、对社会或环境产生影响等的严重性，采用不同的安全等级。中国《建筑结构可靠性设计统一标准》(GB 50068－2018) 将建筑结构划为三个安全等级：重要结构的安全等级为一级，比如高层建筑、体育馆、影剧院等；大量一般性的工业与民用建筑安全等级为二级；次要建筑的安全等级为三级（安全等级划分参见表 1－8）。对于不同安全等级的结构，所要求的可靠指标 β 应该不同，安全等级越高，β 值也应取得越大。

表 1－8　　　　　建筑结构的安全等级

结构安全等级	破坏后果	结构类型
一级	很严重：对人的生命、经济、社会或环境影响很大	重要结构
二级	严重：对人的生命、经济、社会或环境影响较大	一般结构
三级	不严重：对人的生命、经济、社会或环境影响较小	次要结构

需要注意的是，建筑结构抗震设计中的甲类建筑和乙类建筑，其安全等级宜规定为一级；丙类建筑，其安全等级宜规定为二级；丁类建筑，其安全等级宜规定为三级。

2. 设计使用年限

设计使用年限是指设计规定的结构或结构构件不需进行大修即可按预定目的使用的年限。建筑结构设计时，应规定结构的设计使用年限，并且在设计文件中明确说明。

3. 目标可靠指标 $[\beta]$

设计规范所规定的、作为设计结构或结构构件时所应达到的可靠指标，称为目标可靠指标 $[\beta]$，也称为设计可靠指标。中国《建筑结构可靠性设计统一标准》(GB 50068－2018) 根据不同的安全等级和破坏类型（延性破坏和脆性破坏）给出了结构构件持久设计状况承载能力极限状态设计的目标可靠指标 $[\beta]$（如表 1－9 所示）。表中延性破坏是指结构构件在破坏前有明显的变形或其他预兆；脆性破坏是指结构构件在破坏前无明显的变形或者其他预兆。显然，延性破坏的危害相对较小，所以 $[\beta]$ 值相对低一些；脆性破坏的危害较大，所以［β］相对高一些。结构构件持久设计状况正常使用极限状态设计的可靠指标，宜根据其可逆程度取0～1.5，而耐久性极限状态设计的可靠指标，宜根据其可逆程度取1.0～2.0。在结构设计时，要求在设计使用年限内，结构所具有的可靠指标 B 不小于目标可靠指标［β］。

目标可靠指标［β］与失效概率运算值 P_f 的关系见表1－10。可见，在正常情况下，失效概率 P_f 虽然很小，但总是存在的，所以从概率论的观点，"绝对可靠"（$P_f=0$）的结构是不存在的。但是只要失效概率小到可以接受的程度，就可以认为该结构是安全可靠的。

表 1－9　　结构构件承载能力极限状态的目标可靠指标［a］

破坏类型	安全等级		
	一级	二级	三级
延性破坏	3.7	3.2	2.7
脆性破坏	4.2	3.7	3.2

注：当承受偶然作用时，结构构件的可靠指标应符合专门规范的规定。

表 1－10　　目标可靠指标［a］与失效概率运算值 P_f 的关

［a］	2.7	3.2	3.7	4.2
P_f	3.5×10^{-3}	6.9×10^{-4}	1.1×10^{-4}	1.3×10^{-5}

应该指出，前述设计方法是以概率为基础，用各种功能要求的极限状态作为设计依据的，所以称之为概率极限状态设计法，但是因为该法还尚不完善，在计算中还作了一些假设和简化处理，因而计算结果是近似的，故也称作近似概率法。

（四）极限状态设计表达式

考虑到工程技术人员的习惯以及应用上的简便，规范采用了以基本变量（如荷载、材料强度等）的标准值和相应的分项系数（如荷载分项系数、材料分项系数等）来表达的极限状态设计表达式。分项系数是根据结构构件基本变量的统计特性、以结构可靠度的概率分析为基础并考虑到工程经验，经优选确定的，它们起着相当于目标可靠指标［a］的作用。具体做法是：在承载能力极限状态设计中，为保证结构构件具有足够的可靠度，将荷载的标准值乘以一个大于1的荷载分项系数，采用荷载设计值，而将材料强度的标准值除以一个大于1的材料分项系数，采用材料强度的设计值，并通过结构重要性系数来反映结构安全等级不同时对于可靠指标的不同要求；在正常使用极限状态设计中，由于超出正常使用极限状态而产生的后果不像超出承载能力极限状态所造成的后果那么严重,《建筑结构可靠性设计统一标准》(GB 50068-2018)规定,在计算中采用材料强度的标准值和荷载的标准值,并且结构的重要性系数也不再予以考虑。

结构设计时应根据使用过程中结构上所有可能出现的荷载,按承载能力极限状态和正常使用极限状态分别进行荷载(荷载效应)组合。考虑到了荷载是否同时出现和出现时方向、位置等变化,这种组合多种多样,因此必须在所有可能组合中,取其中各自的最不利效应组合进行设计。

1. 承载能力极限状态设计表达式

(1) 承载能力极限状态设计的基本表达式

结构设计规范规定:任何结构和结构构件都应进行承载力设计,以确保安全。结构或构件通过结构分析可得控制截面的最不利内力或应力,因此,结构构件截面设计表达式可用内力或者应力表达。结构或结构构件的破坏或过度变形的承载能力极限状态设计,应符合下式规定:

$$\gamma_0 S_d \leqslant R_d \qquad (1-13)$$

$$R_d = R\left(f_c, f_s, a_k, \cdots\right)/\gamma_{Rd} = R\left(\frac{f_{ck}}{\gamma_c}, \frac{f_{sk}}{\gamma_s}, a_k, \cdots\right)/\gamma_{Rd} \qquad (1-14)$$

式中:γ_0——结构重要性系数。在持久设计状况和短暂设计状况下,对安全等级为一级的结构构件不应小于1.1 对安全等级为二级的结构构件不应小于1.0,对安全等级为三级的结构构件不应小于0.9;对于偶然设计状况和地震设计状况下应取1.0;

S_d——承载能力极限状态的作用(荷载)组合的效应设计值;

R_d——结构构件的承载力(抗力)设计值;

$R(f_c, f_s, a_k, \cdots)$——结构构件的承载力函数;

f_c, f_s——混凝土、钢筋的强度设计值;

γ_c, γ_s——混凝土、钢筋的材料分项系数;

a_k——几何参数标准值,当几何参数的变异性对结构性能有明显不利影响时,应增减一个附加值;

γ_{Rd}——结构构件的抗力模型不定性系数,静力设计取1.0,对不确定性较大的结构构件根据具体情况取大于1.0的数值;抗震设计时应用抗震调整系数γ_{RE}代替γ_{Rd}。

(2) 作用(荷载)组合的效应设计值S_d

承载能力极限状态设计时,应根据所考虑的设计状况,选用不同的作用效应组合:对持久和短暂设计状况,应采用基本组合;对偶然设计状况,应采用了偶然组合;对地震设计状况,应采用作用的地震组合。

基本组合是指在持久设计状况和短暂设计状况计算时，作用在结构上的永久荷载和可变荷载产生的荷载效应的组合。应符合下列规定：

$$S_d = \sum_{i\ldots 1}\gamma_{G_i}S_{G_{ik}} + \gamma_P S_P + \gamma_{Q_1}\gamma_{L_1}S_{Q_{1k}} + \sum_{j>1}\gamma_{Q_j}\gamma_{L_j}\psi_{cj}S_{Q_{jk}} \quad (1-15)$$

式中：γ_{G_i}——第 i 个永久荷载分项系数，《建筑结构可靠性设计统一标准》（GB 50068—2018）规定应按表 1—11 取用；

γ_{Q_j}——第 j 个可变荷载的分项系数，其中 γ_{Q_1} 为第 1 个可变荷载（主导可变荷载）的分项系数，《建筑结构可靠性设计统一标准》（GB 50068—2018）规定可变荷载的分项系数应按表 1—11 取用；

γ_P——预应力作用的分项系数，《建筑结构可靠性设计统一标准》（GB 50068—2018）规定应按表 1—11 取用；

γ_{L_1}，γ_{L_j}——第 1 个和第 j 个考虑结构设计使用年限的荷载调整系数，结构设计使用年限为 5 年时取值为 0.9，50 年时取值为 1.0，100 年时取值为 1.1；

$S_{G_{ik}}$——按第 i 个永久荷载标准值 G_{ik} 计算的荷载效应值；

$S_{Q_{1k}}$，$S_{Q_{jk}}$——按第 1 个和第 j 个可变荷载的标准值 Q_{ik}，Q_{jk} 计算的荷载效应值，其中 $S_{Q_{1k}}$ 为诸多可变荷载效应中起到控制作用者；

S_P——预应力作用有关代表值的效应；

ψ_{cj}——对应于可变荷载 Q_j 的组合值系数，一般情况下取 $\psi_{cj}=0.7$，对书库、档案库、密集书柜库、通风机房以及电梯机房等取 $\psi_{cj}=0.9$；工业建筑活荷载的组合系数应按《建筑结构荷载规范》（GB 50009—2012）取用。

表 1—11　　　　　　　建筑结构的作用分项系数

作用分项系数	当作用效应对承载力不利时	当作用效应对承载力有利时
γ_G	1.3	≤1.0
γ_P	1.3	≤1.0
γ_Q	1.5	0

对偶然设计状况，应采用作用的偶然组合。作用的偶然组合适用于偶然事件发生时的结构验算和发生后受损结构的整体稳固性验算。

偶然荷载发生时，应保证特殊部位的结构构件具有一定抵抗偶然荷载的承载能力，构件受损可控，受损构件应能承受恒荷载和可变荷载作用等，偶然组合的效应设计值按下式计算：

$$S_d = \sum_{i\geqslant 1}S_{G_{ik}} + S_P + S_{A_d} + \psi_{f1} \text{或} \psi_{q1}\ S_{Q_{1k}} + \sum_{j>1}\psi_{qj}S_{Q_{jk}} \quad (1-16)$$

式中：S_{A_d}——按偶然荷载设计值 A_d 计算的荷载效应值；

ψ_{f1}——第 1 个可变荷载的频遇值系数；

ψ_{q1}，ψ_{qj}——第 1 个和第 j 个可变荷载的准永久值系数。

偶然作用发生后，其效应 S_{A_d} 消失，受损结构整体稳固性验算的效应设计值，应按下式计算：

$$S_d = \sum_{i \geqslant 1} S_{G_{ik}} + S_P + \psi_{f1} 或 \psi_{q1} \, S_{Q_{1k}} + \sum_{j>1} \psi_{qj} S_{Q_{jk}} \quad (1-17)$$

应当指出，基本组合（式 1－15）和偶然组合（式 1－16，式 1－17）中的效应设计值仅适用于作用效应与作用为线性关系的情况，当作用效应和作用不按线性关系考虑时，应按《建筑结构可靠性设计统一标准》（GB 50068－2018）的规定确定作用组合的效应设计值。

各类建筑结构都会遭遇地震，很多结构是由抗震设计控制的。对地震设计状况，应采用作用的地震组合。地震组合的效应设计值应符合现行国家标准《建筑抗震设计标准》（GB/T 50011－2010）的规定。

2. 正常使用极限状态设计表达式

按正常使用极限状态设计时，主要是验算结构构件的变形（挠度）、抗裂度和裂缝宽度。变形过大或裂缝过宽，虽然影响正常使用，但危害程度不及承载力不足引起的结构破坏造成的损失那么大，所以可以适当降低对可靠度的要求。在按正常使用极限状态设计中，荷载和材料强度，不再乘以分项系数，直接取其标准值，结构的重要性系数 γ_0 也不予考虑。

(1) 正常使用极限状态设计的基本表达式

对于正常使用极限状态，结构构件应分别按荷载效应的标准组合、频遇组合或准永久组合，按下列的实用设计表达式进行设计：

$$S_d \leqslant C \quad (1-18)$$

式中：S_d——正常使用极限状态荷载组合的效应（变形、裂缝宽度等）设计值；

C——结构构件达到正常使用要求所规定的变形（挠度）、应力、裂缝宽度或自振频率等的限值。

(2) 荷载组合的效应设计值 S_d

由于荷载的短期作用与长期作用对结构构件正常使用性能的影响不同，所以应予以考虑。建筑结构设计规范规定，标准组合主要用当一个极限状态被超越时将产生严重的永久性损害的情况，即一般用于不可逆正常使用极限状态，如对结构构件进行抗裂验算时，应按荷载标准组合的效应设计值进行计算；频遇组合主要用于当一个极限状态被超越时将产生局部损害、较大变形或短暂振动等情况,即一般用于可逆正常使用极限状态;准永久组合主要用于当荷载的长期效应是决定性因素时的一些情况,比如钢筋混凝土受弯构件最大挠度的计算,应按荷载准永久组合;计算构件挠度、裂缝宽度时,对于钢筋混凝土构件,采用荷载准永久组合并考虑长期作用的影响;对预应力混凝土构件,采用了荷载标准组合并考虑长期作用的影响。

按荷载标准组合时,荷载效应的组合设计值 S_d 按下式计算:

$$S_d = \sum_{i \geqslant 1} S_{G_{ik}} + S_P + S_{Q_{1k}} + \sum_{j>1} \psi_{cj} S_{Q_{jk}} \quad (1-19)$$

按荷载频遇组合时,荷载效应的组合设计值 S_d 按下式计算:

$$S_d = \sum_{i \geqslant 1} S_{G_{ik}} + S_P + \psi_{f1} S_{Q_{1k}} + \sum_{j>1} \psi_{qj} S_{Q_{jk}} \quad (1-20)$$

按荷载准永久组合时,荷载效应的组合设计值 S_d 按下式计算:

$$S_d = \sum_{i \geqslant 1} S_{G_{ik}} + S_P + \sum_{j \geqslant 1} \psi_{qj} S_{Q_{jk}} \quad (1-21)$$

(3) 正常使用极限状态验算内容

混凝土结构及构件正常使用极限状态验算一般包括以下几个方面的内容:

①变形验算根据使用要求需控制变形的构件,应进行变形(主要是受弯构件的挠度)验算。验算时按荷载效应的准永久组合并考虑荷载长期作用影响,计算的最大挠度不超过规定的挠度限值。

②裂缝控制验算结构构件设计时,应当根据所处的环境和使用要求,选择相应的裂缝控制等级,并根据不同的裂缝控制等级进行抗裂和裂缝宽度的验算,中国《混凝土结构设计标准》(GB/T 50010-2010,以下简称《标准》)将裂缝控制等级划分为如下三级:

一级——对于正常使用阶段严格要求不出现裂缝的构件,按荷载效应的标准组合计算时,构件受拉边缘混凝土不应产生拉应力。

二级——对一般要求不出现裂缝的构件,按荷载效应的标准组合计算时,构件受拉边缘混凝土允许产生拉应力,但拉应力不应大于混凝土的轴心抗拉强度的标准值。

三级——对于允许出现裂缝的构件,对钢筋混凝土构件,按荷载准永久组合并考虑长期作用影响计算时,构件的裂缝宽度最大值不应超过规定的最大裂缝宽度限值。对预应力混凝土构件,按荷载标准组合并考虑长期作用的影响计算时,构件的裂缝宽度最大值不应超过规定的最大裂缝宽度限值。对二 a 类环境的预应力混凝土构件,尚应按荷载准永久组合计算,且构件受拉边缘混凝土的拉应力不应大于混凝土的抗拉强度标准值。

属于一、二级的构件一般为预应力混凝土构件，对抗裂度要求较高，在工业与民用建筑工程中，普通钢筋混凝土结构的裂缝控制等级通常都属于三级。但有时在水利工程中，对钢筋混凝土结构也有抗裂要求。

第二章 框架结构设计原理及方法

第一节 框架结构内力的近似计算方法

一、框架结构的计算简图

框架结构一般有按空间结构分析和简化成平面结构分析两种方法。借助计算机编制程序进行分析时，常常采用空间结构分析模型，但在初步设计阶段，为确定结构布置方案或估算构件截面尺寸，需要一些简单的近似计算方法，这时常采用简化的平面结构分析模型，以便快速地解决问题。

①计算单元。一般情况下，框架结构是一个空间受力体系，但在简化成平面结构模型分析时，为方便起见，常常忽略结构纵向和横向之间的空间联系，忽略各构件的抗扭作用，将框架简化为纵向平面框架和横向平面框架分别进行分析计算。由于通常横向空间的间距相同，作用于各横向框架上的荷载相同，框架的抗侧刚度相同，因此，除端部框架外，各榀横向框架产生的内力和变形近似，结构设计时可选取其中一榀有代表性的横向框架进行分析，而作用于纵向框架上的荷载则各不相同，必要时应分别进行计算。

②节点的简化。框架节点一般总是三向受力，但当按平面框架进行分析时，节点也相应地简化。框架节点可简化为刚接节点、铰接节点和半铰接节点，这要根据施工方案和构造措施确定。在现浇钢筋混凝土结构中，梁柱内的纵向受力钢筋将穿过节点或锚入节点区，一般应简化为刚接节点。

装配式框架结构是在梁和柱子的某些部位预埋钢板，安装就位再焊接起来。由于钢板在其自身平面外的刚度很小，同时，焊接质量随机性很大，难以保证结构受力后梁柱间没有相对转动，因此常把这类节点简化为铰接节点或半铰接节点。

装配整体式框架结构梁柱节点中，一般梁底的钢筋可为焊接、搭接或预埋钢板焊接，梁顶钢筋则必须为焊接或通长布置，并现浇部分混凝土。节点左右梁端均可有效地传递弯矩，可认为是刚接节点。这种节点的刚性不如现浇框架好，节点处梁端的实际负弯矩要小于计算值。

③跨度与计算高度的确定。框架梁的跨度即取柱子轴线间的距离，当上下层柱截面尺寸变化时，一般以最小截面的形心线来确定。柱子的计算高度，除底层外取各层层高，底层柱则从基础顶面算起。

对倾斜的或折线形横梁，当其坡度小于 1/8 时，可简化为水平直杆。对不等跨框架，当各跨跨度相差不大于 10% 时，在手算时可简化为等跨框架，跨度取原框架各跨跨度的平均值，以减少计算工作量。

④计算假定。框架结构采用简化平面计算模型进行分析时，采用了以下计算假定：

第一，高层建筑结构的内力和位移按弹性方法进行。在非抗震设计时，在竖向荷载和风荷载作用下，结构应保持正常的使用状态，结构处于弹性工作阶段；在抗震设计时，结构计算是针对多遇的小震进行的，此时结构处于不裂、不坏的弹性阶段。计算时可利用叠加原理，不同荷载作用时，可以进行内力组合。

第二，一片框架在其自身平面内刚度很大，可以抵抗在自身平面内的侧向力，而在平面外的刚度很小，可以忽略，即垂直于该平面的方向不能抵抗侧向力。整个结构可以划分为不同方向的平面抗侧力结构，通过水平放置的楼板（楼板在其自身平面内刚度很大，可视为刚度无限大的平板），将各平面抗侧力结构连接在一起共同抵抗结构承受的侧向水平荷载。

第三，高层建筑结构的水平荷载主要是风力和等效地震荷载，它们都是作用于楼层的总水平力。水平荷载在各片抗侧力结构之间按各片抗侧力结构的抗侧刚度进行分配，刚度越大，分配到的荷载也越多，不能像低层建筑结构那样按照受荷面积计算各片抗侧力结构的水平荷载。

第四，分别计算每片抗侧力结构在所分到的水平荷载作用下的内力和位移。

二、竖向荷载作用下内力的近似计算方法——弯矩二次分配法

框架在结构力学中称为刚架，其内力和位移计算方法有很多，常用的手算方法有力矩分配法、无剪力分配法、迭代法等，均为精确算法；计算机程序分析方法常采用矩阵位移法。而常用的手算近似计算方法主要有分层法、弯矩二次分配法，它们计算简单、易于掌握，能反映刚架受力和变形的基本特点。本节主要介绍竖向荷载下手算近似计算方法——弯矩二次分配法。

多层多跨框架在竖向荷载作用下，侧向位移较小，计算时可忽略侧移影

响，用力矩分配法计算。由精确分析可知，每层梁的竖向荷载对其他各层杆件内力的影响不大，多层框架某节点的不平衡弯矩仅对其相邻节点影响较大，对其他节点的影响较小，可将弯矩分配法简化为各节点的弯矩二次分配和对与其相交杆件远端的弯矩一次传递，此即为弯矩二次分配法。

弯矩二次分配法计算采用的以下两个假定：

①在竖向荷载作用下，可忽略框架的侧移。

②本层横梁上的竖向荷载对其他各层横梁内力的影响可忽略不计。即荷载在本层结点产生不平衡力矩，经过分配和传递，才影响到本层的远端；在杆件远端再经过分配，才影响到相邻的楼层。

结合结构力学力矩分配法的计算原则和上述假定，弯矩二次分配法的计算步骤可概括如下：

①计算框架各杆件的线刚度、转动刚度和弯矩分配系数。

②计算框架各层梁端在竖向荷载作用下的固端弯矩。

③对由固端弯矩在各结点产生的不平衡弯矩，按照弯矩分配系数进行第一次分配。

④按照各杆件远端的约束情况取不同的传递系数（当远端刚接时，传递系数均取 1/2；当远端为定向支座时，传递系数取为 -1），将第一次分配到杆端的弯矩向远端传递。

⑤将各结点由弯矩传递产生的新的不平衡弯矩，按照弯矩分配系数进行第二次分配，使各结点弯矩平衡。至此，整个弯矩分配和传递过程即告结束。

⑥将各杆端的固端弯矩、分配弯矩和传递弯矩叠加，即得各杆端弯矩。

这里经历了"分配—传递—分配"三道运算，余下的影响已经很小，可以忽略。

竖向荷载作用下可以考虑梁端塑性内力重分布而对梁端负弯矩进行调幅，现浇框架调幅系数可取 0.80~0.90。一般在计算中可以采用 0.85。将梁端负弯矩值乘以 0.85 的调幅系数，跨中弯矩相应增大。但是一定要注意，弯矩调幅只影响梁自身的弯矩，柱端弯矩仍然要按照调幅前的梁端弯矩求算。

三、水平荷载作用下内力的近似计算方法——反弯点法与 D 值法

（一）反弯点法

框架所受水平荷载主要是风荷载和水平地震作用，它们一般都可简化为作用于框架节点上的水平集中力。由精确分析方法可知，各杆的弯矩图都呈直线形，且一般都有一个零弯矩点，称为反弯点。反弯点所在截面上的内力为剪力和轴力（弯矩为零），如果能求出各杆件反弯点处的剪力，并确定反弯点高度，

则可求出各柱端弯矩，进而求出各梁端弯矩。为此假定：

①在求各柱子所受剪力时，假定各柱子上、下端都不发生角位移，即认为梁、柱线刚度之比为无限大。

②在确定柱子反弯点的位置时，假定除底层以外的各个柱子的上、下端节点转角均相同，即假定除底层外，各柱反弯点位于1/2柱高处，底层柱子的反弯点位于距柱底2/3高度处。

一般认为，当梁的线刚度与柱的线刚度之比超过3时，上述假定基本能满足，计算引起的误差能满足工程设计的精度要求。下面说明反弯点法的计算过程。

设有一n层框架结构，每层共m根柱子，将框架沿第j层各柱的反弯点处切开，取上部结构为研究对象，由$\sum F_x = 0$，得

$$V_{j1} + V_{j2} + \cdots + V_{jm} = F_j + \cdots + F_n \tag{2-1}$$

写成一般形式：

$$\sum_{k=1}^{m} V_{jk} = \sum_{t=j}^{n} F_t \tag{2-2}$$

式中：V_{jk}——第j层第k根柱子在反弯点处的剪力；

F_j，F_n——框架在第j层、第n层所受到的水平集中力；

$\sum_{t=j}^{n} F_t$——外荷载F在第j层所产生的层总剪力。

由结构力学的相关知识可知，当柱两端无转角但有水平位移时，柱的剪力与水平位移的关系为

$$V_{jk} = \frac{12i_c}{h_j^2}\delta_j \tag{2-3}$$

式中：V_{jk}——第j层第k根柱子剪力；

δ_j——第j层柱的层间位移；

h_j——第j层柱子高度；

i_c——柱线刚度，$i_c = \dfrac{EI}{h}$，其中EI为柱抗弯刚度。

其中，$\dfrac{12i_c}{h^2}$称为柱的抗侧移刚度，表示使柱上、下端严生单位相对位移（$\delta = 1$）时，需要在柱顶施加的水平力。

将式（2-3）代入式（2-1），同时假定梁的轴向刚度无限大，即忽略梁的轴向变形，则第j层各柱具有相同的层间侧移δ_j，有

$$\frac{12i_{\lambda 1}}{h^2}\delta_j + \frac{12i_{j2}}{h^2}\delta_j + \cdots + \frac{12i_{jm}}{h^2}\delta_j = F_j + \cdots + F_n \tag{2-4}$$

令

$$D'_{jk} = \frac{12i_{jk}}{h^2} \qquad (2-5)$$

则有

$$\delta_j = \frac{\sum\limits_{t=j}^{n} F_t}{\sum\limits_{k=1}^{m} D'_{jk}} \qquad (2-6)$$

将式（2-6）代入式（2-3），即可求出第 j 层每根柱子的剪力：

$$V_{jk} = \frac{D'_{jk}}{\sum\limits_{k=1}^{m} D'_{jk}} \sum\limits_{t=j}^{n} F_t \qquad (2-7)$$

上式表明，外荷载产生的层总剪力是按柱的抗侧刚度分配给该层的各个柱子的。

求出各柱所承受的剪力 V_{jk} 后，即可按假定②求出各柱端弯矩。

上层柱：

上下端弯矩相等，即

$$M^t_{cjk} = M^b_{cjk} = V_{jk} \cdot \frac{h_j}{2} \qquad (2-8)$$

首层柱：

柱上端弯矩： $M^t_{clk} = V_{lk} \cdot \frac{h_l}{3} \qquad (2-9)$

柱下端弯矩： $M^b_{clk} = V_{lk} \cdot \frac{2h_l}{3} \qquad (2-10)$

求出柱端弯矩后，由梁柱节点弯矩平衡条件，即可求出梁端弯矩：

$$M^l_b = \frac{i^l_b}{i^l_b + i^r_b} M^u_c + M^d_c$$

$$M^r_b = \frac{i^r_b}{i^l_b + i^r_b} M^u_c + M^d_c \qquad (2-11)$$

式中：M^l_b，M^r_b——节点左、右的梁端弯矩；M^u_c，M^d_c——节点上、下的柱端弯矩；i^l_b，i^r_b——节点左、右的梁的线刚度。

以各个梁为脱离体，将梁的左、右端弯矩之和除以该梁的跨长，便得到梁端剪力；再以柱子为脱离体，自上而下逐层叠加节点左、右的梁端剪力，即可得到柱的轴向力。

（二）D 值法

反弯点法在考虑柱侧移刚度时，假设节点转角为零，亦即横梁的线刚度假设为无穷大。对于层数较多的框架，由于柱轴力大，柱截面也随着增大，梁柱相对线刚度比较接近，甚至有时柱的线刚度反而比梁大，这样，上述假定将得不到满足，若仍按该方法计算，将产生较大的误差。此外，采用反弯点法计算反弯点高度时，假设柱上下节点转角相等，而实际上这与梁柱线刚度之比、上下层横梁的线刚度之比、上下层层高的变化等因素有关。日本武藤清教授在分析了上述影响因素的基础上，对反弯点法中柱的抗侧刚度和反弯点高度进行了修正。修正后的柱抗侧刚度以 D 表示，故此法又称为"D 值法"。D 值法的计算步骤与反弯点法相同，因而计算简单、实用、精度比反弯点法高，在高层建筑结构设计中得到了广泛应用。

D 值法也要解决两个主要问题：确定抗侧移刚度和反弯点高度。下面分别进行讨论。

1. 修正后的柱抗侧刚度 D

当梁柱线刚度比为有限值时，在水平荷载作用下，框架不仅有侧移，而且各节点还有转角。

在有侧移和转角的标准框架（即各层等高、各跨相等、各层梁和柱线刚度都不改变的多层框架）中取出一部分。柱 1、2 有杆端相对线位移 δ_2，且两端有转角 θ_1 和 θ_2，由转角位移方程，杆端弯矩为

$$M_{12} = 4i_c\theta_1 + 2i_c\theta_2 - \frac{6i_c}{h}\delta_2$$

$$M_{21} = 2i_c\theta_1 + 4i_c\theta_2 - \frac{6i_c}{h}\delta_2$$

可求得杆的剪力为

$$V = \frac{12i_c}{h^2}\delta - \frac{6i_c}{h}\ \theta_1 + \theta_2 \qquad (2-12)$$

令

$$D = \frac{V}{\delta} \qquad (2-13)$$

式中，i_c 表示柱线刚度。D 值也称为柱的抗侧移刚度，定义与 D' 相同，但 D 值与位移 δ 和转角 θ 均有关。

因为是标准框架，假定各层梁柱节点转角相等，即 $\theta_1=\theta_2=\theta_3=\theta$，各层层间位移相等，即 $\delta_1=\delta_2=\delta_3=\delta$。取中间节点 2 为隔离体，横梁的线刚度是 i_1 和 i_2，柱子的高度是 h，利用转角位移方程，由平衡条件 $\sum M=0$，可得

$$(4+4+2+2)i_c\theta + (4+2)i_1\theta + (4+2)i_2\theta - (6+6)i_c\frac{\delta}{h} = 0$$

$$(2-14)$$

经整理可得

$$\theta = \frac{2}{2+(i_1+i_2)/i_c} \cdot \frac{\delta}{h} = \frac{2}{2+K} \cdot \frac{\delta}{h} \qquad (2-15)$$

上式反映了转角 θ 与层间位移 δ 的关系，将此关系代入式（2-12）和（2-13），得到

$$D = \frac{V}{\delta} = \frac{12i_c}{h^2} - \frac{6i_c}{h^2} \cdot 2 \cdot \frac{2}{2+K} = \frac{12i_c}{h^2} \cdot \frac{K}{2+K} \qquad (2-16)$$

令

$$\alpha = \frac{K}{2+K} \qquad (2-17)$$

则

$$D = \alpha \frac{12i_c}{h^2} \qquad (2-18)$$

在上面的推导中，$K = \frac{i_1+i_2}{i_c}$ 为标准框架梁柱的线刚度比，α 值表示梁柱刚度比对柱抗侧移刚度的影响。当 K 值无限大时，$\alpha=1$，所得 D 值与 D' 值相等；当 K 值较小时，$\alpha<1$，D 值小于 D' 值。因此，称 α 为柱抗侧移刚度修正系数。

在普通框架（即非标准框架）中，中间柱上、下、左、右四根梁的线刚度都不相等，这时取线刚度平均值 K，即

$$K = \frac{i_1+i_2+i_3+i_4}{2i_c} \qquad (2-19)$$

对于边柱，令 $i_1=i_3=0$（或 $i_2=i_4=0$），可得

$$K = \frac{i_2+i_4}{2i_c} \qquad (2-20)$$

对于框架的底层柱，由于底端为固结支座，无转角，亦可采取类似方法推导底层柱的 K 值及 α 值，过程略。

框架结构中常用各情况的 K 及 α 的计算公式列于表 2-1，以便应用。

表 2-1　　　　　　　　　　柱侧移刚度修正系数 α

楼层	K	α
一般层柱	$K = \dfrac{i_1+i_2+i_3+i_4}{2i_c}$	$\alpha = \dfrac{K}{2+K}$
低层柱	$K = \dfrac{i_1+i_2}{i_c}$	$\alpha = \dfrac{0.5+K}{2+K}$

注：与柱子相交的横梁的线刚度分别是 i_1、i_2、i_3、i_4；为边柱的情况下，式中 i_1、i_3 取 0 值。

求出柱抗侧移刚度 D 值后,与反弯点法类似,假定同一楼层各柱的侧移相等,可得各柱的剪力:

$$V_{jk} = \frac{D_{jk}}{\sum_{k=1}^{m} D_{jk}} V_{Fj} \qquad (2-21)$$

式中:V_{jk}——第 j 层第 k 柱的剪力;D_{jk}——第 j 层第 k 柱的抗侧移刚度 D 值;$\sum_{k=1}^{m} D_{jk}$——第 j 层所有柱抗侧移刚度 D 值总和;V_{Fj}——外荷载在框架第 j 层所产生的总剪力。

2. 修正柱反弯点高度比

影响柱反弯点高度的主要因素是柱上、下端的约束条件。当两端固定或两端转角完全相等时,反弯点在中点。两端约束刚度不相同时,两端转角也不相等,反弯点移向转角较大的一端,也就是移向约束刚度较小的一端。当一端为铰接时(支承转动刚度为零),弯矩为零,即反弯点与该端铰重合。

综上可见,影响柱两端约束刚度的主要因素如下:①结构总层数及该层所在位置;②梁、柱的线刚度比;③荷载形式;④上层梁与下层梁的刚度比;⑤上、下层层高变化。

为分析上述因素对反弯点高度的影响,可假定框架在节点水平力作用下,同层各节点的转角相等,即假定同层各横梁的反弯点均在各横梁跨度的中央而该点又无竖向位移。当上述影响因素逐一发生变化时,可分别求出柱端至柱反弯点的距离(反弯点高度),并制成相应的表格,以供查用。

(1) 柱标准反弯点高度比

标准反弯点高度比是在各层等高、各跨相等、各层梁和柱线刚度都不改变的多层框架在水平荷载作用下求得的反弯点高度比。为方便使用,将标准反弯点高度比的值制成表格。在均布水平荷载作用下的 y_0 列于表 2—2;在倒三角形分布荷载作用下的 y_0 列于表 2—3。根据该框架总层数 n 及该层所在楼层 j 以及梁柱线刚度比 K 值,可从表中查得标准反弯点高度比 y_0。

表 2—2 标准框架在均布水平荷载作用下各层柱标准反弯点高度比 y_0

n	j	K												
		0.1	0.2	0.3	0.4	0.5	0.6	0.7	0.8	0.9	1.0	2.0	3.0	4.0	5.0
1	1	0.80	0.75	0.70	0.65	0.65	0.60	0.60	0.60	0.60	0.55	0.55	0.55	0.55	0.55
2	2	0.45	0.40	0.35	0.35	0.35	0.40	0.40	0.40	0.40	0.45	0.45	0.45	0.45	0.45
	1	0.95	0.80	0.75	0.70	0.65	0.65	0.60	0.60	0.60	0.55	0.55	0.55	0.55	0.50

续表

n	j	\multicolumn{13}{c}{K}
		0.1	0.2	0.3	0.4	0.5	0.6	0.7	0.8	0.9	1.0	2.0	3.0	4.0	5.0
3	3	0.15	0.20	0.20	0.25	0.30	0.30	0.30	0.35	0.35	0.35	0.40	0.45	0.45	0.45
	2	0.55	0.50	0.45	0.45	0.45	0.45	0.45	0.45	0.45	0.45	0.45	0.50	0.50	0.50
	1	1.00	0.85	0.80	0.75	0.70	0.70	0.65	0.65	0.65	0.60	0.55	0.55	0.55	0.55
4	4	−0.05	0.05	0.15	0.20	0.25	0.30	0.30	0.35	0.35	0.35	0.40	0.45	0.45	0.45
	3	0.25	0.30	0.30	0.35	0.35	0.40	0.40	0.40	0.40	0.45	0.45	0.50	0.50	0.50
	2	0.65	0.55	0.50	0.50	0.45	0.45	0.45	0.45	0.45	0.45	0.45	0.50	0.50	0.50
	1	1.10	0.90	0.80	0.75	0.70	0.70	0.65	0.65	0.65	0.60	0.55	0.55	0.55	0.55
5	5	−0.20	0.00	0.15	0.20	0.25	0.30	0.30	0.30	0.35	0.35	0.40	0.45	0.45	0.45
	4	0.10	0.20	0.25	0.30	0.35	0.35	0.40	0.40	0.40	0.40	0.45	0.45	0.50	0.50
	3	0.40	0.40	0.40	0.40	0.40	0.45	0.45	0.45	0.45	0.45	0.50	0.50	0.50	0.50
	2	0.65	0.55	0.50	0.50	0.50	0.50	0.50	0.50	0.50	0.50	0.50	0.50	0.50	0.50
	1	1.20	0.95	0.80	0.75	0.75	0.70	0.70	0.65	0.65	0.65	0.55	0.55	0.55	0.55
6	6	−0.30	0.00	0.10	0.20	0.25	0.25	0.30	0.30	0.35	0.35	0.40	0.45	0.45	0.45
	5	0.00	0.20	0.25	0.30	0.35	0.35	0.40	0.40	0.40	0.40	0.45	0.45	0.50	0.50
	4	0.20	0.30	0.35	0.35	0.40	0.40	0.40	0.45	0.45	0.45	0.45	0.50	0.50	0.50
	3	0.40	0.40	0.40	0.45	0.45	0.45	0.45	0.45	0.45	0.45	0.50	0.50	0.50	0.50
	2	0.70	0.60	0.55	0.50	0.50	0.50	0.50	0.50	0.50	0.50	0.50	0.50	0.50	0.50
	1	1.20	0.95	0.85	0.80	0.75	0.70	0.70	0.65	0.65	0.65	0.55	0.55	0.55	0.55
7	7	−0.35	−0.05	0.10	0.20	0.20	0.25	0.30	0.30	0.35	0.35	0.40	0.45	0.45	0.45
	6	−0.10	0.15	0.25	0.30	0.35	0.35	0.35	0.40	0.40	0.40	0.45	0.45	0.50	0.50
	5	0.10	0.25	0.30	0.35	0.40	0.40	0.40	0.45	0.45	0.45	0.50	0.50	0.50	0.50
	4	0.30	0.35	0.40	0.40	0.40	0.45	0.45	0.45	0.45	0.45	0.50	0.50	0.50	0.50
	3	0.50	0.45	0.45	0.45	0.45	0.45	0.45	0.45	0.45	0.45	0.50	0.50	0.50	0.50
	2	0.75	0.60	0.55	0.50	0.50	0.50	0.50	0.50	0.50	0.50	0.50	0.50	0.50	0.50
	1	1.20	0.95	0.85	0.80	0.75	0.70	0.70	0.65	0.65	0.65	0.55	0.55	0.55	0.55

续表

n	j	\multicolumn{13}{c}{K}
		0.1	0.2	0.3	0.4	0.5	0.6	0.7	0.8	0.9	1.0	2.0	3.0	4.0	5.0
8	8	−0.35	−0.15	0.10	0.10	0.25	0.25	0.30	0.30	0.35	0.35	0.40	0.45	0.45	0.45
	7	−0.10	0.15	0.25	0.30	0.35	0.35	0.40	0.40	0.40	0.40	0.45	0.50	0.50	0.50
	6	0.05	0.25	0.30	0.35	0.40	0.40	0.45	0.45	0.45	0.45	0.45	0.50	0.50	0.50
	5	0.20	0.30	0.35	0.40	0.40	0.45	0.45	0.45	0.45	0.45	0.50	0.50	0.50	0.50
	4	0.35	0.40	0.40	0.45	0.45	0.45	0.45	0.45	0.45	0.50	0.50	0.50	0.50	0.50
	3	0.50	0.45	0.45	0.45	0.45	0.45	0.45	0.45	0.50	0.50	0.50	0.50	0.50	0.50
	2	0.75	0.60	0.55	0.55	0.50	0.50	0.50	0.50	0.50	0.50	0.50	0.50	0.50	0.50
	1	1.20	1.00	0.85	0.80	0.75	0.70	0.70	0.65	0.65	0.65	0.55	0.55	0.55	0.55
9	9	−0.40	−0.05	0.10	0.20	0.25	0.25	0.30	0.30	0.35	0.35	0.45	0.45	0.45	0.45
	8	−0.15	0.15	0.25	0.30	0.35	0.35	0.35	0.40	0.40	0.40	0.45	0.45	0.50	0.50
	7	0.05	0.25	0.30	0.35	0.40	0.40	0.40	0.45	0.45	0.45	0.45	0.50	0.50	0.50
	6	0.15	0.30	0.35	0.40	0.40	0.45	0.45	0.45	0.45	0.45	0.50	0.50	0.50	0.50
	5	0.25	0.35	0.40	0.40	0.45	0.45	0.45	0.45	0.45	0.45	0.50	0.50	0.50	0.50
	4	0.40	0.40	0.40	0.45	0.45	0.45	0.45	0.45	0.45	0.45	0.50	0.50	0.50	0.50
	3	0.55	0.45	0.45	0.45	0.45	0.45	0.45	0.45	0.50	0.50	0.50	0.50	0.50	0.50
	2	0.80	0.65	0.55	0.55	0.50	0.50	0.50	0.50	0.50	0.50	0.50	0.50	0.50	0.50
	1	1.20	1.00	0.85	0.80	0.75	0.70	0.70	0.65	0.65	0.65	0.55	0.55	0.55	0.55
10	10	−0.40	−0.05	0.10	0.20	0.25	0.30	0.30	0.30	0.30	0.35	0.40	0.45	0.45	0.45
	9	−0.15	0.15	0.25	0.30	0.35	0.35	0.40	0.40	0.40	0.40	0.45	0.45	0.50	0.50
	8	0.00	0.25	0.30	0.35	0.40	0.40	0.40	0.45	0.45	0.45	0.45	0.50	0.50	0.50
	7	0.10	0.30	0.35	0.40	0.40	0.40	0.45	0.45	0.45	0.45	0.50	0.50	0.50	0.50
	6	0.20	0.35	0.40	0.40	0.45	0.45	0.45	0.45	0.45	0.45	0.50	0.50	0.50	0.50
	5	0.30	0.40	0.40	0.45	0.45	0.45	0.45	0.45	0.45	0.50	0.50	0.50	0.50	0.50
	4	0.40	0.40	0.45	0.45	0.45	0.45	0.45	0.45	0.45	0.50	0.50	0.50	0.50	0.50
	3	0.55	0.50	0.45	0.45	0.45	0.50	0.50	0.50	0.50	0.50	0.50	0.50	0.50	0.50
	2	0.80	0.65	0.55	0.55	0.55	0.50	0.50	0.50	0.50	0.50	0.50	0.50	0.50	0.50
	1	1.30	1.00	0.85	0.80	0.75	0.70	0.70	0.65	0.65	0.65	0.60	0.55	0.55	0.55

续表

n	j	K												
		0.1	0.2	0.3	0.4	0.5	0.6	0.7	0.8	0.9	1.0	2.0	3.0	4.0	5.0
11	11	−0.40	0.05	0.10	0.20	0.25	0.30	0.30	0.30	0.35	0.35	0.40	0.45	0.45	0.45
	10	−0.15	0.15	0.25	0.30	0.35	0.35	0.40	0.40	0.40	0.40	0.45	0.45	0.50	0.50
	9	0.00	0.25	0.30	0.35	0.40	0.40	0.40	0.45	0.45	0.45	0.45	0.50	0.50	0.50
	8	0.10	0.30	0.35	0.40	0.40	0.45	0.45	0.45	0.45	0.45	0.50	0.50	0.50	0.50
	7	0.20	0.35	0.40	0.45	0.45	0.45	0.45	0.45	0.45	0.45	0.50	0.50	0.50	0.50
	6	0.25	0.35	0.40	0.45	0.45	0.45	0.45	0.45	0.45	0.45	0.50	0.50	0.50	0.50
	5	0.35	0.40	0.40	0.45	0.45	0.45	0.45	0.45	0.50	0.50	0.50	0.50	0.50	0.50
	4	0.40	0.45	0.45	0.45	0.45	0.45	0.45	0.50	0.50	0.50	0.50	0.50	0.50	0.50
	3	0.55	0.50	0.50	0.50	0.50	0.50	0.50	0.50	0.50	0.50	0.50	0.50	0.50	0.50
	2	0.80	0.65	0.60	0.55	0.55	0.50	0.50	0.50	0.50	0.50	0.50	0.50	0.50	0.50
	1	1.30	1.00	0.85	0.80	0.75	0.70	0.70	0.65	0.65	0.65	0.60	0.55	0.55	0.55
12以上	自上1	−0.40	−0.05	0.10	0.20	0.25	0.30	0.30	0.30	0.35	0.35	0.40	0.45	0.45	0.45
	2	−0.15	0.15	0.25	0.30	0.35	0.35	0.40	0.40	0.40	0.40	0.45	0.45	0.50	0.50
	3	0.00	0.25	0.30	0.35	0.40	0.40	0.40	0.45	0.45	0.45	0.50	0.50	0.50	0.50
	4	0.10	0.30	0.35	0.40	0.40	0.45	0.45	0.45	0.45	0.45	0.50	0.50	0.50	0.50
	5	0.20	0.35	0.40	0.40	0.45	0.45	0.45	0.45	0.45	0.45	0.50	0.50	0.50	0.50
	6	0.25	0.35	0.40	0.45	0.45	0.45	0.45	0.45	0.45	0.45	0.50	0.50	0.50	0.50
	7	0.30	0.40	0.40	0.45	0.45	0.45	0.45	0.45	0.50	0.50	0.50	0.50	0.50	0.50
	8	0.35	0.40	0.45	0.45	0.45	0.45	0.45	0.50	0.50	0.50	0.50	0.50	0.50	0.50
	中间	0.40	0.40	0.45	0.45	0.45	0.50	0.50	0.50	0.50	0.50	0.50	0.50	0.50	0.50
	4	0.45	0.45	0.45	0.45	0.50	0.50	0.50	0.50	0.50	0.50	0.50	0.50	0.50	0.50
	3	0.60	0.50	0.50	0.50	0.50	0.50	0.50	0.50	0.50	0.50	0.50	0.50	0.50	0.50
	2	0.80	0.65	0.60	0.55	0.55	0.50	0.50	0.50	0.50	0.50	0.50	0.50	0.50	0.50
	自下1	1.30	1.00	0.85	0.80	0.75	0.70	0.70	0.65	0.65	0.55	0.55	0.55	0.55	0.55

表2-3 标准框架在倒三角荷载下各层柱标准反弯点高度比 y_0

n	j	K												
		0.1	0.2	0.3	0.4	0.5	0.6	0.7	0.8	0.9	1.0	2.0	3.0	4.0	5.0
1	1	0.80	0.75	0.70	0.65	0.65	0.60	0.60	0.60	0.60	0.55	0.55	0.55	0.55	0.55
2	2	0.50	0.45	0.40	0.40	0.40	0.40	0.40	0.40	0.40	0.45	0.45	0.45	0.45	0.50
	1	1.00	0.85	0.75	0.70	0.70	0.65	0.65	0.65	0.60	0.60	0.55	0.55	0.55	0.55

续表

n	j	\multicolumn{14}{c	}{K}
		0.1	0.2	0.3	0.4	0.5	0.6	0.7	0.8	0.9	1.0	2.0	3.0	4.0	5.0
3	3	0.25	0.25	0.25	0.30	0.30	0.35	0.35	0.35	0.40	0.40	0.45	0.45	0.45	0.50
	2	0.60	0.50	0.50	0.50	0.50	0.45	0.45	0.45	0.45	0.45	0.50	0.50	0.55	0.50
	1	1.15	0.90	0.80	0.75	0.75	0.70	0.70	0.65	0.65	0.65	0.60	0.55	0.55	0.55
4	4	0.10	0.15	0.20	0.25	0.30	0.30	0.35	0.35	0.35	0.40	0.45	0.45	0.45	0.45
	3	0.35	0.35	0.35	0.40	0.40	0.40	0.40	0.45	0.45	0.45	0.45	0.50	0.50	0.50
	2	0.70	0.60	0.55	0.50	0.50	0.50	0.50	0.50	0.50	0.50	0.50	0.50	0.50	0.50
	1	1.20	0.95	0.85	0.80	0.75	0.70	0.70	0.70	0.65	0.65	0.55	0.55	0.55	0.50
5	5	−0.05	0.10	0.20	0.25	0.30	0.30	0.35	0.35	0.35	0.35	0.40	0.45	0.45	0.45
	4	0.20	0.25	0.35	0.35	0.40	0.40	0.40	0.40	0.40	0.45	0.45	0.50	0.50	0.50
	3	0.45	0.40	0.45	0.45	0.45	0.45	0.45	0.45	0.45	0.50	0.50	0.50	0.50	0.50
	2	0.75	0.60	0.55	0.55	0.50	0.50	0.50	0.50	0.50	0.50	0.50	0.50	0.50	0.50
	1	1.30	1.00	0.85	0.80	0.75	0.70	0.70	0.65	0.65	0.65	0.65	0.55	0.55	0.55
6	6	−0.15	0.05	0.15	0.20	0.25	0.30	0.30	0.35	0.35	0.35	0.40	0.45	0.45	0.45
	5	0.10	0.25	0.30	0.35	0.35	0.40	0.40	0.40	0.45	0.45	0.45	0.50	0.50	0.50
	4	0.30	0.35	0.40	0.40	0.45	0.45	0.45	0.45	0.45	0.45	0.50	0.50	0.50	0.50
	3	0.50	0.45	0.45	0.45	0.45	0.45	0.45	0.45	0.50	0.50	0.50	0.50	0.50	0.50
	2	0.80	0.65	0.55	0.55	0.55	0.55	0.50	0.50	0.50	0.50	0.50	0.50	0.50	0.50
	1	1.30	1.00	0.85	0.80	0.75	0.70	0.70	0.65	0.65	0.65	0.60	0.55	0.55	0.55
7	7	−0.20	0.05	0.15	0.20	0.25	0.30	0.30	0.35	0.35	0.35	0.45	0.45	0.45	0.45
	6	0.05	0.20	0.30	0.35	0.35	0.40	0.40	0.40	0.40	0.45	0.45	0.50	0.50	0.50
	5	0.20	0.30	0.35	0.40	0.40	0.45	0.45	0.45	0.45	0.45	0.50	0.50	0.50	0.50
	4	0.35	0.40	0.40	0.45	0.45	0.45	0.45	0.45	0.45	0.45	0.50	0.50	0.50	0.50
	3	0.55	0.50	0.50	0.50	0.50	0.50	0.50	0.50	0.50	0.50	0.50	0.50	0.50	0.50
	2	0.80	0.65	0.60	0.55	0.55	0.55	0.50	0.50	0.50	0.50	0.50	0.50	0.50	0.50
	1	1.30	1.00	0.90	0.80	0.75	0.70	0.70	0.70	0.65	0.65	0.60	0.55	0.55	0.55

续表

| n | j | \multicolumn{14}{c}{K} |
		0.1	0.2	0.3	0.4	0.5	0.6	0.7	0.8	0.9	1.0	2.0	3.0	4.0	5.0
8	8	−0.20	0.05	0.15	0.20	0.25	0.30	0.30	0.35	0.35	0.35	0.45	0.45	0.45	0.45
	7	0.00	0.20	0.30	0.35	0.35	0.40	0.40	0.40	0.40	0.45	0.45	0.50	0.50	0.50
	6	0.15	0.30	0.35	0.40	0.40	0.45	0.45	0.45	0.45	0.45	0.50	0.50	0.50	0.50
	5	0.30	0.45	0.40	0.45	0.45	0.45	0.45	0.45	0.45	0.45	0.50	0.50	0.50	0.50
	4	0.40	0.45	0.45	0.45	0.45	0.45	0.45	0.50	0.50	0.50	0.50	0.50	0.50	0.50
	3	0.60	0.50	0.50	0.50	0.50	0.50	0.50	0.50	0.50	0.50	0.50	0.50	0.50	0.50
	2	0.85	0.65	0.60	0.55	0.55	0.55	0.50	0.50	0.50	0.50	0.50	0.50	0.50	0.50
	1	1.30	1.00	0.90	0.80	0.75	0.70	0.70	0.70	0.65	0.65	0.60	0.55	0.55	0.55
9	9	−0.25	0.00	0.15	0.20	0.25	0.30	0.30	0.35	0.35	0.40	0.45	0.45	0.45	0.45
	8	−0.00	0.20	0.30	0.35	0.35	0.40	0.40	0.40	0.40	0.45	0.45	0.50	0.50	0.50
	7	0.15	0.30	0.35	0.40	0.40	0.45	0.45	0.45	0.45	0.45	0.50	0.50	0.50	0.50
	6	0.25	0.35	0.40	0.40	0.45	0.45	0.45	0.45	0.45	0.45	0.50	0.50	0.50	0.50
	5	0.35	0.40	0.45	0.45	0.45	0.45	0.45	0.45	0.50	0.50	0.50	0.50	0.50	0.50
	4	0.45	0.45	0.45	0.45	0.45	0.45	0.50	0.50	0.50	0.50	0.50	0.50	0.50	0.50
	3	0.65	0.50	0.50	0.50	0.50	0.50	0.50	0.50	0.50	0.50	0.50	0.50	0.50	0.50
	2	0.80	0.65	0.65	0.55	0.55	0.55	0.50	0.50	0.50	0.50	0.50	0.50	0.50	0.50
	1	1.35	1.00	1.00	0.80	0.75	0.75	0.70	0.70	0.65	0.65	0.60	0.55	0.55	0.55
10	10	−0.25	0.00	0.15	0.20	0.25	0.30	0.30	0.35	0.35	0.40	0.45	0.45	0.45	0.45
	9	−0.05	0.20	0.30	0.35	0.35	0.40	0.40	0.40	0.40	0.45	0.45	0.50	0.50	0.50
	8	0.10	0.30	0.35	0.40	0.40	0.40	0.45	0.45	0.45	0.45	0.50	0.50	0.50	0.50
	7	0.20	0.35	0.40	0.40	0.45	0.45	0.45	0.45	0.45	0.45	0.50	0.50	0.50	0.50
	6	0.30	0.40	0.40	0.45	0.45	0.45	0.45	0.45	0.45	0.50	0.50	0.50	0.50	0.50
	5	0.40	0.45	0.45	0.45	0.45	0.45	0.45	0.50	0.50	0.50	0.50	0.50	0.50	0.50
	4	0.50	0.45	0.45	0.45	0.50	0.50	0.50	0.50	0.50	0.50	0.50	0.50	0.50	0.50
	3	0.60	0.55	0.50	0.50	0.50	0.50	0.50	0.50	0.50	0.50	0.50	0.50	0.50	0.50
	2	0.85	0.65	0.60	0.55	0.55	0.55	0.55	0.50	0.50	0.50	0.50	0.50	0.50	0.50
	1	1.35	1.00	0.90	0.80	0.75	0.75	0.70	0.70	0.65	0.65	0.60	0.55	0.55	0.55

续表

n	j	\multicolumn{13}{c}{K}
		0.1	0.2	0.3	0.4	0.5	0.6	0.7	0.8	0.9	1.0	2.0	3.0	4.0	5.0
11	11	−0.25	0.00	0.15	0.20	0.25	0.30	0.30	0.30	0.35	0.35	0.45	0.45	0.45	0.45
	10	−0.05	0.20	0.25	0.30	0.35	0.40	0.40	0.40	0.40	0.45	0.45	0.50	0.50	0.50
	9	0.10	0.30	0.35	0.40	0.40	0.40	0.45	0.45	0.45	0.45	0.50	0.50	0.50	0.50
	8	0.20	0.35	0.40	0.40	0.45	0.45	0.45	0.45	0.45	0.45	0.50	0.50	0.50	0.50
	7	0.25	0.40	0.40	0.45	0.45	0.45	0.45	0.45	0.45	0.50	0.50	0.50	0.50	0.50
	6	0.35	0.40	0.45	0.45	0.45	0.45	0.45	0.50	0.50	0.50	0.50	0.50	0.50	0.50
	5	0.40	0.45	0.45	0.45	0.50	0.50	0.50	0.50	0.50	0.50	0.50	0.50	0.50	0.50
	4	0.50	0.50	0.50	0.50	0.50	0.50	0.50	0.50	0.50	0.50	0.50	0.50	0.50	0.50
	3	0.65	0.55	0.50	0.50	0.50	0.50	0.50	0.50	0.50	0.50	0.50	0.50	0.50	0.50
	2	0.85	0.65	0.60	0.55	0.55	0.55	0.55	0.50	0.50	0.50	0.50	0.50	0.50	0.50
	1	1.35	1.50	0.90	0.80	0.75	0.75	0.70	0.70	0.65	0.65	0.60	0.55	0.55	0.55
12	自上 1	−0.30	0.00	0.15	0.20	0.25	0.30	0.30	0.30	0.35	0.35	0.45	0.45	0.45	0.45
	2	−0.10	0.20	0.25	0.30	0.35	0.40	0.40	0.40	0.40	0.40	0.45	0.45	0.45	0.50
	3	0.05	0.25	0.35	0.40	0.40	0.45	0.45	0.45	0.45	0.45	0.50	0.50	0.50	0.50
	4	0.15	0.30	0.40	0.40	0.45	0.45	0.45	0.45	0.45	0.45	0.50	0.50	0.50	0.50
	5	0.25	0.30	0.40	0.45	0.45	0.45	0.45	0.45	0.45	0.45	0.50	0.50	0.50	0.50
	6	0.30	0.40	0.40	0.45	0.45	0.45	0.50	0.50	0.50	0.50	0.50	0.50	0.50	0.50
	7	0.35	0.40	0.40	0.45	0.45	0.45	0.50	0.50	0.50	0.50	0.50	0.50	0.50	0.50
	8	0.35	0.45	0.45	0.45	0.50	0.50	0.50	0.50	0.50	0.50	0.50	0.50	0.50	0.50
	中间	0.45	0.45	0.45	0.45	0.50	0.50	0.50	0.50	0.50	0.50	0.50	0.50	0.50	0.50
	4	0.55	0.50	0.50	0.50	0.50	0.50	0.50	0.50	0.50	0.50	0.50	0.50	0.50	0.50
	3	0.65	0.55	0.50	0.50	0.50	0.50	0.50	0.50	0.50	0.50	0.50	0.50	0.50	0.50
	2	0.70	0.70	0.60	0.55	0.55	0.55	0.55	0.50	0.50	0.50	0.50	0.50	0.50	0.50
	自下 1	1.35	1.05	0.70	0.80	0.75	0.70	0.70	0.70	0.65	0.65	0.60	0.55	0.55	0.55

(2) 上、下梁刚度变化时的反弯点高度比修正值 y_1

当某柱的上梁与下梁的刚度不等，柱上、下节点转角不同时，反弯点位置将向横梁刚度较小的一侧偏移，因而必须对标准反弯点高度进行修正，修正值为 y_1。

当 $i_1+i_2<i_3+i_4$ 时，令 $\alpha_1=(i_1+i_2)/(i_3+i_4)$，根据 α_1 和 K 值从表 2—4 中查出 y_1，这时反弯点应向上移，y_1 取正值。

当 $i_3+i_4<i_1+i_2$ 时，令 $\alpha_1=(i_3+i_4)/(i_1+i_2)$，仍根据 α_1 和 K 值从表 2—4 中查出 y_1，这时反弯点应向下移，y_1 取负值。

表 2-4　　　　上、下梁相对刚度变化时反弯点高度比修正值 y_1

α_1	\multicolumn{13}{c}{K}
	0.1	0.2	0.3	0.4	0.5	0.6	0.7	0.8	0.9	1.0	2.0	3.0	4.0	5.0
0.4	0.55	0.40	0.30	0.25	0.20	0.20	0.20	0.15	0.15	0.15	0.05	0.05	0.05	0.05
0.5	0.45	0.30	0.20	0.20	0.15	0.15	0.15	0.10	0.10	0.10	0.05	0.05	0.05	0.05
0.6	0.30	0.20	0.15	0.15	0.10	0.10	0.10	0.10	0.05	0.05	0.05	0.00	0.00	0.00
0.7	0.20	0.15	0.10	0.10	0.10	0.05	0.05	0.05	0.05	0.05	0.00	0.00	0.00	0.00
0.8	0.15	0.10	0.05	0.05	0.05	0.05	0.05	0.05	0.00	0.00	0.00	0.00	0.00	0.00
0.9	0.05	0.05	0.05	0.05	0.05	0.00	0.00	0.00	0.00	0.00	0.00	0.00	0.00	0.00

注：底层柱不考虑 α_1 值，所以不作此项修正。

（3）上、下层高度变化时反弯点高度比修正值 y_2 和 y_3

令上层层高和本层层高之比 $h_上/h = \alpha_2$，由表 2-5 可查得修正值 y_2。当 $\alpha_2 > 1$ 时，y_2 为正值，反弯点向上移；当 $\alpha_2 < 1$ 时，y_2 为负值，反弯点向下移。

同理，令下层层高和本层层高之比 $h_下/h = \alpha_3$，由表 2-5 可查得修正值 y_3。

表 2-5　　　　上下层柱高度变化时反弯点高度比修正值 y_2 和 y_3

α_2	α_3	\multicolumn{14}{c}{K}
		0.1	0.2	0.3	0.4	0.5	0.6	0.7	0.8	0.9	1.0	2.0	3.0	4.0	5.0
2.0		0.25	0.15	0.15	0.10	0.10	0.10	0.10	0.10	0.05	0.05	0.05	0.05	0.0	0.0
1.8		0.20	0.15	0.10	0.10	0.10	0.05	0.05	0.05	0.05	0.05	0.05	0.0	0.0	0.0
1.6	0.4	0.15	0.10	0.10	0.05	0.05	0.05	0.05	0.05	0.05	0.05	0.0	0.0	0.0	0.0
1.4	0.6	0.10	0.05	0.05	0.05	0.05	0.05	0.05	0.05	0.05	0.05	0.0	0.0	0.0	0.0
1.2	0.8	0.05	0.05	0.05	0.05	0.05	0.05	0.05	0.0	0.0	0.0	0.0	0.0	0.0	0.0
1.0	1.0	0.0	0.0	0.0	0.0	0.0	0.0	0.0	0.0	0.0	0.0	0.0	0.0	0.0	0.0
0.8	1.2	−0.05	−0.05	−0.05	0.0	0.0	0.0	0.0	0.0	0.0	0.0	0.0	0.0	0.0	0.0
0.6	1.4	−0.05	−0.05	−0.05	−0.05	−0.05	−0.05	−0.05	−0.05	−0.05	−0.05	0.0	0.0	0.0	0.0
0.4	1.6	−0.10	−0.10	−0.10	−0.05	−0.05	−0.05	−0.05	−0.05	−0.05	−0.05	0.0	0.0	0.0	0.0
	1.8	−0.15	−0.15	−0.05	−0.05	−0.05	−0.05	−0.05	−0.05	−0.05	−0.05	0.0	0.0	0.0	0.0
	2.0	−0.15	−0.15	−0.15	−0.10	−0.10	−0.10	−0.10	−0.05	−0.05	−0.05	−0.05	0.0	0.0	0.0

注：y_2——按 α_2 查表求得，上层较高时为正值。但对于最上层，不考虑 y_2 修正值。

y_3——按 α_3 查表求得，对于最下层，不考虑 y_3 修正值。

第二节 钢筋混凝土框架的延性设计

位于设防烈度 6 度及 6 度以上地区的建筑都要按规定进行抗震设计，除了必须具有足够的承载力和刚度外，还应具有良好的延性和耗能能力。钢结构的材料本身就具有良好的延性，而钢筋混凝土结构要通过延性设计，才能实现延性结构。

一、延性结构的概念

延性是指构件和结构屈服后，强度或承载力没有大幅度下降的情况下，仍然具有足够塑性变形能力的一种性能，一般用延性比表示延性。塑性变形可以耗散地震能量，大部分抗震结构在中震作用下都进入塑性状态而耗能。

（一）构件延性比

对钢筋混凝土构件，当受拉钢筋屈服以后，即进入塑性状态，构件刚度降低，随着变形迅速增加，构件承载力略有增大，当承载力开始降低，就达到极限状态。延性比就是指极限变形（曲率 φ_u、转角 θ_u，或挠度 f_u）与屈服变形（曲率 φ_y、转角 θ_y 或挠度 f_y）的比值。屈服变形指是钢筋屈服时的变形，极限变形一般是指承载力降低 10%～20%时的变形。

（二）结构延性比

对一个钢筋混凝土结构，当某个杆件出现塑性铰时，结构开始出现塑性变形，但结构刚度只略有降低；当出现塑性铰的杆件增多以后，塑性变形加大，结构刚度继续降低；当塑性铰达到一定数量以后，结构会出现"屈服"现象，即结构进入塑性变形迅速增大而承载力略微增大的阶段，是"屈服"后的弹塑性阶段。"屈服"时的位移定为屈服位移 Δ_y；当整个结构不能维持其承载能力，即承载能力下降到最大承载力的 80%～90%时，达到极限位移 Δ_u。结构延性比 μ 通常是指达到极限时顶点位移 Δ_u 与屈服时顶点位移 Δ_y 的比值。

当设计成延性结构时，由于塑性变形可以耗散地震能量，结构变形虽然会加大，但结构承受的地震作用（惯性力）不会很快上升，内力也不会再加大，因此具有延性的结构可降低对结构的承载力要求，也可以说，延性结构是用它的变形能力（而不是承载力）抵抗罕遇地震作用；反之，如果结构的延性不好，则必须有足够大的承载力抵抗地震。然而后者需要更多的材料，对地震发生概率极小的抗震结构，延性结构是一种经济的设计对策。

二、延性框架设计的基本措施

为了实现抗震设防目标，钢筋混凝土框架应设计成具有较好耗能能力的延性结构。耗能能力通常可用往复荷载作用下构件或结构的力－变形滞回曲线包含的面积度量。在变形相同的情况下，滞回曲线包含的面积越大，则耗能能力越大，对抗震越有利。当梁的耗能能力大于柱的耗能能力，则构件弯曲破坏的耗能能力大于剪切破坏的耗能能力。钢筋混凝土延性框架设计应满足以下基本要求。

（一）强柱弱梁

梁铰机制是指塑性铰出在梁端，不允许在梁的跨中出铰，如果这样容易导致局部破坏，除柱角外，柱端无塑性铰，是一种整体机制优于柱铰机制（是指在同一层所有柱的上、下端形成塑性铰，是一种局部机制）。梁铰分散在各层，不至于形成倒塌机构，而柱铰集中在某一层，塑性变形集中在该层，该层为柔性层或薄弱层，形成倒塌机构。梁铰的数量远多于柱铰数量，在同样大小的塑性变形和耗能要求下，对梁铰的塑性转动能力要求低，对柱铰的塑性转动能力要求高。此外，梁是受弯构件，容易实现大的延性和耗能能力，柱是压弯构件，尤其是轴压比大的柱，不容易实现大的延性和耗能能力。因此，人们应将钢筋混凝土框架尽量设计成"强柱弱梁"，即交汇在同一节点的上、下柱端截面在轴压力作用下的受弯承载力之和应大于两侧梁端截面受弯承载力之和。在实际工程中，很难实现完全梁铰机制，往往是既有梁铰，又有柱铰的混合机制。

（二）强剪弱弯

弯曲（压弯）破坏优于剪切破坏。梁、柱剪切破坏是脆性破坏，延性小，力变形滞回曲线"捏拢"严重，构件的耗能能力差，而弯曲破坏为延性破坏，滞回曲线包含的面积大，构件耗能能力好。因此，梁、柱构件应按"强剪弱弯"设计，即梁、柱的受剪承载力应分别大于其受弯承载力对应的剪力，推迟或避免其发生剪切破坏。

（三）强节点、强锚固

梁—柱核心区的破坏为剪切破坏，可能导致框架失效。在地震往复作用下，由于伸入核心区的纵筋与混凝土之间的黏结破坏，会导致梁端转角增大，从而增大层间位移，因此不允许核心区破坏以及纵筋在核心区的锚固破坏。在设计时做到"强节点、强锚固"，即核心区的受剪承载力应大于汇交在同一节点的两侧梁达到受弯承载力时对应的核心区剪力，在梁、柱塑性铰充分发展前，核心区不破坏。同时，伸入核心区的梁、柱纵向钢筋在核心区内应有足够的锚固长度，避免因黏结、锚固破坏而增大层间位移。

（四）限制柱轴压比并进行局部加强

由于钢筋混凝土小偏心受压柱的混凝土相对受压区高度大，导致延性和耗能能力降低，因此小偏压柱的延性和耗能能力显著低于大偏心受压柱。在设计中，人们可通过限制框架柱的轴压比（平均轴向压应力与混凝土轴心抗压强度之比），并采取配置足够箍筋等措施，以获得较大的延性和耗能能力。

除此之外，人们还应提高和加强柱根部以及角柱、框支柱等受力不利部位的承载力和抗震构造措施，推迟或避免其过早破坏。

三、框架梁抗震设计

（一）影响框架梁延性的主要因素

框架梁的延性对结构抗震耗能能力有较大影响，主要的影响因素有以下几个方面：

①纵筋配筋率。在适筋梁的范围内，受弯构件的延性随受拉钢筋配筋率的提高而降低，随受压钢筋配筋率的提高而提高，随混凝土强度的提高而提高，随钢筋屈服强度的提高而降低。

②剪压比。剪压比即为梁截面上的"名义剪应力"$\frac{V}{bh_0}$ 与混凝土轴心抗压强度设计值 f_c 的比值。梁塑性铰区的截面剪压比对梁的延性、耗能能力及保持梁的强度、刚度有明显的影响。当剪压比大于 0.15 时，梁的强度和刚度有明显的退化现象，剪压比越高则退化越快，混凝土破坏越早，这时增加箍筋用量也不能发挥作用，必须要限制截面剪压比，即限制截面尺寸不能过小。

③跨高比。梁的跨高比是指梁净跨与梁截面高度之比，它对梁的抗震性能有明显的影响。随着跨高比的减小，剪力的影响加大，剪切变形占全部位移的比重也加大。试验结果表明，当梁的跨高比小于 2 时，极易发生以斜裂缝为特征的破坏形态。一旦主斜裂缝形成，梁的承载力就急剧下降，从而极大地降低延性。一般认为，梁净跨不宜小于截面高度的 4 倍。当梁的跨度较小，而梁的设计内力较大时，宜首先考虑加大梁的宽度，虽然这样会增加梁的纵筋用量，但对提高梁的延性却十分有利。

④塑性铰区的箍筋用量。在塑性铰区配置足够的封闭式箍筋，对提高塑性铰的转动能力十分有效。它可以防止梁受压纵筋的过早压屈，提高塑性铰区混凝土的极限压应变，并可阻止斜裂缝的开展，从而提高梁的延性。在框架梁端塑性铰区范围内，箍筋必须加密。

（二）框架梁正截面受弯承载力设计

框架梁正截面受弯承载力计算可参考一般的混凝土结构设计原理教材。当考虑地震作用组合时，应考虑相应的承载力抗震调整系数 γ_{RE}。

为保证框架梁的延性，在梁端截面必须配置受压钢筋（双筋截面），同时要限制混凝土受压区高度。具体要求为：

一级抗震：

$$x \leqslant 0.25h_0, \quad \frac{A_s'}{A_s} \geqslant 0.5 \qquad (2-22)$$

二、三级抗震：

$$x \leqslant 0.35h_0, \quad \frac{A_s'}{A_s} \geqslant 0.3 \qquad (2-23)$$

同时，抗震结构中梁的纵向受拉钢筋配筋率不应小于表2-6规定的数值。

表2-6　　框架梁纵向受拉钢筋最小配筋百分率（单位:%）

抗震等级	梁中位置	
	支座	跨中
一级	0.40 和 80 f_t/f_y 中的较大值	0.30 和 65 f_t/f_y 中的较大值
二级	0.30 和 65 f_t/f_y 中的较大值	0.25 和 55 f_t/f_y 中的较大值
三、四级	0.25 和 55 f_t/f_y 中的较大值	0.20 和 45 f_t/f_y 中的较大值

梁跨中截面受压区高度控制与非抗震设计时相同。

（三）框架梁斜截面受剪承载力设计

为保证框架梁在地震作用下的延性性能，减少梁端塑性铰区发生脆性剪切破坏的可能性，梁端的斜截面受剪承载力应高于正截面受弯承载力，即设计成"强剪弱弯"构件，应对梁端的剪力设计值按以下规定进行调整。

一、二、三级的框架梁和抗震墙的连梁，其梁端截面组合的剪力设计值应按下式调整：

$$V = \eta_{vb}\left(M_b^l + M_b^r\right)/l_n + V_{Gb} \qquad (2-24)$$

一级的框架结构和9度的一级框架梁、连梁可不按上式调整，但应符合下式要求：

$$V = 1.1\left(M_{bua}^l + M_{bna}^r\right)/l_n + V_{Gb} \qquad (2-25)$$

式中：V——梁端截面组合的剪力设计值；

M_b^l, M_b^r——梁左右端顺时针或反时针方向组合的弯矩设计值，一级框架两端弯矩均为负弯矩时，绝对值较小端的弯矩取零；

l_n——梁的净跨；

V_{Gb}——梁在重力荷载代表值（9度时高层建筑还应包括竖向地震作用标准值）作用下，按简支梁分析的梁端截面剪力设计值；

M_{bua}^l，M_{bna}^r——梁左右端反时针或顺时针方向实配的正截面抗震受弯承载力所对应的弯矩值，根据实配钢筋面积（计入受压钢筋和有效板宽范围内的楼板钢筋）和材料强度标准值确定；

η_{vb}——梁端剪力增大系数，一级为1.3，二级为1.2，三级为1.1。

设梁端纵向钢筋实际配筋量为A_s^a，则梁端的正截面受弯抗震极限承载力近似地可取为

$$M_{bua} = A_s^a f_{yk}（h_0 - a_s'）/\gamma_{RE} \qquad (2-26)$$

梁端受压钢筋及楼板中配筋会提高梁的抗弯承载力，从而提高梁中剪力，计算A_s^a时，要考虑受压钢筋及有效板宽范围内的板筋。其中，有效板宽范围可取梁每侧6倍板厚的范围，楼板钢筋即取有效板宽范围内平行框架梁方向的板内实配钢筋。

梁的受剪承载力按下列公式验算：

无地震作用组合时

$$V \leqslant \alpha_{cv} f_t b h_0 + f_{yv} \frac{A_{sv}}{s} h_0 \qquad (2-27)$$

有地震作用组合时

$$V \leqslant \frac{1}{\gamma_{RE}}\left(0.6\alpha_{cv} f_t b h_0 + f_{yv} \frac{A_{sv}}{s} h_0\right) \qquad (2-28)$$

式中：α_{cv}——斜截面混凝土受剪承载力系数，一般受弯构件取0.7；集中荷载作用下（包括作用有多种荷载，其中集中荷载对支座截面或节点边缘所产生的剪力值占总剪力的75%以上的情况）的独立梁取$\alpha_{cv} = \frac{1.75}{\lambda + 1}$，$\lambda$为计算截面的剪跨比，可取$\lambda = a/h_0$，当$\lambda$小于1.5时，取1.5，当$\lambda$大于3时，取3，$a$取集中荷载作用点至支座截面或节点边缘的距离；

A_{sv}——配置在同一截面内箍筋各肢的全部截面面积，即nA_{sv1}，此处，n为在同一个截面内箍筋的肢数，A_{sv1}为单肢箍筋的截面面积；

f_{yv}——箍筋的抗拉强度设计值；

γ_{RE}——承载力抗震调整系数，按《混凝土结构设计标准》（GB/T 50010—2010）（以下简称《混凝土标准》）表11.1.6取值。

（四）框架梁抗震构造要求

①最小截面尺寸。框架梁的截面尺寸应满足三个方面的要求：承载力要求、构造要求、剪压比限值。承载力要求通过承载力验算实现，后两者通过构造措施实现。

框架主梁的截面高度可按 (1/10~1/18)l_b 确定，l_b 为主梁计算跨度，满足此要求时，在一般荷载作用下，可不验算挠度。框架梁的宽度不宜小于 200mm，高宽比不宜大于 4，净跨与截面高度之比不宜小于 4。

若梁截面尺寸小，导致剪压比（梁截面上的"名义剪应力"$\frac{V}{bh_0}$ 与混凝土轴心抗压强度设计值 f_c 的比值）很大，此时增加箍筋也不能有效防止斜裂缝过早出现，也不能有效提高截面的受剪承载力，必须限制梁的名义剪应力，作为确定梁最小截面尺寸的条件之一。

无地震作用组合时，矩形、T 形和 I 形截面受弯构件的受剪截面应符合下列条件：

当 $h_w/b \leqslant 4$ 时，$V \leqslant 0.25\beta_c f_c b h_0$。

当 $h_w/b \geqslant 6$ 时，$V \leqslant 0.2\beta_c f_c b h_0$。

当 $4 < h_w/b < 6$ 时，按线性内插法确定。

有地震作用组合时，矩形、T 形和 I 形截面框架梁，当跨高比大于 2.5 时，其受剪截面应符合：

$$V \leqslant \frac{1}{\gamma_{RE}} 0.20\beta_c f_c b h_0 \qquad (2-29)$$

当跨高比不大于 2.5 时，其受剪截面应符合：

$$V \leqslant \frac{1}{\gamma_{RE}} 0.15\beta_c f_c b h_0 \qquad (2-30)$$

式中：V——构件斜截面上的最大剪力设计值；

β_c——混凝土强度影响系数：当混凝土强度等级不超过 C50 时，β_c 取 1.0；当混凝土强度等级为 C80 时，β_c 取 0.8；其间按线性内插法确定；

b——矩形截面的宽度，T 形截面或 I 形截面的腹板宽度；

h_0——截面有效高度；

h_w——截面的腹板高度；矩形截面取有效高度；T 形截面取有效高度减去翼缘高度；I 形截面取腹板净高。

②梁端箍筋加密区要求。梁端箍筋加密区长度范围内箍筋的配置，除了要满足受剪承载力的要求外，还要满足最大间距和最小直径的要求，见表 2-7。当梁端纵向受拉钢筋配筋率大于 2% 时，表中箍筋最小直径应增大 2mm。

③箍筋构造。箍筋必须为封闭箍，应有 135° 弯钩，弯钩直线段的长度不小于箍筋直径的 10 倍和 75mm 的较大者。

表 2-7　　　　　框架梁梁端箍筋加密区的构造要求

抗震等级	加密区长度/mm	箍筋最大间距/mm	最小直径/mm
一级	2倍梁高和500中的较大值	纵向构件直径的6倍，梁高的1/4和100中的最小值	10
二级		纵向构件直径的8倍，梁高的1/4和100中的最小值	8
三级	1.5倍梁高和500中的较大值	纵向构件直径的8倍，梁高的1/4和150中的最小值	8
四级		纵向构件直径的8倍，梁高的1/4和150中的最小值	6

注：箍筋直径大于12mm、数量不少于4肢且肢距不大于150 mm时，一、二级的最大间距应允许适当放宽，但不得大于150mm。

箍筋加密区的箍筋肢距，一级不宜大于200mm和20倍箍筋直径的较大值；二、三级抗震等级，不宜大于250mm和20倍箍筋直径的较大值；各抗震等级下，均不宜大于300mm。

梁端设置的第一个箍筋距框架节点边缘不应大于50mm。非加密区的箍筋间距不宜大于加密区箍筋间距的2倍。沿梁全长箍筋的面积配筋率 ρ_{sv}，应符合下列规定：

一级抗震等级：

$$\rho_{sv} \geqslant 0.30 \frac{f_t}{f_{yv}} \qquad (2-31)$$

二级抗震等级：

$$\rho_{sv} \geqslant 0.28 \frac{f_t}{f_{yv}} \qquad (2-32)$$

三、四级抗震等级：

$$\rho_{sv} \geqslant 0.26 \frac{f_t}{f_{yv}} \qquad (2-33)$$

四、框架柱抗震设计

在进行框架结构抗震设计时，虽然强调"强柱弱梁"的延性设计原则，但由于地震作用具有不确定性，同时也无法绝对防止柱中出现塑性铰，因此设计中应使柱子也具有一定的延性。柱的破坏形态大致有以下几种：压弯破坏或弯曲破坏、剪切受压破坏、剪切受拉破坏、剪切斜拉破坏和黏结开裂高层建筑结构设计破坏。在后三种破坏形态中，柱的延性小，耗能能力差，应避免；大偏压柱的压弯破坏延性较大、耗能能力强，柱的抗震设计应尽可能实现大偏压破坏。

（一）影响框架柱延性的主要因素

影响框架柱延性和耗能的主要因素有剪跨比、轴压比、箍筋配置和纵向钢筋配筋率。

1. 框架柱的剪跨比

剪跨比是反映柱截面所承受的弯矩与剪力相对大小的一个参数，表示为

$$\lambda = \frac{M}{Vh} \tag{2-34}$$

式中：M，V——柱端截面组合的弯矩计算值和组合的剪力计算值；

h——计算方向柱截面高度。

当 $\lambda > 2$ 时，称为长柱，多数发生弯曲破坏，但仍需配置足够的抗剪箍筋。

当 $\lambda \leq 2$ 时，称为短柱，多数会出现剪切破坏，但当提高混凝土等级并配有足够的抗剪箍筋后，可能出现稍有延性的剪切受压破坏。

当 $\lambda \leq 1.5$ 时，称为极短柱，一般会发生剪切斜拉破坏，几乎没有延性。

考虑框架柱的反弯点大都接近中点，为了设计方便，常常用柱的长细比近似表示剪跨比的影响。令 $\lambda = M/Vh = H_0/2h$，可得

$$\frac{H_0}{h} > 4，为长柱 \tag{2-35}$$

$$3 \leq \frac{H_0}{h} \leq 4，为短柱 \tag{2-36}$$

$$\frac{H_0}{h} < 3，为极短柱 \tag{2-37}$$

式中：H_0——柱净高。

在抗震结构中，在确定方案和结构布置时，应避免短柱，特别应避免在同一层中同时存在长柱和短柱的情况，否则应采取特殊措施，慎重设计。

2. 框架柱的轴压比

轴压比是指柱的轴向压应力与混凝土轴心抗压强度的比值，表示为

$$n = \frac{N}{f_c A} \tag{2-38}$$

式中：N——有地震作用组合的柱轴压力设计值；对可不进行地震作用计算的结构，如 6 度设防的乙、丙、丁类建筑，取无地震作用组合的轴力设计值；

f_c——混凝土轴向抗压强度设计值；

A——柱截面面积。

随着轴压比的增大，柱的极限抗弯承载力提高，但极限变形能力、耗散地震能量的能力都降低，且轴压比对短柱的影响更大。

在长柱中，轴压比越大，混凝土受压区高度越大，压弯构件会从大偏压破坏状态向小偏压破坏过渡，而小偏压破坏几乎没有延性；在短柱中，轴压比加大会使柱从剪压破坏变为脆性的剪拉破坏，破坏时承载能力突然丧失。

3. 框架柱的箍筋

框架柱的箍筋有三个作用：抵抗剪力、对混凝土提供约束、防止纵筋压屈。箍筋对混凝土的约束程度是影响柱延性和耗能能力的主要因素之一。约束程度除与箍筋的形式有关外，还与箍筋的抗拉强度和数量有关，与混凝土强度有关，可用配箍特征值 λ_v 度量。

$$\lambda_v = \rho_v \frac{f_{yv}}{f_c} \qquad (\quad)$$

式中：ρ_v——箍筋的体积配箍率；

f_{yv}——箍筋的抗拉强度设计值。

配置箍筋的混凝土棱柱体和柱的轴心受压试验表明，轴向压应力接近峰值应力时，箍筋约束的核心混凝土处于三向受压的状态，混凝土的轴心抗压强度和对应的轴向应变得到提高，同时，轴心受压应力—应变曲线的下降段趋于平缓，意味着混凝土的极限压应变增大，柱的延性增大。

箍筋的形式对核心混凝土的约束作用也有影响。箍筋形式包括普通箍、复合箍（井字形复合箍、多边形复合箍及方、圆形复合箍）、螺旋箍（螺旋箍、复合螺旋箍）和连续复合螺旋箍。目前常用的箍筋形式中，复合螺旋箍是用螺旋箍与矩形箍同时使用，连续复合螺旋箍是指用一根钢筋加工而成的连续螺旋箍。螺旋箍、普通箍和井字形复合箍约束作用的比较，复合箍或连续复合螺旋箍的约束效果更好。

箍筋间距对约束效果也有影响。箍筋间距大于柱的截面尺寸时，对核心混凝土几乎没有约束。箍筋间距越小，对核芯混凝土的约束均匀，约束效果越显著。

4. 框架柱的纵筋配筋率

柱截面在纵筋屈服后的转角变形能力，主要受纵向受拉钢筋配筋率的影响，且大致随纵筋配筋率的增大而线性增大。为避免地震作用下柱过早进入屈服阶段，以及增大柱屈服时的变形能力，提高柱的延性和耗能能力，全部纵筋的配筋率不应过小。

(二) 偏心受压柱正截面承载力计算

框架柱正截面偏心受压柱正截面承载力计算方法可参见一般的混凝土结构设计原理教材，有地震作用组合和无地震作用组合的验算公式相同，但有地震作用组合时，应考虑正截面承载力抗震调整系数 γ_{KE}，同时还应注意以下问题：

1. 按强柱弱梁要求调整柱端弯矩设计值

根据强柱弱梁的要求，在框架梁柱连接节点处，上、下柱端截面在轴力作用下的实际受弯承载力之和应大于节点左、右梁端截面实际受弯承载力之和。在工程设计中，将实际受弯承载力的关系转为内力设计值的关系，采用了增大柱端弯矩设计值的方法。

抗震设计时，除顶层、柱轴压比小于 0.15 及框支梁柱节点外，框架梁、柱节点处考虑地震作用组合的柱端弯矩设计值应按下式计算确定：

一级框架结构及 9 度时的框架：

$$\sum M_c = 1.2 \sum M_{bua} \quad (2-39)$$

其他情况：

$$\sum M_c = \eta_c \sum M_b \quad (2-40)$$

式中：$\sum M_c$——节点上、下柱端截面顺时针或逆时针方向组合弯矩设计值之和，上、下柱端的弯矩设计值，可按弹性分析的弯矩比例进行分配；

$\sum M_b$——节点左、右梁端截面顺时针或逆时针方向组合弯矩设计值之和，当抗震等级为一级且节点左、右梁端均为负弯矩时，绝对值较小的弯矩应取零；

$\sum M_{bua}$——节点左、右梁端截面顺时针或逆时针方向实配的正截面抗震受弯承载力所对应的弯矩值之和，可根据实际配筋面积（计入受压钢筋和梁有效翼缘宽度范围内的楼板钢筋）和材料强度标准值并考虑承载力抗震调整系数计算；

η_c——柱端弯矩增大系数；对框架结构，二、三级分别取 1.5 和 1.3；对其他结构中的框架，一、二、三、四级分别取 1.4，1.2，1.1 和 1.1。

当反弯点不在层高范围内时，柱端截面的弯矩设计值为最不利内力组合的柱端弯矩计算值乘以上述柱端弯矩增大系数。

2. 框架结构柱固定端弯矩增大

为了推迟框架结构底层柱固定端截面屈服，一、二、三级框架结构的底层柱底截面的弯矩设计值，应分别采用考虑地震作用组合的弯矩值与增大系数 1.7，1.5，1.3 的乘积。

3. 角柱

抗震设计时，框架角柱应按双向偏心受力构件进行正截面承载力设计。按上述方法调整后的组合弯矩设计值应乘以不小于 1.1 的增大系数。

（三）偏心受压柱斜截面承载力计算

1. 剪力设计值

一、二、三级框架柱两端和框支柱两端的箍筋加密区，应根据强剪弱弯的要求，采用剪力增大系数确定剪力设计值，即

一级框架结构及 9 度时的框架：

$$V = 1.2\left(M_{cua}^t + M_{cua}^b\right)/H_n \tag{2-41}$$

其他情况：

$$V = \eta_{vc}\left(M_c^t + M_c^b\right)/H_n \tag{2-42}$$

式中：M_c^t，M_c^b——柱上、下端顺时针或逆时针方向截面组合的弯矩设计值（应取按强柱弱梁、底层柱底及角柱要求调整后的弯矩值），且取顺时针方向之和及逆时针方向之和两者的较大值；

M_{cua}^t，M_{cua}^b——柱上、下端顺时针或逆时针方向实配的正截面抗震受弯承载力所对应的弯矩值，可根据实际配筋面积、材料强度标准值和重力荷载代表值产生的轴向压力设计值并考虑承载力抗震调整系数计算；

H_n——柱的净高；

η_{vc}——柱端剪力增大系数；对框架结构，二、三级分别取 1.3 和 1.2；对其他结构类型的框架，一、二、三、四级分别取 1.4，1.2，1.1 和 1.1。

2. 截面受剪承载力计算

矩形截面偏心受压框架柱，其斜截面受剪承载力应按下列公式计算：

持久、短暂设计状况（非抗震设计）：

$$V \leqslant \frac{1.75}{\lambda+1} f_t b h_0 + f_{yv}\frac{A_{sv}}{s}h_0 + 0.07N \tag{2-43}$$

地震设计状况：

$$V \leq \frac{1}{\gamma_{RE}} \frac{1.05}{\lambda+1} f_t b h_0 + f_{yv} \frac{A_{sv}}{s} h_0 + 0.056N \qquad (2-44)$$

式中：λ——框架柱的剪跨比，当 $\lambda<1$ 时，取 $\lambda=1$；当 $\lambda>3$ 时，取 $\lambda=3$；

N——考虑风荷载或地震作用组合的框架柱轴向压力设计值，当 N 大于 $0.3 f_c A_c$ 时，取 $0.3 f_c A_c$。

当矩形截面框架柱出现拉力时，其斜截面受剪承载力应按下列公式计算：

持久、短暂设计状况（非抗震设计）：

$$V \leq \frac{1.75}{\lambda+1} f_t b h_0 + f_{yv} \frac{A_{sv}}{s} h_0 - 0.2N \qquad (2-45)$$

地震设计状况：

$$V \leq \frac{1}{\gamma_{RE}} \frac{1.05}{\lambda+1} f_t b h_0 + f_{yv} \frac{A_{sv}}{s} h_0 - 0.2N \qquad (2-46)$$

式中：λ——框架柱的剪跨比；

N——与剪力设计值 V 对应的框架柱轴向压力设计值，取绝对值。

当式（2-45）右端的计算值或式（2-46）右端括号内的计算值小于 $f_{yv} \frac{A_{sv}}{s} h_0$ 时，应取等于 $f_{yv} \frac{A_{sv}}{s} h_0$，且 $f_{yv} \frac{A_{sv}}{s} h_0$ 值不应小于 $0.36 f_t b h_0$。

（四）框架柱构造措施

1. 框架柱的最小截面尺寸

矩形截面柱的边长，非抗震设计时不宜小于 250mm，抗震设计时，四级时不宜小于 300mm，一、二、三级时不宜小于 400mm；圆柱直径，非抗震和四级抗震设计时不宜小于 350mm，一、二、三级时不宜小于 450mm。

柱剪跨比不宜大于 2。

柱截面高宽比不宜大于 3。

为了防止柱截面过小，配箍过多而产生斜压破坏，柱截面的剪力设计值（乘以调整增大系数后）应符合下列限制条件（限制名义剪应力）：

有、无地震作用组合：

$$V \leq 0.25 \beta_c f_c b_c h_{c0} \qquad (2-47)$$

剪跨比大于 2 的柱：

$$V \leq \frac{1}{\gamma_{RE}} 0.20 \beta_c f_c b_c h_{c0} \qquad (2-48)$$

剪跨比不大于2的柱、框支柱：

$$V \leqslant \frac{1}{\gamma_{RE}} 0.15\beta_c f_c b h_{c0} \qquad (2-49)$$

式中：β_c——混凝土强度影响系数；当混凝土强度等级不超过C50时，β_c取1.0；当混凝土强度等级为C80时，β_c取0.8；其间按线性内插法确定。

2. 框架柱的纵向钢筋

柱纵向钢筋的配筋量，除应满足承载力要求外，还应满足表2-8中最小配筋率要求。柱截面每一侧纵向钢筋配筋率不应小于0.2%；抗震设计时，对Ⅳ类场地上较高的高层建筑，表中数值应增加0.1。采用335MPa级、400MPa级纵向受力钢筋时，应分别按表中数值增加0.1和0.05采用，当混凝土等级高于C60时，表中数值应增加0.1采用。

表2-8　　　　柱纵向钢筋的最小配筋百分率（单位:%）

柱类型	抗震等级				非抗震
	一级	二级	三级	四级	
中柱、边柱	0.9 (1.0)	0.7 (0.8)	0.6 (0.7)	0.5 (0.6)	0.5
角柱	1.1	0.9	0.8	0.7	0.5
框支柱	1.1	0.9	—	—	0.7

此外，柱的纵向钢筋配置，还应满足下列要求：抗震设计时，宜采用对称配筋；截面尺寸大于400mm的柱，一、二、三级抗震设计时其纵向钢筋间距不宜大于200mm；四级和非抗震设计时，其纵向钢筋间距不宜大于300mm；柱纵向钢筋净距均不应小于50mm。全部纵向钢筋的配筋率，非抗震设计时不宜大于5%、不应大于6%，抗震设计时不应大于5%。一级且剪跨比不大于2的柱，其单侧纵向受拉钢筋的配筋率不宜大于1.2%；边柱、角柱及剪力墙端柱考虑地震作用组合产生小偏心受拉时，柱内纵筋总截面面积应比计算值增加25%。柱的纵筋不应与箍筋、拉筋及预埋件等焊接。

3. 框架柱的轴压比限值

抗震设计时，钢筋混凝土柱轴压比不宜超过表2-9的规定，对Ⅳ类场地上较高的高层建筑，其轴压比限值应适当减小。

表 2−9　　　　　　　　　　　柱轴压比限值

结构类型	抗震等级			
	一	二	三	四
框架结构	0.65	0.75	0.85	—
板柱—剪力墙、框架—剪力墙、框架—核心筒、筒中筒结构	0.75	0.85	0.90	0.95
部分框支剪力墙结构	0.60	0.70	—	—

注意：①表中数值适用于混凝土强度等级不高于 C60 的柱，当混凝土强度等级为 C65、C70 时，轴压比限值应比表中数值降低 0.05，当混凝土强度等级为 C75、C80 时，轴压比限值应比表中数值降低 0.10。②表中数值适用于剪跨比大于 2 的柱，剪跨比不大于 2 但不小于 1.5 的柱，其轴压比限值应比表中数值减小 0.05；剪跨比小于 1.5 的柱，其轴压比限值应作专门研究并采取特殊构造措施。③当沿柱全高采用井字复合箍，箍筋间距不大于 100mm、肢距不大于 200mm、直径不小于 12mm，或当沿柱全高采用复合螺旋箍，箍筋间距不大于 100mm、肢距不大于 200mm、直径不小于 12mm，或当沿柱全高采用连续复合螺旋箍，箍筋间距不大于 80mm、肢距不大于 200mm、直径不小于 10mm 时，轴压比限值可增加 0.10。④当柱截面中部设置由附加纵向钢筋形成的芯柱，且附加纵向钢筋的截面面积不小于柱截面面积的 0.8% 时，柱轴压比限值可增加 0.05。但本项措施与上述第③条措施共同采用时，柱轴压比限值可比表中数值增加 0.15，但箍筋配箍特征值仍可按轴压比增加 0.10 的要求确定。⑤调整后的柱轴压比限值不应大于 1.05。

4. 箍筋加密区范围

在地震作用下框架柱可能形成塑性铰的区段，应设置箍筋加密区，使混凝土成为延性好的约束混凝土。剪跨比大于 2 的柱，其底层柱的上端和其他各层柱的两端，应取矩形截面柱的长边尺寸（或圆形截面柱的直径）、柱净高的 1/6 和 500mm 三者的最大值范围；底层柱刚性地面上、下各 500mm 的范围；底层柱柱根（柱根指框架柱底部嵌固部位）以上 1/3 柱净高的范围。

剪跨比不大于 2 的柱和因填充墙等形成的柱净高与截面高度之比不大于 4 的柱则应全高范围内加密。此外，一、二级框架角柱以及需提高柱变形能力的均应全高加密。

柱在加密区的箍筋间距和直径应满足表 2−10 的要求。表中 d 为柱纵筋直径。

表 2-10　　　　　　　柱端箍筋加密区的构造要求

抗震等级	箍筋最大间距/mm	箍筋最小直径/mm
一级	6d 和 100 的较小值	10
二级	8d 和 100 的较小值	8
三级	8d 和 150（柱根 100）的较小值	8
四级	8d 和 150（柱根 100）的较小值	6（柱根 8）

第三章 剪力墙结构设计原理及方法

第一节 剪力墙结构的受力特点和分类

一、剪力墙结构

剪力墙结构是由内、外墙作为承重构件的结构。在低层房屋结构中，墙体主要承受重力荷载；在高层房屋中，墙体除了承受重力荷载外，还承受水平荷载引起的剪力、弯矩和倾覆力矩。所以在高层建筑中，承重墙体系又称全墙结构体系或剪力墙结构体系。

钢筋混凝土承重墙是由传统的砖石结构演变和发展而来。由于墙体使用材料的改换，使结构的承载力和抗震能力均能大大提高，从而成为高层建筑中承载能力较强的结构体系。结构抗侧变形小，层间位移小，振动周期短。A级和B级钢筋混凝土高层建筑最大适用高度（m）分别如表3−1和表3−2所示；A级和B级钢筋混凝土高层建筑的最大适用高宽比分别如表3−3和表3−4所示；高度小于或等于150m的高层建筑沿结构单元的两主轴方向，按弹性方法计算的楼层间最大位移与层高之比$\Delta u/h$不宜超过表3−5中的规定值。

表3−1　A级钢筋混凝土高层建筑的最大适用高度（m）

结构体系		抗震设防烈度			
		6度	7度	8度	9度
剪力墙	全部落地	140	120	100	60
	部分框支	120	100	80	不应采用

注：部分框支结构指地面以上有部分框支墙的剪力墙结构。

第三章 剪力墙结构设计原理及方法

表3－2　B级钢筋混凝土高层建筑的最大适用高度（m）

结构体系		抗震设防烈度		
^^ ^^		6度	7度	8度
剪力墙	全部落地	170	150	130
^^	部分框支	140	120	100

表3－3　A级钢筋混凝土高层建筑适用的最大高宽比

结构体系	抗震设防烈度			
^^	6度	7度	8度	9度
剪力墙	6	6	5	4

表3－4　B级钢筋混凝土高层建筑适用的最大高宽比

结构体系	抗震设防烈度		
^^	6度	7度	8度
剪力墙	7	7	6

表3－5　剪力墙结构的$\Delta u/h$的限值

结构类型	$\Delta u/h$
剪力墙	1/1000

注：楼层间最大位移Δu以楼层最大的水平位移差计算，不扣除整体弯曲变形。

表3－6　现浇钢筋混凝土房屋的抗震等级

结构类型			设防烈度								
^^			6		7			8			9	
抗震墙结构	高度（m）		≤80	>80	≤24	25～80	>80	≤24	25～80	>80	≤24	25～60
^^	剪力墙		四	三	四	三	二	三	二	一	二	一
部分框支抗震墙结构	高度（m）		≤80	>80	≤24	25～80	>80	≤24	25～80			
^^	抗震墙	一般部位	四	三	四	三	三	三	二			
^^	^^	加强部位	三	二	三	二	二	二	一			
^^	框支层框架		二		二		一						

钢筋混凝土剪力墙结构应根据设防类别、烈度、结构类型和房屋高度采用不同的抗震等级，其中丙类建筑的抗震等级按照表3-6的规定采用。

二、剪力墙结构的受力特点和计算假定

在水平荷载作用下，悬臂剪力墙的控制截面是底层截面，所产生的内力是水平剪力和弯矩。墙肢截面在弯矩作用下产生下层层间相对侧移较小，上层层间相对侧移较大的"弯曲型变形"，在剪力作用下产生"剪切型变形"，这两种变形的叠加构成平面剪力墙的变形特征。通常根据剪力墙高宽比可将剪力墙分为高墙（$H/b_w>2$）、中高墙（$1 \leqslant H/b_w \leqslant 2$）和矮墙（$H/b_w<1$）。在水平荷载下，随着结构高宽比的增大，由弯矩产生的弯曲型变形在整体侧移中所占的比例相应增大，一般高墙在水平荷载作用下的变形曲线表现为"弯曲型变形曲线"，而矮墙在水平荷载作用下的变形曲线表现为"剪切型变形曲线"。

悬臂剪力墙可能出现的破坏形态有弯曲破坏、剪切破坏、滑移破坏。剪力墙结构应具有较好的延性，细高的剪力墙容易设计成弯曲破坏的延性剪力墙，以避免脆性的剪切破坏。在实际工程中，为了改善平面剪力墙的受力变形特征，常在剪力墙上开设洞口以形成连梁，使单肢剪力墙的高宽比显著提高，从而发生弯曲破坏。

剪力墙每个墙段的长度不宜大于8m，高宽比不应小于2。当墙肢很长时，可通过开洞将其分为长度较小的若干均匀墙段，每个墙段可以是整体墙，也可以是用弱连梁连接的联肢墙。

剪力墙结构由竖向承重墙体和水平楼板及连梁构成，整体性好。在竖向荷载作用下，按45°刚性角向下传力；在水平荷载作用下，每片墙体按其所提供的等效抗弯刚度大小来分配水平荷载。剪力墙的内力和侧移计算可简化为竖向荷载作用下的计算以及水平荷载作用下平面剪力墙的计算，并采用以下假定：

①竖向荷载在纵横向剪力墙平均按45°刚性角传力。

②按每片剪力墙的承荷面积计算它的竖向荷载，直接计算墙截面上的轴力。

③每片墙体结构仅在其自身平面内提供抗侧刚度，在平面外的刚度可忽略不计。

④平面楼盖在其自身平面内刚度无限大。当结构的水平荷载合力作用点与结构刚度中心重合时，结构不产生扭转，各片墙在同一层楼板标高处，侧移相

等，总水平荷载按各片剪力墙刚度分配到每片墙。

⑤剪力墙结构在使用荷载作用下的构件材料均处于线弹性阶段。

其中，水平荷载作用下平面剪力墙的计算可按纵、横两个方向的平面抗侧力结构进行分析。在横向水平荷载作用下，只考虑横墙起作用，而"略去"纵墙作用；在纵向水平荷载作用下，则只考虑纵墙起作用，而"略去"横墙作用。此处"略去"是指将其影响体现在与它相交的另一方向剪力墙结构端部存在的翼缘上，将翼缘部分作为剪力墙的一部分来计算。

根据《高层建筑混凝土结构技术规程》(JGJ 3－2010)的规定，计算剪力墙结构的内力与位移时，应考虑纵、横墙的共同工作，即纵墙的一部分可作为横墙的有效翼缘；横墙的一部分也可作为纵墙的有效翼缘。现浇剪力墙有效翼缘的宽度b，可按相关规范规定取用。当计算内力和变形（计算效应S）时，按《建筑抗震设计标准》(GB/T 50011－2010)的相关规定取用，见表3－7。当计算承载力（计算抗力R）时，按《混凝土规范》的相关规定取用，见表3－8。

表3－7　　内力和变形计算时纵墙或横墙的有效翼缘宽度b_i

（取表中最小值）

考虑项目	一侧有翼缘时的b_i	两侧有翼缘时的b_i
抗震墙净距S_o	$t+S_o/2$	$t+S_o$
至洞边距离c_1或c_2	$t+c_1$或$t+c_2$	$t+c_1+c_2$
房屋总高度H	$0.075H$	$0.15H$

表3－8　承载力计算中抗震墙的翼缘计算宽度b_i取值（取表中最小值）

考虑项目	一侧有翼缘时的b	两侧有翼缘时的b
抗震墙净距S_o	$t+S_o/2$	$t+S_o$
至洞边距离c_1或c_2	$t+c_1$或$t+c_2$	$t+c_1+c_2$
抗震墙厚度t及翼缘宽度t_1、t_2	$t+6t_1$或$t+6t_2$	$6t_1+t+6t_2$
房屋总高度H	$0.075H$	$0.15H$

三、剪力墙结构的分类

在水平荷载作用下，剪力墙处于二维应力状态，严格地说，应该采用平面有限元方法进行计算。但在实用上，大都将剪力墙简化为杆系，采用结构力学的方法作近似计算。按照洞口大小和分布不同，剪力墙可分为下列几类，每一类的简化计算方法都有其适用条件。

（一）整体墙和小开口整体墙

没有门窗洞口或只有很小的洞口，可以忽略洞口的影响。这种类型的剪力墙实际上是一个整体的悬臂墙，符合平面假定，正应力为直线规律分布，这种墙称为整体墙。

当门窗洞口稍大一些，墙肢应力中已出现局部弯矩，但局部弯矩的值不超过整体弯矩的15%时，可以认为截面变形大体上仍符合平面假定，按材料力学公式计算应力，然后加以适当的修正，这种墙称为小开口整体墙。

（二）双肢剪力墙和多肢剪力墙

开有一排较大洞口的剪力墙为双肢剪力墙，开有多排较大洞口的剪力墙为多肢剪力墙。由于洞口开得较大，截面的整体性已经破坏，正应力分布较直线规律差别较大。其中，若洞口更大些，且连梁刚度很大，而墙肢刚度较弱的情况，已接近框架的受

（三）开有不规则大洞口的剪力墙

当洞口较大，而排列不规则时，这种墙不能简化为杆系模型计算，如果要较精确地知道其应力分布，只能采用平面有限元方法。

以上剪力墙中，除了整体墙和小开口整体墙基本上采用材料力学的计算公式外，其他的大体还有以下一些算法：

1. 连梁连续化的分析方法

此法将每一层楼层的连梁假想为分布在整个楼层高度上的一系列连续连杆，借助于连杆的位移协调条件建立墙的内力微分方程，通过解微分方程求得内力。

2. 壁式框架计算法

此法将剪力墙简化为一个等效多层框架。由于墙肢及连梁都较宽，在墙梁相交处形成一个刚性区域，在该区域，墙梁刚度无限大，因此，该等效框架的杆件便成为带刚域的杆件。求解时，可用简化的 D 值法求解，也可采用杆件有限元及矩阵位移法借助计算机求解。

3. 有限元法和有限条法

将剪力墙结构作为平面或空间问题，采用网格划分为若干矩形或三角形单元，取结点位移作为未知量，建立各结点的平衡方程，用计算机求解。该方法对任意形状尺寸的开孔及任意荷载或墙厚变化都能求解，精度较高。

剪力墙结构外形及边界较规整，可将剪力墙结构划分为条带，即取条带为单元。条带间以结线相连，每条带沿 y 方向的内力与位移变化用函数形式表示，在 x 方向则为离散值。以结线上的位移为已知量，通过平衡方程借助计算机求解。

第二节　剪力墙结构内力及位移的近似计算

一、整体墙的近似计算

凡墙面门窗等开孔面积不超过墙面面积 15%，且孔间净距及孔洞至墙边的净距大于孔洞长边尺寸时，可以忽略洞口的影响，将整片墙作为悬臂墙，按材料力学的方法计算内力及位移（计算位移时，要考虑洞口对截面面积及刚度的削弱）。

等效截面面积 A_q，取无洞的截面面积 A 乘以洞口削弱系数 γ_0：

$$A_q = \gamma_0 A$$
$$\gamma_0 = 1 - 1.25\sqrt{A_d/A_0} \tag{3-1}$$

式中：A——剪力墙截面毛面积；

　　　A_d——剪力墙洞口总立面面积；

　　　A_0——剪力墙立面总墙面面积。

等效惯性矩 I_q 取有洞与无洞截面惯性矩沿竖向的加权平均值：

$$I_q = \frac{\sum I_j h_j}{\sum h_j} \tag{3-2}$$

式中：I_j——剪力墙沿竖向各段的惯性矩，有洞口时扣除洞口的影响；

　　　h_j——各段相应的高度。

计算位移时，以及后面与其他类型墙或框架协同工作计算内力时，由于截面较宽，宜考虑剪切变形的影响。在三种常用荷载作用下，考虑弯曲和剪切变形后的顶点位移公式为

$$\Delta = \begin{cases} \dfrac{11}{60}\dfrac{V_0 H^3}{EI_q}\left(1+\dfrac{3.64\mu EI_q}{H^2 GA_q}\right) & \text{（倒三角形荷载）} \\[6pt] \dfrac{1}{8}\dfrac{V_0 H^3}{EI_q}\left(1+\dfrac{4\mu EI_q}{H^2 GA_q}\right) & \text{（均布荷载）} \\[6pt] \dfrac{1}{3}\dfrac{V_0 H^3}{EI_q}\left(1+\dfrac{3\mu EI_q}{H^2 GA_q}\right) & \text{（顶部集中荷载）} \end{cases} \tag{3-3}$$

式中：V_0——基底 $x=H$ 处的总剪力，即全部水平力之和。括号内后一项反映剪切变形的影响。为了方便，常将顶点位移写成以下形式：

$$\Delta = \begin{cases} \dfrac{11}{60}\dfrac{V_0 H^3}{EI_{eq}} & \text{(倒三角形荷载)} \\[6pt] \dfrac{1}{8}\dfrac{V_0 H^3}{EI_{eq}} & \text{(均布和荷载)} \\[6pt] \dfrac{1}{3}\dfrac{V_0 H^3}{EI_{eq}} & \text{(顶部集中荷载)} \end{cases} \quad (3-4)$$

即用只考虑弯曲变形的等效刚度的形式写出。此处，同时考虑弯曲变形和剪切变形后的等效刚度 EI_{eq} 等于：

$$EI_{eq} = \begin{cases} EI_q \Big/ 1+\dfrac{3.64\mu EI_q}{H^2 GA_q} & \text{(倒三角形荷载)} \\[6pt] EI_q \Big/ 1+\dfrac{4\mu EI_q}{H^2 GA_q} & \text{(均布荷载)} \\[6pt] EI_q \Big/ 1+\dfrac{3\mu EI_q}{H^2 GA_q} & \text{(顶部集中荷载)} \end{cases} \quad (3-5)$$

式中：G——剪切弹性模量；

μ——剪应力不均匀系数，矩形截面取 1.2，I 形截面时 μ＝截面全面积/腹板面积。T 形截面见表 3-9。

表 3-9　　　　　　　T 形截面剪应力不均匀系数 μ

H/t \ B/t	2	4	6	8	10	12
2	1.383	1.496	1.521	1.511	1.483	1.445
4	1.441	1.876	2.287	2.682	3.061	3.424
6	1.362	1.097	2.033	2.367	2.698	3.026
8	1.313	1.572	1.838	2.106	2.374	2.641
10	1.283	1.489	1.707	1.927	2.148	2.370
12	1.264	1.432	1.614	1.800	1.988	2.178
15	1.245	1.374	1.519	1.669	1.820	1.973
20	1.228	1.317	1.422	1.534	1.648	1.763
30	1.214	1.264	1.328	1.399	1.473	1.549
40	1.208	1.240	1.284	1.334	1.387	1.442

注：B 为翼缘宽度；t 为剪力墙厚度；H 为剪力墙截面高度。

当有多片墙共同承受水平荷载时，总水平荷载按各片墙的等效刚度比例分配给各片墙，即

$$V_{ij} = \frac{EI_{eq\ i}}{\sum EI_{eq\ i}} V_{pj} \tag{3-6}$$

式中：V_{ij}——第 j 层第 i 片墙分配到的剪力；

V_{pj}——由水平荷载引起的第 j 层总剪力；

$EI_{eq\ i}$——第 i 片墙的等效抗弯刚度。

二、小开口整体墙的计算

小开口整体墙截面上的正应力基本上是直线分布，产生局部弯曲应力的局部弯矩不超过总弯矩的 15%。此外，在大部分楼层上，墙肢不应有反弯点。从整体来看，它仍类似于一个竖向悬臂构件。它的内力和位移，可近似按材料力学组合截面的方法计算，只需进行局部修正。

试验分析表明，第 i 墙肢在 z 高度处的总弯矩由两部分组成：一部分是产生整体弯曲的弯矩；另一部分是产生局部弯曲的弯矩，一般不超过整体弯矩的 15%。整体小开口墙中墙肢的弯矩、轴力可按下式近似计算：

$$M_i = 0.85 M_p \frac{I_i}{I} + 0.15 M_p \frac{I_i}{\sum I_i} (i = 1, \cdots, k+1)$$
$$N_i = 0.85 M_p \frac{A_i y_i}{I} \tag{3-7}$$

式中：M_i，N_i——各墙肢承担的弯矩、轴力；

M_p——外荷载对 x 截面产生的总弯矩；

A_i——各墙肢截面面积；

I_i——各墙肢截面惯性矩；

y_i——各墙肢截面形心到组合截面形心的距离；

I——组合截面的惯性矩。

墙肢剪力，底层 V_1 按墙肢截面面积分配，即

$$V_i = V_0 \frac{A_1}{\sum_{i=1}^{k+1} A_i} \tag{3-8}$$

式中：V_0——底层总剪力，即全部水平荷载的总和。

其他各层墙肢剪力，可按材料力学公式计算截面的剪应力，各墙肢剪应力之合力即为墙肢剪力，或按墙肢截面面积和惯性矩比例的平均值分配剪力。当各墙肢较窄时，剪力基本上按惯性矩的大小分配；当墙肢较宽时，剪力基本上

按截面面积的大小分配。实际的小开口整体墙各墙肢宽度相差较大，按两者的平均值进行计算，即

$$V_i = \frac{1}{2}\left(\frac{A_i}{\sum A_i} + \frac{I_i}{\sum I_i}\right)V_0 \qquad (3-9)$$

当剪力墙多数墙肢基本均匀，又符合小开口整体墙的条件，但夹有个别细小墙肢时，可仍按上述公式计算内力，但小墙肢端部宜附加局部弯矩的修正，修正后的小墙肢弯矩为

$$M'_i = M_i + V_i \frac{h_i}{2} \qquad (3-10)$$

式中：V_i——小墙肢i的墙肢剪力；h_i——小墙肢洞口高度。

在三种常用荷载作用下，顶点位移的计算仍按式（3—9）、式（3—10）计算。考虑开孔后刚度削弱的影响，应将计算结果乘以 1.20 的系数后采用。

三、双肢墙的计算

对双肢墙以及多肢墙，连续化方法是一种相对比较精确的手算方法，而且通过连续化方法可以清楚地了解剪力墙受力和变形的一些规律。

连续化方法是把梁看成分散在整个高度上的连续连杆。该方法基于以下假定：

①忽略连梁轴向变形，即假定两墙肢水平位移完全相同。

②两墙肢各截面的转角和曲率都相等，连梁两端转角相等，连梁反弯点在中点。

③各墙肢截面、各连梁截面及层高等几何尺寸沿全高是相同的。

由以上假定可知，连续化方法适用于开洞规则、由下到上墙厚及层高都不变的联肢墙。而实际工程中的剪力墙难免会有变化，如果变化不多，可取各层的平均值作为计算参数，但如果变化很不规则，则不能使用本方法。此外，层数越多，计算结果越好，对低层和多层剪力墙，本方法计算误差较大。

（一）基本思路及方程

将每一楼层连梁沿中点切开，去掉多余联系，建立基本静定体系，在连杆的切开截面处，弯矩为 0，剪力为 $\tau(x)$，轴力 $\sigma(x)$ 与所求剪力无关，不必解出其值。由切开处的变形连续条件建立 $\tau(x)$ 的微分方程，求解微分方程可得连杆剪力 $\tau(x)$。将一个楼层高度范围内各点剪力积分，可还原成一根连梁的剪力。各层连梁的剪力求出后，所有墙肢及连梁内力均可相继求出。

切开处沿 $\tau(x)$ 方向的变形连续条件可用下式表达：

$$\delta_1(x) + \delta_2(x) + \delta_3(x) = 0 \qquad (3-11)$$

式中各符号意义及求解方法如下：

① $\delta_1(x)$ 为由墙肢弯曲变形产生的相对位移。由基本假定可知：

$$\theta_{1m} = \theta_{2m} = \theta_m \qquad (3-12)$$

墙肢剪切变形对连梁相对位移无影响，

$$\delta_1(x) = -2c\theta_m(x) \qquad (3-13)$$

转角 θ_m 以顺时针方向为正，式中负号表示连梁位移与 $\tau(x)$ 方向相反。

② $\delta_2(x)$ 为由墙肢轴向变形所产生的相对位移。在水平荷载作用下，一个墙肢受拉，另一个墙肢受压，墙肢轴向变形将使连梁切口处产生相对位移，两墙肢轴向力方向相反，大小相等。墙肢底截面相对位移为 0，由 x 到 H 积分可得到坐标为 x 处的相对位移

$$\delta_2(x) = \frac{1}{E}\left(\frac{1}{A_1} + \frac{1}{A_2}\right)\iint_{x\,0}^{H\,x}\tau(x)\mathrm{d}x\mathrm{d}x \qquad (3-14)$$

③ $\delta_3(x)$ 为由连梁弯曲和剪切变形产生的相对位移。取微段 $\mathrm{d}x$，微段上连杆截面为 $A_l/h\ \mathrm{d}x$，惯性矩为 $I_l/h\ \mathrm{d}x$，把连杆看成端部作用力为 $\tau(x)\mathrm{d}x$ 的悬臂梁，由悬臂梁变形公式可得

$$\delta_3(x) = 2\frac{\tau(x)ha^3}{3EI_l}\left(1+\frac{3\mu EI_l}{A_l Ga^2}\right) = 2\frac{\tau(x)ha^3}{3E\widetilde{I}_l} \qquad (3-15)$$

$$\widetilde{I}_l = \frac{I_l}{1+\dfrac{3\mu EI_l}{A_l Ga^2}} \qquad (3-16)$$

式中：μ——剪切不均匀系数；G——剪切模量。

$\widetilde{I}_l$，称为连梁折算惯性矩，是以弯曲形式表达的、考虑了弯曲和剪切变形的惯性矩。

把式 (3-13)、式 (3-14)、式 (3-15) 代入式 (3-11)，可得位移协调方程如下：

$$-2c\theta_m + \frac{1}{E}\left(\frac{1}{A_1}+\frac{1}{A_2}\right)\iint_{x\,0}^{H\,x}\tau(x)\mathrm{d}x\mathrm{d}x + 2\frac{\tau(x)ha^3}{3E\widetilde{I}_l} = 0 \qquad (3-17)$$

微分两次，得

$$-2c\theta''_m - \frac{1}{E}\left(\frac{1}{A_1}+\frac{1}{A_2}\right)\tau(x) + \frac{2ha^3}{3E\widetilde{I}_l}\tau''(x) = 0 \qquad (3-18)$$

式 (3-18) 称为双肢剪力墙连续化方法的基本微分方程，求解微分方程，就可得到以函数形式表达的未知力 $\tau(x)$。求解结果以相对坐标表示更为一般化，令截面位置相对坐标 $x/H = \xi$，并引进符号 $m(\xi)$，则

$$\tau(\xi) = \frac{m(\xi)}{2c} = V_0 \frac{T}{2c}\varphi(\xi) \qquad (3-19)$$

式中：$m(\xi)$ ——连梁对墙肢的约束弯矩，$m(\xi) = =\tau(\xi) \cdot 2c$，它表示连梁对墙肢的反弯作用；

V_0 ——剪力墙底部剪力，与水平荷载形式有关；

T ——轴向变形影响系数，是表示墙肢与洞口相对关系的一个参数，T 值大表示墙肢相对较细，$T = \dfrac{\sum_{i=1}^{s} A_i y_i^2}{I}$（其中 I 为组合截面形心的组合截面惯性矩，y_i 为第 i 个墙肢面积形心到组合截面形心的距离）；

$\varphi(\xi)$ ——系数，其表达式与水平荷载形式有关，如在倒三角形分布荷载作用下：

$$\varphi(\xi) = 1 - (1-\xi)^2 - \frac{2}{\alpha^2} + \frac{2sh\alpha}{\alpha} - 1 + \frac{2}{\alpha^2}\frac{ch\alpha\xi}{ch\alpha} - \frac{2}{\alpha}ch\alpha\xi \qquad (3-20)$$

$\varphi(\xi)$ 为 α，ξ 的函数，$\psi\varphi(\xi)$ 值，可查询建筑结构资料取得。

ξ 为相对坐标。α 与剪力墙尺寸有关，为已知几何参数，称为整体系数，是表示连梁与墙肢相对刚度的一个参数，也是联肢墙的一个重要的几何特征参数，可由连续化方法推导过程中归纳而得。在双肢墙中，可表达为

$$\alpha = H\sqrt{\frac{6}{Th} \frac{1}{I_1 + I_2} \cdot \widetilde{I}_l \frac{c^2}{a^3}} \qquad (3-21)$$

式中：H，h ——剪力墙的总高与层高；

I_1，I_2，$\widetilde{I}_l$ ——两个墙肢和连梁的惯性矩；

a，c ——洞口净宽 $2a$ 和墙肢重心到重心距离 $2c$ 的一半。

整体系数 α 只与联肢剪力墙的几何尺寸有关，是已知的。α 越大表示连梁刚度与墙肢刚度的相对比值越大，连梁刚度与墙肢刚度的相对比值对联肢墙内力分布和位移的影响很大，是一个重要的几何参数。

在工程设计中，考虑连续化方法将墙肢及连梁简化为杆系体系，在计算简图中连梁应采用带刚域杆件，墙肢轴线间距离为 $2c$，连梁刚域长度为墙肢轴线以内宽度减去连梁高度的 1/4，刚域为不变形部分，除刚域外的变形段为连梁计算跨度，取为 $2a_l$ 其值为

$$2a_l = 2a + 2 \times \frac{h_l}{4} \qquad (3-22)$$

在以上各公式中用 $2a_l$ 代替 $2a$。

一般连梁跨高比较小，在计算跨度内要考虑连梁的弯曲变形和剪切变形，连梁的折算弯曲刚度由式（3-13）至（3-15）计算，令 $G = 0.42E$，矩形截

面连梁剪力不均匀系数 $\mu=1.2$，则式（3-16）的连梁折算惯性矩可近似写为

$$\tilde{I}_l = \frac{I_l}{1+\dfrac{3\mu E I_l}{A_l G a^2}} = \frac{I_l}{1+0.7\dfrac{h_l^2}{a_l^2}} \qquad (3-23)$$

（二）双肢墙内力计算

由连续剪力 $\tau(x)$ t（x）计算连梁内力及墙肢内力的方法：

计算 j 层连梁内力时，用该连梁中点处的剪应力 τ ξ_j 乘以层高得到剪力（近似于在层高范围内积分），剪力乘以连梁净跨度的 1/2 得到连梁根部的弯矩，用该剪力及弯矩设计连梁截面，即

$$V_{lj} = \tau \; \xi_j \; h \qquad (3-24)$$
$$M_{lj} = V_{lj} \cdot a \qquad (3-25)$$

已知连梁内力后，可由隔离体平衡条件求出墙肢轴力及弯矩。

$$N_i(\xi) = k M_p(\xi) \frac{A_i y_i}{I} \qquad (3-26)$$

$$M_i(\xi) = k M_p(\xi) \frac{I_i}{I} + (1-k) M_p(\xi) \frac{I_i}{\sum I_i} \qquad (3-27)$$

式中：$M_p(\xi)$——坐标 ξ 处，外荷载作用下的倾覆力矩，$\xi=x/H$，为截面的相对坐标；

$N_i(\xi)$，$M_i(\xi)$——第 i 墙肢的轴力和弯矩；

I_i，y_i——第 i 墙肢的截面惯性矩、截面重心到剪力墙总截面重心的距离；

I——剪力墙截面总惯性矩，$I = I_1 + I_2 + A_1 y_1^2 + A_2 y_2^2$；

k——系数，与荷载形式有关，在倒三角形分布荷载下，可表示为

$$k = \frac{3}{\xi^2(3-\xi)}\left\{\frac{2}{a^2}(1-\xi)+\xi^2\left[1-\frac{\xi}{3}-\frac{2}{a^2}ch\alpha\xi+\left(\frac{2sh\alpha}{\alpha}+\frac{2}{a^2}-1\right)\frac{sh\alpha}{\alpha ch\alpha}\right]\right\}$$
$$(3-28)$$

如果某个联肢墙的 α 很小（$\alpha \leqslant 1$），意味着连梁对墙肢的约束弯矩很小，此时可以忽略连梁对墙肢的影响，把连梁近似看成铰接连杆，墙肢成为单肢墙，计算时可看成多个单片悬臂剪力墙。

墙肢剪力可近似按式（3-6）计算，式中等效刚度取考虑剪切变形的墙肢弯曲刚度，由式（3-5）近似计算。剪力计算是近似方法，与连续化方法无关。

（三）双肢墙的位移与等效刚度

通过连续化方法可求出联肢墙在水平荷载作用下的位移，位移函数与水平荷载形式有关，在倒三角形分布荷载作用下，其顶点位移（$\xi=0$）公式为：

$$\Delta = \frac{11}{60} \frac{V_0 H^3}{E \sum I_i} \left[1 + 3.64\gamma^2 - T + \psi_a T \right] \quad (3-29)$$

式中：γ^2 ——墙肢剪切变形影响系数；

$$\gamma^2 = \frac{E \sum I_i}{H^2 G \sum A_i / \mu_i} \quad (3-30)$$

T ——墙肢轴向变形影响系数；对多肢剪力墙，墙肢轴向变形影响系数 T 可近似按表 3-10 取值。

表 3-10　　　　多肢剪力墙轴向变形影响系数 T 近似值

墙肢数目	3~4	5~7	8 肢以上
T	0.80	0.85	0.90

ψ_a ——系数，为几何参数 α 的函数，与荷载形式有关，倒三角形分布荷载的系数为：

$$\psi_a = \frac{60}{11} \frac{1}{\alpha^2} \left[\frac{2}{3} + \frac{2 sh\alpha}{\alpha^3 ch\alpha} - \frac{2}{\alpha^2 ch\alpha} - \frac{sh\alpha}{\alpha ch\alpha} \right] \quad (3-31)$$

ψ_a 可根据荷载形式制成表格，见表 3-11，可根据 α 值查得。

为了应用方便，引入等效刚度的概念。剪力墙的等效刚度是将墙的弯曲、剪切和轴向变形之后的顶点位移，按顶点位移相等的原则，折算成一个只考虑弯曲变形的等效竖向悬臂杆的刚度。

由式（3-29）可得等效抗弯刚度。用悬臂墙顶点位移公式表达顶点位移，即

$$\Delta = \frac{11}{60} \frac{V_0 H^3}{EI_{eq}} \quad (3-32)$$

等效刚度

$$EI_{eq} = \frac{E \sum I_i}{1 + 3.64\gamma^2 - T + \psi_a T} \quad (3-33)$$

表 3-11　　　　不同形式荷载作用下的 ψ_a 值

α	倒三角荷载	均布荷载	顶部集中力	α	倒三角荷载	均布荷载	顶部集中力
1.000	0.720	0.722	0.715	11.000	0.026	0.027	0.022
1.500	0.537	0.540	0.528	11.500	0.023	0.025	0.020
2.000	0.399	0.403	0.388	12.000	0.022	0.023	0.019
2.500	0.302	0.306	0.290	12.500	0.020	0.021	0.017

续表

α	倒三角荷载	均布荷载	顶部集中力	α	倒三角荷载	均布荷载	顶部集中力
3.000	0.234	0.238	0.222	13.000	0.019	0.020	0.016
3.500	0.186	0.190	0.175	13.500	0.017	0.018	0.015
4.000	0.151	0.155	0.140	14.000	0.016	0.017	0.014
4.500	0.125	0.128	0.115	14.500	0.015	0.016	0.013
5.000	0.105	0.108	0.096	15.000	0.014	0.015	0.012
5.500	0.089	0.092	0.081	15.500	0.013	0.014	0.011
6.000	0.077	0.080	0.069	16.000	0.012	0.013	0.010
6.500	0.067	0.070	0.060	16.500	0.012	0.013	0.010
7.000	0.058	0.061	0.052	17.000	0.011	0.012	0.009
7.500	0.052	0.054	0.046	17.500	0.010	0.011	0.009
8.000	0.046	0.048	0.041	18.000	0.010	0.011	0.008
8.500	0.041	0.043	0.036	18.500	0.009	0.010	0.008
9.000	0.037	0.039	0.032	19.000	0.009	0.009	0.007
9.500	0.034	0.035	0.029	19.500	0.008	0.009	0.007
10.000	0.031	0.032	0.027	20.000	0.008	0.009	0.007
10.500	0.028	0.030	0.024	20.500	0.008	0.008	0.006

（四）双肢墙的位移和内力分布规律

联肢墙的水平位移、连梁剪力、墙肢轴力、墙肢弯受整体系数 α 影响的特点如下：

①联肢墙的侧移曲线呈弯曲型，α 值越大，墙的抗侧移刚度越大，侧移减小。

②连梁最大剪力在中部某个高度处，向上、向下都逐渐减小。最大值的位置与参数 α 有关，α 值越大，连梁最大剪力的位置越接近底截面。此外，α 值增大时，连梁剪力增大。

③墙肢轴力即该截面上所有连梁剪力之和，当 α 值增大时，连梁剪力增大，墙肢轴力也增大。

④墙肢弯矩受 α 值的影响刚好与墙肢轴力相反，α 值越大，墙肢弯矩越小。这可以从平衡的观点得到解释，切开双肢墙截面，根据弯矩平衡条件：

$$M_1 + M_2 + N \cdot 2c = M_p \qquad (3-34)$$

从式（3—34）可知，在相同的外弯矩 M_p 作用下，N 越大，M_1、M_2 就越小。

值得说明的是，连续化计算的内力沿高度分布是连续的。实际上连梁不是连续的，连梁剪力和连梁对墙肢的约束弯矩也不是连续的，在连梁与墙肢相交处，墙肢弯矩、墙肢轴力会有突变，形成锯齿形分布。连梁约束弯矩越大，弯矩突变（即锯齿）也越大，墙肢容易出现反弯点；反之，弯矩突变较小，此时，在剪力墙很多层中墙肢都没有反弯点。

剪力墙墙肢内力分布、侧移曲线形状与有无洞口或者连梁大小有很大关系。

①悬臂墙弯矩沿高度都是一个方向，即没有反弯点，弯矩图为曲线，截面应力分布是直线（按材料力学规律，假定其为直线），墙为弯曲型变形。

②联肢墙的内力及侧移与 α 值有关。大致可以分为三种情况：

第一种当连梁很小，整体系数 $\alpha \leqslant 1$ 时，其约束弯矩很小而可以忽略，可假定其为铰接杆，则墙肢是两个单肢悬臂墙，每个墙肢弯矩图与应力分布和①即悬臂墙相同。

第二种，当连梁刚度较大，$\alpha \geqslant 10$ 时，则截面应力分布接近直线，由于连梁约束弯矩而在楼层处形成锯齿形弯矩图，如果锯齿不太大，大部分层墙肢弯矩没有反弯点，剪力墙接近整体悬臂墙，截面应力接近直线分布，侧移曲线主要是弯曲型。

第三种，当连梁与墙肢相比刚度介于上面两者之间时，即 $1 < \alpha < 10$，为典型的联肢墙情况，连梁约束弯矩造成的锯齿较大，截面应力不再为直线分布，此时墙的侧移仍然主要为弯曲型。

从上面分析可知，根据墙整体系数 α 的不同，可以将剪力墙分为不同的类型进行计算。

当 $\alpha \leqslant 1$ 时，可不考虑连梁的约束作用，各墙分别按单肢剪力墙计算。

当 $\alpha \geqslant 10$ 时，可认为连梁的约束作用已经很强，可以按整体小开口墙计算。

当 $1 < \alpha < 10$ 时，按双肢墙计算。

③当剪力墙开洞很大时，墙肢相对较弱，这种情况下的 α 值都较大（$\alpha \geqslant 10$），最极端的情况就是框架（把框架看成洞口很大的剪力墙）。这时弯矩图中各层"墙肢"（此时为框架结构中的"柱"）都有反弯点，原因就是"连梁"（此时为框架结构中的"框架梁"）相对于框架柱而言，其刚度较大，约束弯矩较大。从截面应力分布来看，墙肢拉、压力较大，两个墙肢的应力图相连几乎

是一条直线。具有反弯点的构件会造成层间变形较大，当洞口加大而墙肢减细时，其变形向剪切型靠近，框架侧移主要就是剪切型。

由以上分析可知，剪力墙是平面结构，框架是杆件结构，两者似乎没有关系，但实际上，由剪力墙截面减小、洞口加大，则可能过渡到框架，其内力及侧移由量变到质变，框架结构与剪力墙结构内力的差别就很大了。

四、多肢墙的计算

当剪力墙具有多于一排且排列整齐的较大洞口时，就成为多肢剪力墙。

多肢墙也可以采用连续杆法求解，基本假定和基本体系的取法都和双肢墙类似。在每个连梁切口处建立一个变形协调方程，则可建立 k 个变形协调方程。在建立第 i 个切口处协调方程时，除了第 i 跨连梁内力外，还要考虑第 $i-1$ 跨连梁内力对 i 墙肢，以及第 $i+1$ 跨连梁内力对 $i+1$ 墙肢的影响。

与双肢墙不同的是，为便于求解微分方程，将 k 个微分方程叠加，设各排连梁切口处未知力之和 $\sum_{i=1}^{k} m_i(x) = m(x)$ 为未知量，在求出 $m(x)$ 后再按一定比例拆开，分配到各排连杆，再分别求各连梁的剪力、弯矩和各墙肢弯矩、轴力等内力。

经过叠加这一变化，可建立与双肢墙完全相同的微分方程，取得完全相同的微分方程解，双肢墙的公式和图表都可以应用，但必须注意以下几点区别：

①多肢墙共有 $k+1$ 个墙肢，要把双肢墙中墙肢惯性矩及面积改为多肢墙惯性矩之和及面积之和，即用 $\sum_{i=1}^{k+1} I_i$ 代替 I_1+I_2，用 $\sum_{i=1}^{k+1} A_i$ 代替 A_1+A_2。

②墙中有 k 个连梁，每个连梁的刚度 D_i 用下式计算：

$$D_i = \tilde{I}_l c_i^2 / a_i^3 \qquad (3-35)$$

式中：a_i ——第 i 列连梁计算跨度的一半；

$\tilde{I}_l$ ——考虑连梁剪切变形的折算惯性矩，$\tilde{I}_l = \dfrac{I_l}{1+\dfrac{3\mu E I_l}{G A_l a_i^2}}$；

c_i ——第 i 和 $i+1$ 墙肢轴线距离的一半。

计算连梁与墙肢刚度比参数 α_1 时，要用各排连梁刚度之和与墙肢惯性矩之和，

$$\alpha_1^2 = \frac{6H^2}{h\sum_{i=1}^{k+1} I_i} \sum_{i=1}^{k} D_i \qquad (3-36)$$

③多肢墙整体系数 T 的表达式与双肢墙不同，多肢墙中计算墙肢轴向变形影响比较困难，可近似按表 3－12 取值。

多肢墙整体系数 α 由下式计算：

$$\alpha^2 = \frac{\alpha_1^2}{T} \tag{3-37}$$

④解出基本未知量 $m(\xi)$ 后，按分配系数 η_i 计算各跨连梁的约束弯矩 $m_i(\xi)$，

$$m_i(\xi) = \eta_i m(\xi) \tag{3-38}$$

$$\eta_i = \frac{D_i \varphi_i}{\sum_{i=1}^{k} D_i \varphi_i} \tag{3-39}$$

$$\varphi_i = \frac{1}{1+\alpha/4}\left(1 + 1.5\alpha \frac{r_i}{B}\left(1 - \frac{r_i}{B}\right)\right) \tag{3-40}$$

式中：r_i ——第 i 列连梁中点距边墙的距离；

B ——墙的总宽度；

φ_i ——多肢墙连梁约束弯矩分布系数，也可根据 r_i/B 和 α 值由表 3－12 直接查得。

表 3－12　　　　多肢墙连梁约束弯矩分布系数 φ_i

r_i/B α	0.00 1.00	0.05 0.95	0.10 0.90	0.15 0.85	0.20 0.80	0.25 0.75	0.30 0.70	0.35 0.65	0.40 0.60	0.45 0.55	0.50 0.50
0.0	1.000	1.000	1.000	1.000	1.000	1.000	1.000	1.000	1.000	1.000	1.000
0.4	0.903	0.934	0.958	0.978	0.996	1.011	1.023	1.033	1.040	1.044	1.045
0.8	0.833	0.880	0.923	0.960	0.993	1.020	1.043	1.060	1.073	1.080	1.083
1.2	0.769	0.835	0.893	0.945	0.990	1.028	1.060	1.084	1.101	1.111	1.115
1.6	0.714	0.795	0.868	0.932	0.988	1.035	1.074	1.104	1.125	1.138	1.142
2.0	0.666	0.761	0.846	0.921	0.986	1.041	1.086	1.121	1.146	1.161	1.166
2.4	0.625	0.731	0.827	0.911	0.985	1.046	1.097	1.136	1.165	1.181	1.187
2.8	0.588	0.705	0.810	0.903	0.983	1.051	1.107	1.150	1.181	1.199	1.205
3.2	0.555	0.682	0.795	0.895	0.982	1.055	1.115	1.162	1.195	1.215	1.222
3.6	0.525	0.661	0.782	0.888	0.981	1.059	1.123	1.172	1.208	1.229	1.236
4.0	0.500	0.642	0.770	0.882	0.980	1.062	1.130	1.182	1.220	1.242	1.250
4.4	0.476	0.625	0.759	0.876	0.979	1.065	1.136	1.191	1.230	1.254	1.261

续表

r_i/B α	0.00 1.00	0.05 0.95	0.10 0.90	0.15 0.85	0.20 0.80	0.25 0.75	0.30 0.70	0.35 0.65	0.40 0.60	0.45 0.55	0.50 0.50
4.8	0.454	0.610	0.749	0.871	0.978	1.068	1.141	1.199	1.240	1.264	1.272
5.2	0.434	0.595	0.739	0.867	0.977	1.070	1.146	1.206	1.240	1.274	1.282
5.6	0.416	0.582	0.731	0.862	0.976	1.072	1.151	1.212	1.256	1.282	1.291
6.0	0.400	0.571	0.724	0.859	0.975	1.075	1.156	1.219	1.264	1.291	1.300
6.4	0.384	0.560	0.716	0.855	0.975	1.076	1.160	1.224	1.270	1.298	1.307
6.8	0.370	0.549	0.710	0.852	0.974	1.078	1.163	1.229	1.277	1.305	1.314
7.2	0.357	0.540	0.701	0.848	0.974	1.080	1.167	1.234	1.282	1.311	1.321
7.6	0.344	0.531	0.698	0.846	0.973	1.081	1.170	1.239	1.288	1.317	1.327
8.0	0.333	0.523	0.693	0.843	0.973	1.083	1.173	1.243	1.293	1.323	1.333
12.0	0.250	0.463	0.655	0.823	0.969	1.093	1.195	1.273	1.330	1.363	1.375
16.0	0.200	0.428	0.632	0.811	0.967	1.100	1.208	1.292	1.352	1.388	1.400
20.0	0.166	0.404	0.616	0.804	0.966	1.104	1.216	1.304	1.366	1.404	1.416

五、双肢墙、多肢墙计算步骤及计算公式汇总

公式中凡未特殊注明者，双肢墙取 k＝1。

（一）计算几何参数

算出各墙肢截面的 A_i，I_i，以及连梁截面的 A_l，I_l，再计算以下各参数。

1. 连梁考虑剪切变形的折算惯性矩

$$\tilde{I}_l = \frac{I_l}{1+\dfrac{3\mu E I_l}{a_i^2 A_l G}} = \frac{I_l}{1+\dfrac{7\mu I_l}{a_i^2 A_l}} \tag{3-41}$$

式中 $a_i = a_{i0} + \dfrac{h_{bi}}{4}$（$a_{i0}$ 连梁净跨之半，h_{bi} 连梁高度）。

2. 连梁刚度

连梁刚度按式（3-35）计算：$D_i = \tilde{I}_i c_i^2 / a_i^3$。

（二）计算综合参数

未考虑轴向变形影响的整体参数（梁墙刚度比），按式（3-36）计算：α_1^2

87

$$= \frac{6H^2}{h\sum_{i=1}^{k+1} I_i} \sum_{i=1}^{k} D_i \text{。}$$

轴向变形影响参数 T，对双肢墙可按下式计算，对多肢墙，由于计算繁冗，可近似按不同荷载作用下的 $\varphi(\xi)$ 值取值。

$$T = \frac{\sum A_i y_i^2}{I} = \frac{A_1 y_1^2 + A_2 y_2^2}{I_1 + I_2 + A_1 y_1^2 + A_2 y_2^2} \tag{3-42}$$

考虑轴向变形的整体系数，按式（3-37）计算：$\alpha^2 = \dfrac{\alpha_1^2}{T}$。

剪切参数

$$\gamma^2 = \frac{E\sum I_i}{H^2 G \sum A_i/\mu_i} = \frac{2.38\mu \sum I_i}{H^2 \sum A_i} \tag{3-43}$$

当墙肢少、层数多、$\dfrac{H}{B} \geqslant 4$ 时，可不考虑墙肢剪切变形的影响，取 $\gamma^2 = 0$。

等效刚度 I_{eq}：供水平力分配及求顶点位移用。

$$I_{eq} = \begin{array}{l} \sum I_i / (1-T) + T\psi_a + 3.64\gamma^2 \quad \text{（倒三角荷载）} \\ \sum I_i / (1-T) + T\psi_a + 4\gamma^2 \quad \text{（均布荷载）} \\ \sum I_i / (1-T) + T\psi_a + 3\gamma^2 \quad \text{（顶部集中力）} \end{array} \tag{3-44}$$

ψ_a 可按表 3-11 查取。

（三）内力的计算

1. 各列连梁约束弯矩分配系数

按式（3-39）计算：$\eta_i = \dfrac{D_i \varphi_i}{\sum\limits_{i=1}^{k} D_i \varphi_i}$。

2. 连梁的剪力和弯矩

$$V_{l,ij} = \frac{\eta_i}{2c_i} Th V_0 \varphi(\xi) \tag{3-45}$$

$$M_{l,ij} = V_{l,ij} a_{i0} \tag{3-46}$$

式中：V_0——底部总剪力。

3. 墙肢轴力

$$N_{1j} = \sum_{s=j}^{n} V_{l,1s} \text{（第 1 肢）}$$

$$N_{ij} = \sum_{s=j}^{n} V_{l,is} - V_{l,(i-1)s} \text{（第 2 到第 } k \text{ 肢）}$$

$$N_{k+1,j} = \sum_{s=j}^{n} V_{l,ks} (第 k+1 肢) \quad (3-47)$$

4. 墙肢的弯矩和剪力

第 j 层第 i 肢的弯矩按弯曲刚度分配，剪力按折算刚度分配：

$$M_{ij} = \frac{I_i}{\sum I_i} M_{pj} - \sum_{i=j}^{n} m_s$$

$$V_{ij} = \frac{\tilde{I}_i}{\sum \tilde{I}_i} V_{pj} \quad (3-48)$$

式中：$\tilde{I}_i = \dfrac{I_i}{1 + \dfrac{12\mu E I_i}{G A_i h^2}}$；

M_{ij}，V_{pj}——第 j 层由外荷载产生的弯矩和轴力；m_s——第 s 层（$s \geqslant j$）的总约束弯矩。

$$m_s = Th V_0 \varphi(\xi) \quad (3-49)$$

总约束弯矩为

$$m(\xi) = T V_0 \varphi(\xi) \quad (3-50)$$

（四）位移计算顶部位移为

$$\Delta = \begin{cases} \dfrac{11}{60} \dfrac{V_0 H^3}{EI_{eq}} (倒三角荷载) \\[2mm] \dfrac{1}{8} \dfrac{V_0 H^3}{EI_{eq}} (均布荷载) \\[2mm] \dfrac{1}{3} \dfrac{V_0 H^3}{EI_{eq}} (顶部集中力) \end{cases} \quad (3-51)$$

第三节 剪力墙结构的延性设计

一、剪力墙延性设计的原则

钢筋混凝土房屋建筑结构中，除框架结构外，其他结构体系都有剪力墙。剪力墙刚度大，容易满足风或小震作用下层间位移角的限值及风作用下的舒适度的要求；承载能力大；合理设计的剪力墙具有良好的延性和耗能能力。

与框架结构一样，在剪力墙结构的抗震设计中，应尽量做到延性设计，保证剪力墙符合以下原则：

①强墙弱梁。连梁屈服先于墙肢屈服，使塑性铰变形和耗能分散于连梁中，避免因墙肢过早屈服使塑性变形集中在某一层而形成软弱层或薄弱层。

②强剪弱弯。侧向力作用下变形曲线为弯曲型和弯剪形的剪力墙，一般会在墙肢底部一定高度内屈服形成塑性铰，通过适当提高塑性铰范围及其以上相邻范围的抗剪承载力，实现墙肢强剪弱弯，避免墙肢剪切破坏。对连梁，与框架梁相同，通过剪力增大系数调整剪力设计值，实现强剪弱弯。

③强锚固。墙肢和连梁的连接等部位仍然应满足强锚固的要求，以防止在地震作用下，节点部位的破坏。

④应在结构布置、抗震构造中满足相关要求，以达到延性设计的目的。

（一）悬臂剪力墙的破坏形态和设计要求

悬臂剪力墙是剪力墙中的基本形式，是只有一个墙肢的构件，其设计方法是其他各类剪力墙设计的基础。可通过对悬臂剪力墙延性设计的研究，得出剪力墙结构延性设计的原则。

悬臂剪力墙可能出现弯曲、剪切和滑移（剪切滑移或施工缝滑移）等多种破坏形态。

在正常使用及风荷载作用下，剪力墙应当处于弹性工作阶段，不出现裂缝或仅有微小裂缝。抗风设计的基本方法是按弹性方法计算内力及位移，限制结构位移并按极限状态方法计算截面配筋，满足各种构造要求。

在地震作用下，先以小震作用按弹性方法计算内力及位移，进行截面设计；在中等地震作用下，剪力墙进入塑性阶段，剪力墙应当具有延性和耗散地震能量的能力。应当按照抗震等级进行剪力墙构造和截面验算，满足延性剪力墙的要求，以实现中震可修、大震不倒的设防目标。

悬臂剪力墙是静定结构，只要有一个截面达到极限承载力，构件就丧失承载能力。在水平荷载作用下，剪力墙的弯矩和剪力都在基底部位最大。基底截面是设计的控制截面。沿高度方向，在剪力墙断面尺寸改变或配筋变化的地方，也是控制截面，均应进行正截面抗弯和斜截面抗剪承载力计算。

（二）开洞剪力墙的破坏形态和设计要求

开洞剪力墙，或称联肢剪力墙，简称联肢墙，是指由连梁和墙肢构件组成的开有较大规则洞口的剪力墙。

开洞剪力墙在水平荷载作用下的破坏形态与开洞大小、连梁与墙肢的刚度及承载力等有很大的关系。

当连梁的刚度及抗弯承载力大大小于墙肢的刚度和抗弯承载力，且连梁具有足够的延性时，则塑性铰先在连梁端部出现，待墙肢底部出现塑性铰以后，才能形成。数量众多的连梁端部塑性铰在形成过程中既能吸收地震能量，又能继续传递弯矩和剪力,对墙肢形成的约束弯矩使剪力墙保持足够的刚度与承载力,墙肢底部的塑性铰也具有延性。这样的开洞剪力墙延性较好。

当连梁的刚度及承载力很大时,连梁不会屈服,这时开洞墙与整体悬臂墙类似,要靠底层出现塑性铰,然后才破坏。只要墙肢不过早剪坏,则这种破坏仍然属于有延性的弯曲破坏,耗能集中在底层少数几个铰上。这样的破坏远不如前面的多铰机构抗震性能好。

当连梁的抗剪承载力很小,首先受到剪切破坏时,会使墙肢失去约束而形成单独墙肢。与连梁不破坏的墙相比,墙肢中轴力减小,弯矩加大,墙的侧向刚度大大降低,如果能保持墙肢处于良好的工作状态,那么结构仍可继续承载,直到墙肢截面屈服才会形成机构。只要墙肢塑性铰具有延性,这种破坏也属于延性的弯曲破坏。

墙肢剪坏是一种脆性破坏,它没有延性或延性很小,它是由连梁过强而引起的墙肢破坏。当连梁刚度和屈服弯矩较大时,在水平荷载下墙肢内的轴力很大,造成两个墙肢轴力相差悬殊,在受拉墙肢出现水平裂缝或屈服后,塑性内力重分配的结果会使受压墙肢负担大部分剪力,如果设计时未充分考虑这一因素,会使该墙肢过早剪坏,延性减小。

从上面的破坏形态分析可知,按照"强墙弱梁"原则设计开洞剪力墙,并按照"强剪弱弯"要求设计墙肢及连梁构件,可以得到较为理想的延性剪力墙结构,它比悬臂剪力墙更为合理。如果连梁较强而形成整体墙,则要注意与悬臂墙相类似的塑性铰区的加强设计。如果连梁跨高比较大而可能出现剪切破坏,则要按照抗震结构"多道设防"的原则,即考虑连梁破坏后,退出工作,按照几个独立墙肢单独抵抗地震作用的情况设计墙肢。

开洞剪力墙在风荷载及小震作用下,按照弹性计算内力进行荷载组合后,再进行连梁及墙肢的截面配筋计算。

应当注意,沿房屋高度方向,内力最大的连梁不在底层。应选择内力最大的连梁进行截面和配筋计算,或沿高度方向分成几段,选择每段中内力最大的梁进行截面和配筋计算。沿高度方向,墙肢截面、配筋也可以改变,由底层向上逐渐减小,分成几段分别进行截面、配筋计算。开洞剪力墙的截面尺寸、混凝土等级、正截面抗弯计算、斜截面抗剪计算和配筋构造要求等都与悬臂墙相同。

(三) 剪力墙结构平面布置

在剪力墙结构中,剪力墙宜沿主轴方向或其他方向双向布置;一般情况下,采用矩形、L形、T形平面时,剪力墙沿纵横两个方向布置;当平面为三角形、Y形时,剪力墙可沿三个方向布置;当平面为多边形、圆形和弧形平面时，剪力墙可沿环向和径向布置。剪力墙应尽量布置得比较规则、拉通、对直。

抗震设计的剪力墙结构，应避免仅单向有墙的结构布置形式。剪力墙墙肢截面宜简单、规则。剪力墙结构的侧向刚度不宜过大，否则会使结构周期过短，地震作用大，很不经济。另外，长度过大的剪力墙，易形成中高墙或矮墙，由受剪承载力控制破坏形态，延性变形能力减弱，不利于抗震。

剪力墙的门窗洞口宜上下对齐，成列布置，形成明确的墙肢和连梁，应避免使墙肢刚度相差悬殊的洞口设置。抗震设计时，一、二、三级抗震等级剪力墙的底部和加强部位不宜采用错洞墙；一、二、三级抗震等级的剪力墙均不宜采用叠合错洞墙。

同一轴线上的连续剪力墙过长时，可用细弱的连梁将长墙分成若干个墙段，每一个墙段相当于一片独立剪力墙，墙段的高宽比不应小于2。每一墙肢的宽度不宜大于8m，以保证墙肢受弯承载力控制，使靠近中和轴的竖向分布钢筋在破坏时能充分发挥其强度。

在剪力墙结构中，如果剪力墙的数量太多，会使结构刚度和质量都太大，不仅材料用量增加而且地震力也增大，使上部结构和基础设计都困难。一般来说，采用大开间剪力墙（间距6.0~7.2m）比小开间剪力墙（间距3~3.9m）的效果更好。以高层住宅为例，小开间剪力墙的墙截面面积占楼面面积的8%~10%，而大开间剪力墙可降至6%~7%，有效降低了材料用量，增大了建筑使用面积。

可通过结构基本自振周期来判断剪力墙结构合理刚度，宜使剪力墙结构的基本自振周期控制在（0.05~0.06）N（N为层数）。

当周期过短、地震力过大时，宜加以调整。调整剪力墙结构刚度的方法如下：①适当减小剪力墙的厚度。②降低连梁高度。③增大门窗洞口宽度。④对较长的墙肢设置施工洞，分为两个墙肢。墙肢长度超过8m时，一般应由施工洞口划分为小墙肢。墙肢由施工洞分开后，如果建筑上不需要，可用砖墙填充。

（四）剪力墙结构竖向布置

普通剪力墙结构的剪力墙应在整个建筑竖向连续，上要到顶，下要到底，中间楼层不要中断。剪力墙不连续会使结构刚度突变，对抗震非常不利。当顶层取消部分剪力墙而设置大房间时，其余的剪力墙应在构造上予以加强；当底层取消部分剪力墙时，应设置转换楼层，并按专门规定进行结构设计。

为避免刚度突变，剪力墙的厚度应逐渐改变，每次厚度减小50~100mm为宜，以使剪力墙刚度均匀连续改变。同时，厚度改变和混凝土强度等级改变宜按楼层错开。

为减少上、下剪力墙结构的偏心，一般情况下，剪力墙厚度宜两侧同时内收。外墙为保持外墙面平整，可只在内侧单面内收；电梯井因安装要求，可只在外侧单面内收。

剪力墙相邻洞口之间以及洞口与墙边缘之间要避免小墙肢。墙肢宽度与厚度之比小于3的小墙肢在反复荷载作用下，比大墙肢开裂早、破坏早，即使加强配筋，也难以防止小墙肢的早期破坏。在设计剪力墙时，墙肢宽度不宜小于 $3b_w$（b_w 为墙厚），且不应小于500mm。

二、墙肢设计

（一）

内力设计值

非抗震和抗震设计的剪力墙应分别按无地震作用和有地震作用进行荷载效应组合，取控制截面的最不利组合内力或对其调整后的内力（统称为内力设计值）进行配筋设计。墙肢的控制截面一般取墙底截面以及改变墙厚、改变混凝土强度等级、改变配筋量的截面。

1. 墙肢的弯矩设计值

一级抗震墙的底部加强部位以上部位，墙肢的组合弯矩设计值应乘以增大系数，其值可采用1.2，其剪力应相应作调整。

在双肢抗震墙中，墙肢不宜出现小偏心受拉。此时混凝土开裂贯通整个截面高度，可通过调整剪力墙长度或连梁尺寸避免出现小偏心受拉的墙肢。剪力墙很长时，边墙肢拉（压）力很大，可人为加大洞口或人为开洞口，减小连梁高度而成为对墙肢约束弯矩很小的连梁。地震时，该连梁两端比较容易屈服形成塑性铰，从而将长墙分成长度较小的墙。在工程中，一般宜使墙的长度不超过8m。此外，减小连梁高度也可以减小墙肢轴力。

当任一墙肢为大偏心受拉时，另一墙肢的剪力设计值、弯矩设计值应乘以增大系数1.25。当一个墙肢出现水平裂缝时，其刚度降低，由于内力重分布而剪力向无裂缝的另一个墙肢转移，使另一个墙肢内力加大。

部分框支剪力墙结构的落地抗震墙墙肢不应出现小偏心受拉。

2. 墙肢的剪力设计值

为实行"强剪弱弯"的延性设计，一、二、三级的抗震墙底部加强部位，其截面组合的剪力设计值应按下式调整：

$$V = \eta_{vw} V_w \quad (3-52)$$

9度的一级抗震墙可不按上式调整，但应符合下式要求：

$$V = 1.1 \frac{M_{uwa}}{M_w} V_w \qquad (3-53)$$

式中：V——抗震墙底部加强部位截面组合的剪力设计值；

V_w——抗震墙底部加强部位截面组合的剪力计算值；

M_{uwa}——抗震墙底部截面按实配纵向钢筋面积、材料强度标准值和轴力等计算的抗震受弯承载力所对应的弯矩值，有翼墙时应计入墙两侧各1倍翼墙厚度范围内的纵向钢筋；

M_w——墙肢底部截面最不利组合的弯矩计算值；

η_{vw}——抗震墙剪力增大系数，一级可取1.6，二级可取1.4，三级可取1.2。

（二）水平施工缝的抗滑移验算

由于施工工艺要求，在各层楼板标高处都存在施工缝，施工缝可能形成薄弱部位，出现剪切滑移。抗震等级为一级的剪力墙，应防止水平施工缝处发生滑移。考虑了摩擦力有利影响后，要验算通过水平施工缝的竖向钢筋是否足以抵抗水平剪力。当已配置的端部和分布竖向钢筋不够时，可设置附加插筋，附加插筋在上下层剪力墙中都要有足够的锚固长度，其面积可计入 A_s。水平施工缝处的抗滑移应符合下式要求：

$$V_{wj} \leqslant \frac{1}{\gamma_{RE}} 0.6 f_y A_s + 0.8? N \qquad (3-54)$$

式中：V_{wj}——剪力墙水平施工缝处剪力设计值；

A_s——水平施工缝处剪力墙腹部内竖向分布钢筋和边缘构件中的竖向钢筋总面积（不包括两侧翼墙），以及在墙体中有足够锚固长度的附加竖向插筋面积；

f_y——竖向钢筋抗拉强度设计值；

N——水平施工缝处考虑地震作用组合的轴向力设计值，压力取正值，拉力取负值。

（三）墙肢构造要求

1. 墙肢的最小截面尺寸

墙肢的截面尺寸应满足承载力要求，同时还应满足最小墙厚要求和剪压比限值的要求。

为保证剪力墙在轴力和侧向力作用下的平面外稳定，防止平面外失稳破坏以及有利于混凝土的浇筑质量，剪力墙的最小厚度不应小于表3-13中数值的较大者。

表 3-13　　　　　　　　　剪力墙墙肢最小厚度

部位	抗震等级		非抗震
	一、二级	三、四级	
底部加强部位	200mm, $h/16$ (220mm, $h/12$)	160mm, $h/20$ (180mm, $h/16$)	160mm
其他部位	160mm, $h/20$ (180mm, $h/16$)	140mm, $h/25$ ($h/20$)	

注：① h 为层高或剪力墙无支长度两者的较小值。② 括号内数值用于剪力墙无端柱或翼墙时的情况。③ 分隔电梯井的墙肢厚度可适当减小，但不小于 160mm。

墙肢截面的剪压比超过一定值时，将过早出现斜裂缝，增加横向钢筋也不能提高其受剪承载力，很可能在横向钢筋未屈服时，墙肢混凝土发生斜压破坏。为了避免这种破坏，应限制墙肢截面的平均剪应力与混凝土轴心抗压强度之比，即限制剪压比。

有、无地震作用组合时

$$V \leqslant 0.25\beta_c f_c b_w h_{w0} \quad (3-55)$$

剪跨比 $\lambda > 2.5$ 时

$$V \leqslant \frac{1}{\gamma_{RE}} 0.2\beta_c f_c b_w h_{w0} \quad (3-56)$$

剪跨比 $\lambda \leqslant 2.5$ 时

$$V \leqslant \frac{1}{\gamma_{RE}} 0.15\beta_c f_c b_w h_{w0} \quad (3-57)$$

式中：V——墙肢截面剪力设计值，一、二、三级抗震等级的剪力墙底部加强部位墙肢截面应按式（3-52）和式（3-53）调整；

β_c——混凝土强度影响系数，当混凝土强度等级不超过 C50 时取 1.0，混凝土强度等级为 C80 时取 0.8，其间线性内插；

λ——计算截面处的剪跨比，$\lambda = \dfrac{M^c}{V^c h_{w0}}$，其中 M^c，V^c 应分别取与 V_w 同一组组合的、未调整的弯矩和剪力计算值。

2. 墙肢的分布钢筋

剪力墙内竖向和水平分布钢筋有单排配筋及多排配筋两种形式。

单排筋施工方便，在同样含钢率下，钢筋直径较粗。但当墙厚较大时，表面容易出现温度收缩裂缝。此外，在山墙及楼电梯间墙上，仅一侧有楼板，竖向力产生平面外偏心受压，在水平力作用下，垂直于力作用方向的剪力墙会产生平面外弯矩。在高层剪力墙中，不允许采用单排配筋。当抗震墙厚度大于 140mm，且不大于 400mm 时，其竖向和横向分布钢筋应双排布置；当抗震墙厚度大于 400mm，且不大于 700mm 时，其竖向和横向分布钢筋宜采用三排布置；当抗震墙厚度大于 700mm 时，其竖向和横向分布钢筋宜采用四排布置。竖向和横向分布钢筋的间距不宜大于 300mm，部分框支剪力墙结构的落地剪力墙底部加强部位，竖向和横向分布钢筋的间距不宜大于 200mm。竖向和横向分布钢筋的直径均不宜大于墙厚的 1/10 且不应小于 8mm，竖向钢筋直径不宜小于 10mm。

一、二、三级抗震等级的剪力墙中竖向和横向分布钢筋的最小配筋率均不应小于 0.25%，四级抗震等级的剪力墙中分布钢筋的最小配筋率不应小于 0.20%。对高度小于 24m 且剪压比很小的四级抗震墙，其竖向分布钢筋的最小配筋率应允许采用 0.15%。部分框支剪力墙结构的落地剪力墙底部加强部位，其竖向和横向分布钢筋配筋率均不应小于 0.30%。

分布钢筋间拉筋的间距不宜大于 600mm，直径不应小于 6mm，在底部加强部位，拉筋间距适当加密。

竖向和横向分布钢筋的配筋率可分别按下式计算：

$$\rho_{sw} = \frac{A_{sw}}{b_w s}$$
$$\rho_{sh} = \frac{A_{sh}}{b_w s}$$

(3-58)

式中：ρ_{sw}，ρ_{sh}——竖向、横向分布钢筋的配筋率；

A_{sw}，A_{sh}——同一截面内竖向、横向分布钢筋各肢面积之和；

s——竖向或横向钢筋间距。

3. 墙肢的轴压比限值

随着建筑高度增加，剪力墙墙肢的轴压力也增加。与钢筋混凝土柱相同，轴压比是影响墙肢抗震性能的主要因素之一，轴压比大于一定值后，延性很小或没有延性。必须限制抗震剪力墙的轴压比。一、二、三级抗震等级剪力墙在重力荷载代表值作用下，墙肢的轴压比应满足表 3-14 的要求。

表 3-14　　　　　　　　　　墙肢轴压比限值

轴压比	一级		二、三级
	9 度	7 度、8 度	
μ	0.4	0.5	0.6

轴压比 $\mu = \frac{N}{f_c A}$ 计算墙肢轴压比时，轴向压力设计值 N 取重力荷载代表值作用下产生的轴压力设计值（自重分项系数取 1.2，活荷载分项系数取 1.4）。

4. 墙肢的底部加强部位

悬臂剪力墙的塑性铰通常出现在底截面。剪力墙下部 h_w 高度范围内（h_w

为截面高度)是塑性铰区,称为底部加强区。规范要求,底部加强区的高度从地下室顶板算起,房屋高度大于24m时,底部加强部位的高度可取底部两层和墙体总高度的1/10两者的较大值;房屋高度不大于24m时,底部加强部位可取底部一层(部分框支抗震墙结构的抗震墙,其底部加强部位的高度,可取框支层加框支层以上两层的高度及落地抗震墙总高度的1/10两者的较大值),当结构计算嵌固端位于地下一层底板或以下时,底板加强部位宜延伸到计算嵌固端。

5. 墙肢的边缘构件

剪力墙截面两端及洞口两侧设置边缘构件是提高墙肢端部混凝土极限压应变、改善剪力墙延性的重要措施。边缘构件分为约束边缘构件和构造边缘构件两类。约束边缘构件是指用箍筋约束的暗柱(矩形截面端部)、端柱和翼墙,其箍筋较多,对混凝土的约束较强,混凝土有比较大的变形能力;构造边缘构件的箍筋较少,对混凝土约束程度稍差。

底层墙肢底截面的轴压比大于表3-15规定的一、二、三级抗震墙,以及部分框支抗震墙结构的抗震墙,应在底部加强部位及相邻的上一层设置约束边缘构件,在以上的其他部位可设置构造边缘构件,底层墙肢底截面的轴压比不大于表3-15规定的一、二、三级抗震墙,以及四级抗震墙和非抗震设计的剪力墙,可设置构造边缘构件。约束边缘构件沿墙肢的长度、配箍特征值、箍筋和纵向钢筋宜符合表3-16的要求。

表3-15 剪力墙设置构造边缘构件的最大轴压比

等级或烈度	一级(9度)	一级(6度、7度、8度)	二、三级
轴压比	0.1	0.2	0.3

表3-16 约束边缘构件沿墙肢长度 l_c 及其配箍特征值 λ_v

项目	一级(9度)		一级(8度)		二、三级	
	$\lambda \leq 0.2$	$\lambda > 0.2$	$\lambda \leq 0.3$	$\lambda > 0.3$	$\lambda \leq 0.4$	$\lambda > 0.4$
l_c(暗柱)	$0.20 h_w$	$0.25 h_w$	$0.15 h_w$	$0.20 h_w$	$0.15 h_w$	$0.20 h_w$
l_c(翼墙或端柱)	$0.15 h_w$	$0.20 h_w$	$0.10 h_w$	$0.15 h_w$	$0.10 h_w$	$0.15 h_w$
λ_v	0.12	0.20	0.12	0.20	0.12	0.20
纵向钢筋(取较大值)	$0.012 A_c$,$8\varphi 16$		$0.012 A_c$,$8\varphi 16$		$0.010 A_c$,$6\varphi 16$(三级$6\varphi 14$)	
箍筋或拉筋沿竖向间距	100mm		100mm		150mm	

在表3-16中,λ为剪力墙轴压比。当抗震墙的翼墙长度小于其3倍厚度

或端柱截面边长小于 2 倍墙厚时,按无翼墙、无端柱查表;l_c 为约束边缘构件沿墙肢长度,且不小于墙厚和 400mm,有翼墙或端柱时不应小于翼墙厚度或端柱沿墙肢方向截面高度加 300mm;λ 为墙肢轴压比;h_w 为抗震墙墙肢长度。

λ_v 为约束边缘构件的配箍特征值。工程设计时,由配箍特征值确定体积配箍率 ρ_v,由体积配箍率便可确定箍筋的直径、肢数、间距等。体积配箍率 ρ_v 可由式(3—59)计算,并可适当计入满足构造要求且在墙端有可靠锚固的水平分布钢筋的截面面积,计算时,混凝土强度等级低于 C35 时,应按 C35 计算。

$$\rho_v = \lambda_v \frac{f_c}{f_{yv}} \tag{3-59}$$

6. 钢筋的锚固和连接

剪力墙内钢筋的锚固长度,非抗震设计时,剪力墙纵向钢筋最小锚固长度应取 l_a;抗震设计时,剪力墙纵向钢筋最小锚固长度取 l_{aE}。

剪力墙竖向及水平分布钢筋采用搭接连接时,接头位置应错开,同一截面连接的钢筋数量不宜超过总数量的 50%,错开净距不宜小于 500mm;其他情况剪力墙可在同一截面连接。分布钢筋的搭接长度,非抗震设计时不应小于 $1.2l_a$,抗震设计时不应小于 $1.2l_{aE}$。

暗柱及端柱内纵向钢筋连接和锚固要求宜与框架柱相同。

三、连梁设计

剪力墙中的连梁通常跨度小而梁高较大,即跨高比较小。住宅、旅馆剪力墙结构中的连梁的跨高比常常小于 2.0,甚至不大于 1.0,在侧向力作用下,连梁与墙肢相互作用产生的约束弯矩与剪力较大,且约束弯矩和剪力在梁两端方向相反,这种反弯作用使梁产生很大的剪切变形,容易出现斜裂缝而导致剪切破坏。

按照延性剪力墙强墙弱梁要求,连梁屈服应先于墙肢屈服,即连梁先形成塑性铰耗散地震能量,此外,连梁还应当强剪弱弯,避免剪切破坏。

一般剪力墙中,可采用降低连梁的弯矩设计值的方法,按降低后的弯矩进行配筋,可使连梁先于墙肢屈服和实现弯曲屈服。由于连梁跨高比小,很难避免斜裂缝及剪切破坏,必须采取限制连梁名义剪应力等措施推迟连梁的剪切破坏。对延性要求高的核心筒连梁和框筒裙梁,可采用配置交叉斜筋、集中对角斜筋或对角暗撑等措施,改善连梁受力性能。

第三章 剪力墙结构设计原理及方法

(一) 连梁内力设计值

1. 连梁内力的弯矩设计值

为了使连梁弯曲屈服,应降低连梁的弯矩设计值,方法是弯矩调幅。调幅的方法如下:

①在小震作用下的内力和位移计算时,通过折减连梁刚度,使连梁的弯矩、剪力值减小。设防烈度为 6 度、7 度时,折减系数不小于 0.7;8 度、9 度时,折减系数不小于 0.5。折减系数不能过小,以保证连梁有足够的承受竖向荷载的能力。

②按连梁弹性刚度计算内力和位移,将弯矩组合值乘以折减系数。一般是将中部弯矩最大的一些连梁的弯矩调小(抗震设防烈度为 6 度、7 度时,折减系数不小于 0.8;8 度、9 度时,不小于 0.5),其余部位的连梁和墙肢弯矩设计值则应相应地提高,以维持静力平衡。

实际工程设计中常采用第一种方法,它与一般的弹性计算方法并无区别,且可自动调整(增大)墙肢内力,比较简便。

无论哪一种方法,调整后的连梁弯矩比弹性时降低越多,它就越早出现塑性铰,塑性铰转动也会越大,对连梁的延性要求也就越高。应当限制连梁的调幅值,同时应使这些连梁能抵抗正常使用荷载和风荷载作用下的内力。

2. 连梁内力的剪力设计值

非抗震设计及四级剪力墙的连梁,应分别取考虑水平风荷载、水平地震作用组合的剪力设计值。一、二、三级的剪力墙的连梁,梁端截面组合的剪力设计值应按下式调整:

$$V = \eta_{vb} \frac{M_b^l + M_b^r}{l_n} + V_{Gb}$$

9 度时一级剪力墙的连梁应按该式确定:

$$V = 1.1 \frac{M_{bua}^l + M_{bua}^r}{l_n} + V_{Gb} \qquad (3-60)$$

式中:M_b^l,M_b^r——连梁左右端截面顺时针或逆时针方向的弯矩设计值;

M_{bua}^l,M_{bua}^r——连梁左右端截面顺时针或逆时针方向实配的抗震受弯承载力所对应的弯矩值,应按实配钢筋面积(计入受压钢筋)和材料强度标准值并考虑承载力抗震调整系数计算;

l_n——连梁的净跨;

V_{Gb}——在重力荷载代表值作用下按简支梁计算的梁端截面剪力设计值;

η_{vb}——连梁剪力增大系数,一级取 1.3,二级取 1.2,三级取 1.1。

(二) 连梁承载力验算

1. 受弯承载力

连梁可按普通梁的方法计算受弯承载力。

连梁通常都采用对称配筋,此时的验算公式可简化如下:

无地震作用组合时,$M_b \leqslant f_y A_s (h_{b0} - a')$

有地震作用组合时,$M_b \leqslant \dfrac{1}{\gamma_{RE}} f_y A_s (h_{b0} - a')$ （3-61）

式中:M_b——连梁弯矩设计值;

A_s——受力纵向钢筋面积;

$h_{b0} - a'$——上、下受力钢筋重心之间的距离。

2. 受剪承载力验算

跨高比较小的连梁斜裂缝扩展到全对角线上,在地震反复作用下,受剪承载力降低。连梁的受剪承载力按下式计算:

有、无地震作用组合时,$V \leqslant 0.7 f_t b_b h_{b0} + f_{yv} \dfrac{A_{sv}}{s} h_{b0}$

跨高比大于2.5的连梁,$V \leqslant \dfrac{1}{\gamma_{RE}} \left(0.42 f_t b_b h_{b0} + f_{yv} \dfrac{A_{sv}}{s} h_{b0} \right)$

跨高比不大于2.5的连梁,$V \leqslant \dfrac{1}{\gamma_{RE}} \left(0.38 f_t b_b h_{b0} + 0.9 f_{yv} \dfrac{A_{sv}}{s} h_{b0} \right)$

（3-62）

式中:V——按式（3-60）调整后的连梁截面剪力设计值。跨高比按 l/h_b 计算。

(三) 连梁构造要求

1. 连梁的最小截面尺寸

为避免过早出现斜裂缝和混凝土过早剪坏,要限制截面名义剪应力,连梁截面的剪力设计值应满足下式要求:

有、无地震作用组合时 $V \leqslant 0.25 \beta_c f_c b_b h_{b0}$

跨高比大于2.5的连梁 $V \leqslant \dfrac{1}{\gamma_{RE}} 0.20 \beta_c f_c b_b h_{b0}$

跨高比不大于2.5的连梁 $V \leqslant \dfrac{1}{\gamma_{RE}} 0.15 \beta_c f_c b_b h_{b0}$ （3-63）

式中:V——按式（3-60）调整后的连梁截面剪力设计值。

2. 连梁的配筋

跨高比不大于1.5的连梁,非抗震设计时,其纵向钢筋的最小配筋率可取为0.2%;抗震设计时,其纵向钢筋的最小配筋率宜符合表3-17的要求;跨高比大于 1.5 的连梁，其纵向钢筋的最小配筋率可按框架梁的要求采用。

表 3—17　　跨高比不大于 1.5 的连梁纵向钢筋的最小配筋率

跨高比	最小配筋率（采用较大值）
$l/h_b \leqslant 0.5$	$0.20, 45 f_t/f_y$
$0.5 < l/h_b \leqslant 1.5$	$0.25, 55 f_t/f_y$

非抗震设计时，剪力墙连梁顶面及底面单侧纵向钢筋的最大配筋率不宜大于 2.5%；抗震设计时，剪力墙连梁顶面及底面单侧纵向钢筋的最大配筋率宜符合表 3—18 的要求。如不满足，则应按实配钢筋进行连梁强剪弱弯的验算。

表 3—18　　连梁单侧纵向钢筋的最大配筋率

跨高比	最大配筋率
$l/h_b \leqslant 1.0$	0.6
$1.0 < l/h_b \leqslant 2.0$	1.2
$2.0 < l/h_b \leqslant 2.5$	1.5

连梁顶面、底面纵向水平钢筋伸入墙肢的长度，抗震设计时不应小于 l_{aE}；非抗震设计时不应小于 l_a，且均不应小于 600mm。抗震设计时，沿连梁全长箍筋的构造应符合框架梁梁端箍筋加密区的箍筋构造要求；非抗震设计时，沿连梁全长的箍筋直径不应小于 6mm，间距不应大于 150mm。顶层连梁纵向水平钢筋伸入墙肢的长度范围内应配置箍筋，箍筋间距不宜大于 150mm，直径应与该连梁箍筋直径相同。

连梁高度范围内的墙肢水平分布钢筋应在连梁内拉通作为连梁的腰筋。连梁截面高度大于 700mm 时，其两侧腰筋的直径不应小于 8mm，间距不应大于 200mm；跨高比不大于 2.5 的连梁，其两侧腰筋的总面积配筋率不应小于 0.3%。

3. 交叉斜筋、集中对角斜筋或对角暗撑配筋连梁

对一、二级抗震等级的连梁，当跨高比不大于 2.5 时，除普通箍筋外宜另配置斜向交叉钢筋、集中对角斜筋或对角暗撑。试验研究表明，采用斜向交叉钢筋、集中对角斜筋或对角暗撑配筋的连梁，可以有效地改善小跨高比连梁的抗剪性能，获得较好的延性。

当洞口连梁截面宽度不小于 250mm 时，可采用交叉斜筋配筋，其截面限制条件应满足下式要求：

$$V \leqslant \frac{1}{\gamma_{RE}} 0.25\beta_c f_c b_b h_{b0} \qquad (3-64)$$

斜截面受剪承载力应符合下式要求：

$$V \leqslant \frac{1}{\gamma_{RE}} 0.4 f_t b_b h_{b0} + (2.0\sin\alpha + 0.6\eta) f_{yd} A_{sd}$$

$$\eta = f_{sv} A_{sv} h_{b0} / s f_{yd} A_{sd} \tag{3-65}$$

式中：η——箍筋与对角斜筋的配筋强度比，当小于 0.6 时取 0.6，当大于 1.2 时取 1.2；

α——对角斜筋与梁纵轴的夹角；

A_{sd}——单向对角斜筋的截面面积；

f_{yd}——对角斜筋的抗拉强度设计值；

A_{sv}——同一截面内箍筋各肢的全部截面面积。

当连梁截面宽度不小于 400mm 时，可采用集中对角斜筋配筋或对角暗撑（即用矩形箍筋或螺旋箍筋与斜向交叉钢筋绑在一起，成为交叉斜撑）配筋，其截面限制条件应满足式（3-64）的要求。

第四章 高层建筑结构设计原理及方法

第一节 高层建筑结构布置原则和设计要求

一、高层建筑结构布置原则

高层建筑结构设计时，除了要根据建筑高度、抗震设防烈度等合理选择结构材料、抗侧力结构体系外，还应特别重视建筑体形和结构总体布置。建筑体形是指建筑的平面和立面，一般由建筑师根据建筑使用功能、建设场地条件、美学等因素综合确定；结构总体布置是指结构构件的平面布置和竖向布置，一般由结构工程师根据结构抵抗竖向荷载、抗风、抗震等要求，结合建筑平立面设计确定，与建筑体形密切相关。一个成功的建筑设计，一定是建筑师和结构工程师密切合作的结果，从方案设计阶段开始，一直到设计完成，甚至一直到竣工。成功的建筑，不能缺少结构工程师的创新和创造力的贡献。

（一）结构平面布置

高层建筑的外形一般可以分为板式和塔式两类。

板式建筑平面两个方向的尺寸相差较大，有明显的长、短边。板式结构短边方向的侧向刚度差，当建筑高度较大时，不仅在水平荷载作用下侧向变形较大，还会出现沿房屋长度平面各点变形不一致的情况，长度很大的一字形建筑的高宽比 H/B 需控制更严格一些。在实际工程中，为了增大结构短边方向的抗侧刚度，可以将板式建筑平面做成折线形或曲线形。

在塔式建筑中，平面形式常采用圆形、方形、长宽比较小的矩形、Y形、井字形、三角形或其他各种形状。

无论采用哪种平面形式，都宜使结构平面形状简单、规则，质量、刚度和承载力分布均匀，不应采用严重不规则的平面布置。

在结构平面布置时，还应减少扭转的影响。要使结构的刚度中心和质量中心尽量重合，以减少扭转，通常偏心距 e 不宜超过垂直于外力作用线边长的

5%。在考虑偶然偏心影响的规定水平地震力作用下,楼层竖向构件最大的水平位移和层间位移,A 级高度高层建筑不宜大于该楼层平均值的 1.2 倍,不应大于该楼层平均值的 1.5 倍;B 级高度高层建筑、超过 A 级高度的混合结构及复杂高层建筑(即带转换层的结构、带加强层的结构、错层高层结构、连体结构及竖向体型收进、悬挑结构)不宜大于该楼层平均值的 1.2 倍,不应大于该楼层平均值的 1.4 倍。结构扭转为主的第一自振周期与结构平动为主的第一自振周期之比,A 级高度高层建筑不应大于 0.9,B 级高度高层建筑、超过 A 级高度的混合结构及复杂高层建筑不应大于 0.85。在结构平面布置时,还应注意砖填充墙等非结构受力构件的位置,它们会影响结构刚度的均匀性。

复杂、不规则、不对称的结构会带来难于计算和处理的复杂应力集中、扭转等问题,应注意避免凹凸不规则的平面及楼板开大洞口的情况。平面布置时,有效楼板宽度不宜小于该层楼面宽度的 50%,楼板开洞总面积不宜超过楼面面积的 30%,在扣除凹入或开洞后,楼板在任一方向的最小净宽度不宜小于 5m,且开洞后每一边的楼板净宽度不应小于 2m。一旦楼板开大洞削弱后,都应采取相应的加强措施,如加厚洞口附近楼板,提高楼板配筋率,采用双层双向配筋;洞口边缘设置边梁、暗梁;在楼板洞口角部集中配置斜向钢筋等。

另外,在结构拐角部位往往应力比较集中,应避免在拐角处布置楼电梯间。

(二)结构竖向布置

结构的竖向布置应规则、均匀,从上到下外形不变或变化不大,避免过大的外挑或内收,结构的侧向刚度宜下大上小,逐渐均匀变化,当楼层侧向刚度小于上层时,不宜小于相邻上层的 70%。结构竖向抗侧力构件宜上、下连续贯通,形成有利于抗震的竖向结构。

抗震设计时,当结构上部楼层收进部位到室外地面的高度 H_1 与房屋高度 H 之比大于 0.2 时,上部楼层收进后的水平尺寸 B_1 不宜小于下部楼层水平尺寸 B 的 75%,当上部结构楼层相对于下部楼层外挑时,上部楼层水平尺寸 B_1 不宜大于下部楼层的水平尺寸 B 的 1.1 倍,且水平外挑尺寸 a 不宜大于 4m。

在地震区,不应采用完全由框支剪力墙组成的底部有软弱层的结构体系,也不应出现剪力墙在某一层突然中断而形成的中部具有软弱层的情况。顶层尽量不布置空旷的大跨度房间,如不能避免时,应考虑由下到上刚度逐渐变化。当采用顶层有塔楼的结构形式时,要使刚度逐渐减小,不应造成突变,在顶层突出部分(如电梯机房等)不宜采用砖石结构。

（三）变形缝设置

考虑到结构不均匀沉降、温度收缩和体型复杂带来的应力集中对房屋结构产生的不利影响，常采用沉降缝、伸缩缝和抗震缝将房屋分成若干独立的结构单元。对这三种缝的要求，相关规范都作了原则性的规定。在实际工程中，由于设缝常会影响建筑立面效果，增加防水构造处理难度，因此常常希望不设或少设缝，此外，在地震区，设缝结构也有可能在强震下发生相邻结构相互碰撞的局部损坏。目前总的趋势是避免设缝，并从总体布置上或构造上采取一些相应措施来减少沉降、温度收缩和体型复杂带来的不利影响。是否设缝是确定结构方案的主要任务之一，应在初步设计阶段根据具体情况作出选择。

①沉降缝。高层建筑常由主体结构和层数不多的裙房组成，裙房与主体结构间高度和质量都悬殊，可采用沉降缝将主体结构和裙房从基础到结构顶层全部断开，使各部分自由沉降。但若高层建筑设置地下室，沉降缝会使地下室构造复杂，缝部位的防水构造也不容易做好，可采取一定的措施减小沉降，不设沉降缝，把主体结构和裙房的基础做成整体。常用的具体措施如下：

第一，当地基土的压缩性小时，可直接采用天然地基，加大基础埋深，把主体结构和裙房放在一个刚度很大的整体基础上（如箱形基础或厚筏基础）；若低压缩性的土埋层较深，可采用桩基将质量传到压缩性小的土层以减少沉降差。

第二，当土质较好，且房屋的沉降能在施工期间完成时，可在施工时设置沉降后浇带，将主体结构与裙房从基础到房屋顶面暂时断开，待主体结构施工完毕，且大部分沉降完成后，再浇筑后浇带的混凝土，将结构连成整体。设计时，基础应考虑两个阶段不同的受力状态，对其分别进行强度校核，连成整体后的计算应当考虑后期沉降差引起的附加内力。

第三，当地基土较软弱，后期沉降较大，且裙房的范围不大时，可从主体结构的基础上悬挑出基础，承受裙房质量。

第四，主楼与裙楼基础采取联合设计，即主楼与裙楼采取不同的基础形式，但中间不设沉降缝。设计时主要应考虑三点：其一，选择合适的基础沉降计算方法并确定合理的沉降差，观察地区性持久的沉降数据。其二，基本设计原则是尽可能减少主楼的质量和沉降量（如采用轻质材料、采用补偿式基础等），同时在不导致破裂的前提下提高裙房基础的柔性，甚至可以采用独立柱基。其三，考虑施工的先后顺序，主楼应先行施工，让沉降尽可能预先发生，设计良好的后浇带。

②伸缩缝。伸缩缝也称温度缝，新浇筑的混凝土在硬结过程中会因为收缩产生收缩应力，已建成的混凝土结构在季节温度变化、室内外温差以及向阳面

和背阴面之间的温差也会使结构热胀冷缩产生温度应力。混凝土硬结收缩大部分在施工后的1~2个月完成，而温度变化对结构的作用则是经常的。为了避免收缩裂缝和温度裂缝，中国《高层建筑混凝土结构技术规程》（JGJ 3—2010）规定，现浇钢筋混凝土框架结构、剪力墙结构伸缩缝的最大间距分别为55m和45m，现浇框架—剪力墙结构或框架—核心筒结构房屋的伸缩缝间距可根据具体情况取现浇框架结构与剪力墙结构之间的数值。有充分依据或可靠措施时，可适当加大伸缩缝间距。伸缩缝从基础以上设置。若与抗震缝合并，伸缩缝的宽度不小于抗震缝的宽度。

温度、收缩应力的理论计算比较困难，近年来，国内外普遍采取一些施工或构造处理的措施来解决收缩应力问题，常用措施如下：

第一，在温度变化影响较大的部位提高配筋率，减小温度和收缩裂缝的宽度，并使裂缝分布均匀，如顶层、底层、山墙、纵墙端开间。对剪力墙结构，这些部位的最小构造配筋率为0.25%，实际工程一般都为0.3%以上。

第二，顶层加强保温隔热措施，或设架空通风屋面，避免屋面结构温度梯度过大。外墙可设置保温层。

第三，顶层可局部改变为刚度较小的形式（如剪力墙结构顶层局部改为框架），或顶层设双墙或双柱，做局部伸缩缝，将顶部结构划分为较短的温度区段。

第四，提高每层楼板的构造配筋率或采用部分预应力结构。

③防震缝。当房屋平面复杂、不对称或结构各部分刚度、高度和质量相差悬殊时，在地震力作用下，会造成扭转及复杂的振动状态，在连接薄弱部位会造成震害。可通过防震缝将其划分为若干独立的抗震单元，使各个结构单元成为规则结构。

在设计高层建筑时，宜调整平面形状和结构布置，避免设置防震缝。体型复杂、平立面不规则的建筑，应根据不规则程度、地基基础条件和技术经济等因素的比较分析，确定是否设置防震缝。

凡是设缝的部位应考虑结构在地震作用下因结构变形、基础转动或平移引起的最大可能侧向位移，应留够足够的缝宽。《高层建筑混凝土结构技术规程》（JGJ 3—2010）规定，当必须设置防震缝时，应满足以下要求：

第一，框架结构房屋，高度不超过15m时，防震缝宽度不应小于100mm；高度超过15m时，6度、7度、8度和9度分别每增高5，4，3和2m，宜加宽20mm。

第二，框架—剪力墙结构房屋的防震缝宽度可取框架结构房屋防震缝宽度的70%，剪力墙结构房屋的防震缝宽度可取框架结构房屋防震缝宽度的50%，同时均不宜小于100mm。

第三，防震缝两侧结构体系不同时，防震缝宽度应按不利的结构类型确定。

第四，防震缝两侧的房屋高度不同时，防震缝宽度可按较低的房屋高度确定。

第五，8度、9度抗震设计的框架结构房屋，防震缝两侧结构层高相差较大时，防震缝两侧框架柱的箍筋应沿房屋全高加密，并可根据需要沿房屋全高在缝两侧各设置不少于两道垂直于防震缝的抗撞墙。

第六，当相邻结构的基础存在较大沉降差时，宜增大防震缝的宽度。

第七，防震缝宜沿房屋全高设置，地下室、基础可不设防震缝，但在与上部对应处应加强构造和连接。

第八，结构单元之间或主楼与裙房之间不宜采用牛腿托梁的做法设置防震缝，否则应采取可靠措施。

（四）楼盖设置

在一般层数不太多、布置规则、开间不大的高层建筑中，楼盖体系与多层建筑的楼盖相似，但在层数更多（如20～30层以上，高度超过50m）的高层建筑中，对楼盖的水平刚度及整体性要求更高，当采用筒体结构时，楼盖的跨度通常较大（10～16m），且平面布置不易标准化。另外，楼盖的结构高度将直接影响建筑的层高，从而影响建筑的总高度，增加房屋的总高度会大大增加墙、柱、基础等构件的材料用量，还会加大水平荷载，从而增加结构造价，而且也会增加建筑、管道设施、机械设备等的造价。高层建筑还应注意减小楼盖的质量。基于以上原因，《高层建筑混凝土结构技术规程》（JGJ 3—2010）对楼盖结构提出了以下要求：

①房屋高度超过50m时，框架—剪力墙结构、筒体结构及复杂高层建筑结构应采用现浇楼盖结构，剪力墙结构和框架结构宜采用现浇楼盖结构。

②房屋高度不超过50m时，8度、9度抗震设计时宜采用现浇楼盖结构，6度、7度抗震设计时可采用装配整体式楼盖，且应符合相关构造要求。例如，楼盖每层宜设置厚度不小于50mm的钢筋混凝土现浇层，并应双向配置直径不小于6mm、间距不大于200mm的钢筋网，钢筋应锚固在梁或剪力墙内。楼盖的预制板板缝上缘宽度不宜小于40mm，板缝大于40mm时应在板缝内配置钢筋，并宜贯通整个结构单元，现浇板缝、板缝梁的混凝土强度等级宜高于预制板的混凝土强度等级。预制空心板孔端应有堵头，堵头深度不宜小于60mm，并应采用强度等级不低于C20的混凝土浇灌密实。预制板板端宜留胡子筋，其长度不宜小于100mm。对无现浇叠合层的预制板，板端搁置在梁上

的长度不宜小于 50mm。

③房屋的顶层、结构转换层、大底盘多塔楼结构的底盘顶层、平面复杂或开洞过大的楼层、作为上部结构嵌固部位的地下室楼层应采用现浇楼盖结构。一般楼层现浇楼板厚度不应小于 80mm，当板内预埋暗管时不宜小于 100mm，顶层楼板厚度不宜小于 120mm，且宜双层双向配筋。普通地下室顶板厚度不宜小于 160mm，作为上部结构嵌固部位的地下室楼层的顶楼盖应采用梁板结构，楼板厚度不宜小于 180mm，且应采用双层双向配筋，且每层每个方向的配筋率不宜小于 0.25%。

④现浇预应力混凝土楼板厚度可按跨度的 1/45～1/50 采用，且不宜小于 150mm。

总的来说，在高度较大的高层建筑中应选择结构高度小、整体性好、刚度好、质量较小、满足使用要求并便于施工的楼盖结构。当前国内外总的趋势是采用现浇楼盖或预制与现浇结合的叠合板，应用预应力或部分预应力技术，并应用工业化的施工方法。

在现浇肋梁楼盖中，为了适应上述要求，常采用宽梁或密肋梁以降低结构高度，其布置和设计与一般梁板体系并无不同。

叠合楼板有两种形式：一种是用预制的预应力薄板为模板，上部现浇普通混凝土，硬化后，与预应力薄板共同受力，形成叠合楼板；另一种是以压型钢板为模板，上面浇普通混凝土，硬化后共同受力。叠合板可加大跨度，减小板厚，并可节约模板，整体性好，在中国应用十分广泛。

无黏结后张预应力混凝土平板是适应高层公共建筑中大跨度要求的一种楼盖形式。可做成单向板，也可做成双向板，可用于筒中筒结构，也可用于无梁楼盖中。它比一般梁板结构约减少高度 300mm，设备管道及电气管线可在楼板下通行无阻，模板简单，施工方便，在实际工程中得到了大量应用。

（五）基础形式及埋深

高层建筑的基础是整个结构的重要组成部分。高层建筑高度大，质量大，在水平力作用下有较大的倾覆力矩及剪力，对基础及地基的要求较高。高层建筑的地基应比较稳定，具有较大的承载力、较小的沉降；基础应刚度较大、变形较小，且较为稳定；应防止倾覆和滑移，以及不均匀沉降。

1. 基础形式

高层建筑常用的基础形式如下：

（1）箱形基础

箱形基础是由数量较多的纵向与横向墙体和有足够厚度的底板、顶板组成的刚度很大的箱形空间结构。箱形基础整体刚度好，能将上部结构的荷载较均匀地传递给地基或桩基，能利用自身刚度调整沉降差异，同时，又使部分土体质量得到置换，降低了土压力。箱形基础对上部结构的嵌固更接近于固定端条件，使计算结果与实际受力情况较一致。箱形基础有利于抗震，在地震区采用箱形基础的高层建筑震害较轻。

由于箱形基础必须有间距较密的纵横墙，且墙上开洞面积受到限制，因此当地下室需要较大空间和建筑功能要求较灵活地布置时（如地下室作地下商场、地下停车场、地铁车站等），就难以采用箱形基础。

一般来说，当高层建筑的基础有可能采用箱形基础时，尽可能选用箱形基础，它的刚度及稳定性都较好。

(2) 筏形基础

筏形基础具有良好的整体刚度，适用于地基承载力较低、上部结构竖向荷载较大的工程。它既能抵抗和协调地基的不均匀变形，又能扩大基底面积，将上部荷载均匀地传递到地基土上。

筏形基础本身是地下室的底板，其厚度较大，有良好的抗渗性能。它不必设置很多内部墙体，可以形成较大的自由空间，便于地下室的多种用途，能较好地满足建筑功能上的要求。

筏形基础如倒置的楼盖，可采用平板式和梁板式两种方式。梁板式筏形基础的梁可设在板上或板下（土体中）。当采用板上梁时，梁应留出排水孔，并设置架空底板。

(3) 桩基础

桩基础是高层建筑广泛采用的一种基础类型。它具有承载力可靠、沉降小，并能减少土方开挖量的优点。当地基浅层土质软弱，或存在可液化地基时，可选择桩基础。若采用端承桩，桩身穿过软弱土层或可液化土层支承在坚实可靠的土层上；若采用摩擦桩，桩身可穿过可液化土层，深入非液化土层内。

2. 基础埋置深度

高层建筑的基础埋置深度一般比低层和多层建筑的要大一些，一般情况下，较深的土壤承载力大且压缩性小，较为稳定。同时，高层建筑的水平剪力较大，要求基础周围的土壤有一定的嵌固作用，能提供部分水平反力。此外，在地震作用下，地震波通过地基传到建筑物上，通常在较深处的地震波幅值较小，接近地面幅值增大，高层建筑埋深大一些，可减小地震反应。

但基础埋深加大，工程造价和施工难度会相应增加，加长工期。《高层建筑混凝土结构技术规程》（JGJ 3—2010）中规定：

①一般天然地基或复合地基，可取建筑物高度（室外地面至主体结构檐口

或屋顶板面的高度)的 1/15,且不小于 3m。

②桩基础,不计桩长,可取建筑高度的 1/18。

③岩石地基,埋深不受上条规定的限制,但应验算倾覆,必要时还应验算滑移。但验算结果不满足要求时,应采取有效措施以确保建筑物的稳固。例如,采用地锚等措施,地锚的作用是把基础与岩石连接起来,防止基础滑移,在需要时地锚应能承受拉力。

高层建筑宜设地下室,对有抗震设防要求的高层建筑,基础埋深宜一致,不宜采用局部地下室。在进行地下室设计时,应综合考虑上部荷载、岩土侧压力及地下水的不利作用影响。地下室应满足整体抗浮要求,可采取排水、加配重或设置抗拔锚桩(杆)等措施。高层建筑地下室不宜设置变形缝,当地下室长度超过伸缩缝最大间距时,可考虑利用混凝土后期强度,降低水泥用量,也可每隔 30～40m 设置贯通顶板、底部及墙板的施工后浇带。

二、高层建筑结构设计要求

(一) 荷载效应和地震作用效应组合

作用效应是指由各种作用引起的结构或结构构件的反应,例如内力、变形和裂缝等;作用效应组合是指按极限状态设计时,为保证结构的可靠性而对同时出现的各种作用效应值的规定。对所考虑的极限状态,在确定其作用效应时,应对所有可能同时出现的各种作用效应值加以组合,求得组合后在结构中的总效应。由于各种荷载作用的性质不同,它们出现的频率不同,对结构的作用方向不同,这样需要考虑的组合多种多样,因此还必须在所有可能的组合中,取其中最不利的一组作为该极限状态的设计依据。本节给出了高层建筑结构承载能力极限状态设计时的作用效应组合的基本要求。

1. 荷载效应组合

在持久设计状况和短暂设计状况下,当荷载与荷载效应按线性关系考虑时,荷载基本组合的效应设计值应按下式确定:

$$S_d = \gamma_G S_{Gk} + \gamma_L \psi_Q \gamma_Q S_{Qk} + \psi_w \gamma_w S_{wk} \tag{4-1}$$

式中:S_d——荷载组合的效应设计值;

γ_G——永久荷载分项系数;

γ_Q——楼面活荷载分项系数;

γ_w——风荷载的分项系数;

γ_L——考虑结构设计使用年限的荷载调整系数,设计使用年限为 50 年时取 1.0,设计使用年限为 100 年时取 1.1;

S_{Gk}——永久荷载效应标准值;

S_{Qk}——楼面活荷载效应标准值；

S_{Wk}——风荷载效应标准值；

ψ_Q，ψ_W——楼面活荷载组合值系数和风荷载组合值系数（当永久荷载效应起控制作用时，应分别取 0.7 和 0.0；当可变荷载效应起控制作用时，应分别取 1.0 和 0.6 或 0.7 和 1.0）。

对书库、档案库、储藏室、通风机房和电梯机房，楼面活荷载组合值系数取 0.7 的组合应取为 0.9。

在持久设计状况和短暂设计状况下，荷载效应基本组合的分项系数应按下列规定采用：

①永久荷载的分项系数 γ_G：当其效应对结构承载力不利时，对由可变荷载效应控制的组合应取 1.2，对由永久荷载效应控制的组合应取 1.35；当其效应对结构承载力有利时，应取 1.0。

②楼面活荷载的分项系数 γ_Q：一般情况下应取 1.4。

③风荷载的分项系数 γ_W w 应取 1.4。

目前，国内钢筋混凝土结构高层建筑由恒载和活荷载引起的单位面积重力，框架与框架－剪力墙结构为 12～14kN/m2，剪力墙和筒体结构为 13～16kN/m2，而其中活荷载部分为 2～3kN/m2，只占全部重力的 15%～20%，活荷载不利分布的影响较小。另外，高层建筑结构层数很多，每层的房间也很多，活荷载在各层间的分布情况繁多，难以一一计算。所以一般不考虑活荷载的不利分布，按满载计算。

如果楼面活荷载大于 4kN/m2，其不利分布对梁弯矩的影响会比较明显，计算时应考虑。除进行活荷载不利分布的详细计算分析外，也可将未考虑活荷载不利分布计算的框架梁弯矩乘以放大系数予以近似考虑，该放大系数通常可取 1.1～1.3，活载大时可选用较大的数值。近似考虑活荷载不利分布影响时，梁正、负弯矩应同时予以放大。

依照组合的规定，当不考虑楼面活荷载的不利布置时，由式（4－1）可以有很多组合，最主要的组合有：

$$S_d = 1.35 S_{Gk} + 0.7 \times 1.4 \gamma_L S_{Qk} \qquad (4-2)$$

$$S_d = 1.25 S_{Gk} + \gamma_L S_{Qk} \quad （恒、活荷载不分开考虑） \qquad (4-3)$$

$$S_d = 1.2 S_{Gk} + 1.0 \times 1.4 \gamma_L S_{Qk} + 0.6 \times 1.4 S_{Wk} \qquad (4-4)$$

$$S_d = 1.2 S_{Gk} + 0.7 \times 1.4 \gamma_L S_{Qk} + 1.0 \times 1.4 S_{Wk} \qquad (4-5)$$

2. 地震作用效应组合

在地震设计状况下，当作用与作用效应按线性关系考虑时，荷载和地震作用基本组合的效应设计值应按下式确定：

$$S_d = \gamma_G S_{GE} + \gamma_{Eh} S_{Ehk} + \gamma_{Ev} S_{Evk} + \psi_w \gamma_w S_{Wk} \qquad (4-6)$$

式中：S_d——荷载和地震作用组合的效应设计值；

S_{GE}——重力荷载代表值的效应；

S_{Ehk}——水平地震作用标准值的效应，尚应乘以相应的增大系数、调整系数；

S_{Evk}——竖向地震作用标准值的效应，尚应乘以相应的增大系数、调整系数；

γ_G——重力荷载分项系数；

γ_w——风荷载分项系数；

γ_{Eh}——水平地震作用分项系数；

γ_{Ev}——竖向地震作用分项系数；

ψ_w——风荷载的组合值系数，一般结构取为 0.0，风荷载起控制作用的建筑应取 0.2。

在地震设计状况下，荷载和地震作用基本组合的分项系数应按表 4-1 采用。当重力荷载效应对结构的承载力有利时，表 4-1 中 γ_G 不应大于 1.0。

表 4-1　　　　地震设计状况时荷载和作用的分项系数

参与组合的荷载和作用	γ_G	γ_{Eh}	γ_{Ev}	γ_w	说明
重力荷载及水平地震作用	1.2	1.3	—	—	抗震设计的高层建筑结构均应考虑
重力荷载及竖向地震作用	1.2	—	1.3	—	9 度抗震设计时考虑；水平长悬臂和大跨度结构 7 度 (0.15g)、8 度、9 度抗震设计时考虑
重力荷载、水平地震及竖向地震作用	1.2	1.3	0.5	—	9 度抗震设计时考虑；水平长悬臂和大跨度结构 7 度 (0.15g)、8 度、9 度抗震设计时考虑
重力荷载、水平地震作用及风荷载	1.2	1.3	—	1.4	60m 以上的高层建筑考虑

续表

参与组合的荷载和作用	γ_G	γ_{Eh}	γ_{Ev}	γ_W	说明
重力荷载、水平地震作用、竖向地震作用及风荷载	1.2	1.3	0.5	1.4	60m以上的高层建筑，9度抗震设计时考虑；水平长悬臂和大跨度结构7度（0.15g）、8度、9度抗震设计时考虑
	1.2	0.5	1.3	1.4	水平长悬臂和大跨度结构7度（0.15g）、8度、9度抗震设计时考虑

注：1. g为重力加速度；2. "—"表示组合中不考虑该项荷载或作用效应。

对非抗震设计的高层建筑结构，应按式（4-1）计算荷载效应的组合；对抗震设计的高层建筑结构，应同时按式（4-1）和式（4-6）计算荷载效应和地震作用效应组合，并按《高层建筑混凝土结构技术规程》的有关规定（如强柱弱梁、强剪弱弯等），对组合内力进行必要的调整。同一构件的不同截面或不同设计要求，可能对应不同的组合工况，应分别进行验算。

（二）结构设计要求

1. 承载能力验算

高层建筑结构构件的承载力应按下列公式验算：

持久设计状况、短暂设计状况：

$$\gamma_0 S_d \leqslant R_d \qquad (4-7)$$

地震设计状况：

$$S_d \leqslant R_d / \gamma_{RE} \qquad (4-8)$$

式中：γ_0——结构重要性系数（对安全等级为一级的结构构件，不应小于1.1；对安全等级为二级的结构构件，不应小于1.0）；

S_d——作用组合的效应设计值，按式（4-1）或（4-6）计算得到的设计值；

R_d——构件承载力设计值；

γ_{RE}——构件承载力抗震调整系数。

抗震设计时，钢筋混凝土构件的承载力抗震调整系数应按表4-2采用；型钢混凝土构件和钢构件的承载力抗震调整系数应按表4-3、表4-4的规定采用。当仅考虑竖向地震作用组合时，各类结构构件的承载力抗震调整系数均应取为1.0。

表 4-2　　　　　钢筋混凝土构件的承载力抗震调整系数

构件类别	梁	轴压比小于 0.15 的柱	轴压比不小于 0.15 的柱	剪力墙		各类构件	节点
受力状态	受弯	偏压	偏压	偏压	局部承压	受剪、偏拉	受剪
γ_{RE}	0.75	0.75	0.8	0.85	1.0	0.85	0.85

表 4-3　　　型钢（钢管）混凝土构件承载力抗震调整系数 γ_{RE}

正截面承载力计算				斜截面承载力计算
型钢混凝土梁	型钢混凝土柱及钢管混凝土柱	剪力墙	支撑	各类构件及节点
0.75	0.80	0.85	0.80	0.85

表 4-4　　　　　钢构件承载力抗震调整系数 γ_{RE}

强度破坏（梁、柱、支撑、节点板件、螺栓、焊缝）	屈曲稳定（柱、支撑）
0.75	0.80

2. 侧移验算

(1) 弹性位移

在正常使用的条件下，高层建筑结构应具有足够的刚度，避免产生过大的位移而影响结构的承载力、稳定性和使用要求。

高层建筑层数多、高度大，为保证高层建筑结构具有必要的刚度，应对其楼层位移加以控制。侧向位移控制实际上是对构件截面大小、刚度大小的一个宏观指标。

在正常使用条件下，限制高层建筑结构层间位移的主要目的如下：

①保证主结构基本处于弹性受力状态，对钢筋混凝土结构来讲，要避免混凝土墙或柱出现裂缝；同时，将混凝土梁等楼面构件的裂缝数量、宽度和高度限制在规范允许的范围之内。

②保证填充墙、隔墙和幕墙等非结构构件完好，避免产生明显损伤。

迄今，控制层间变形的参数有三种，即层间位移与层高之比（层间位移角）、有害层间位移角、区格广义剪切变形。其中，层间位移角是应用最广泛，最为工程技术人员所熟知的指标。

层间位移与层高之比（即层间位移角）：

$$\theta_i = \frac{\Delta u_i}{h_i} = \frac{u_i - u_{i-1}}{h_i} \tag{4-9}$$

式中：θ_i——第 i 层的层间位移角；

Δu_i ——第 i 层的层间位移；

h_i ——第 i 层的层高；

u_i ——第 i 层的层位移；

u_{i-1} ——第 $i-1$ 层的层位移。

有害层间位移角：

$$\theta_{id}=\frac{\Delta u_{id}}{h_i}=\theta_i-\theta_{i-1}=\frac{u_i-u_{i-1}}{h_i}-\frac{u_{i-1}-u_{i-2}}{h_{i-1}} \quad (4-10)$$

式中：θ_{id} ——第 i 层的有害层间位移角；

Δu_{id} ——第 i 层的有害层间位移；

θ_i，θ_{i-1} ——第 i 层上、下楼盖的转角，即第 i 层、第 $i-1$ 层的层间位移角。

区格的广义剪切变形（简称剪切变形）：

$$\gamma_{ij}=\theta_i-\theta_{i-1,j}=\frac{u_i-u_{i-1}}{h_i}+\frac{v_{i-1,j}-v_{i-1,j-1}}{l_j} \quad (4-11)$$

式中：γ_{ij} ——区格 ij 的剪切变形，其中脚标 i 表示区格所在层次，j 表示区格序号；

$\theta_{i-1,j}$ ——区格 ij 下楼盖的转角，以顺时针方向为正；

l_j ——区格 ij 的宽度；

$v_{i-1,j-1}$，$v_{i-1,j}$ ——相应节点的竖向位移。

如上所述，从结构受力与变形的相关性来看，参数 γ_{ij} 即剪切变形较符合实际情况；但就结构的宏观控制而言，参数 θ_i 即层间位移角又较简便。

考虑到层间位移控制是一个宏观的侧向刚度指标，为便于设计人员在工程设计中应用，《高层建筑混凝土结构技术规程》（JGJ 3—2010）中采用了层间最大位移与层高之比 $\Delta u/h$ 即层间位移角作为控制指标。

目前，高层建筑结构是按弹性阶段进行设计的。地震按小震考虑；结构构件的刚度采用弹性阶段的刚度；内力与位移分析不考虑弹塑性变形。因此所得出的位移相应也是弹性阶段的位移，比在大震作用下弹塑性阶段的位移小得多，因而位移的控制指标也比较严。

按弹性设计方法计算的风荷载或多遇地震标准值作用下的楼层层间最大水平位移与层高之比 $\Delta u/h$ 宜符合下列要求的规定：

①高度不大于150m的常规高度高层建筑，由于其整体弯曲变形相对影响较小，层间位移角 $\Delta u/h$ 的限值按不同的结构体系在 1/1000～1/550 之间分别取值。其楼层层间最大位移与层高之比 $\Delta u/h$ 不宜大于表4—5的限值。

表 4—5　　　　　　楼层层间最大位移与层高之比的限值

结构体系	$\Delta u/h$ 限值
框架	1/550
框架—剪力墙、框架—核心筒、板柱—剪力墙	1/800
筒中筒、剪力墙	1/1000
除框架结构外的转换层	1/1000

②高度不小于 250m 的高层建筑，其楼层层间最大位移与层高之比 $\Delta u/h$ 不宜大于 1/500。这是由于超过 150m 高度的高层建筑，弯曲变形产生的侧移有较快增长，所以超过 250m 高度的建筑，层间位移角限值按 1/500 采用。

③高度为 150m～250m 的高层建筑，其楼层层间最大位移与层高之比 $\Delta u/h$ 的限值按以上第①和第②条的限值线性插入取值。

需要注意的是，楼层层间最大位移 Δu 是以楼层竖向构件最大水平位移差计算，不扣除整体弯曲变形。进行抗震设计时，楼层位移计算可不考虑偶然偏心的影响。层间位移角 $\Delta u/h$ 的限值指最大层间位移与层高之比，第 i 层的 $\Delta u/h$ 指第 i 层和第 $i-1$ 层在楼层平面各处位移差 $\Delta u_i = u_i - u_{i-1}$ 中的最大值。由于高层建筑结构在水平力作用下几乎都会产生扭转，所以 Δu 的最大值一般在结构单元的尽端处。

(2) 弹塑性位移

通过震害分析可知，高层建筑结构如果存在薄弱层，在强烈的地震作用下，结构薄弱部位将产生较大的弹塑性变形，会引起结构严重破坏甚至倒塌。所以对不同高层建筑结构的薄弱层的弹塑性变形验算提出了不同要求。

高层建筑结构在罕遇地震作用下的薄弱层弹塑性变形验算，应符合下列规定：

①下列结构应进行弹塑性变形验算：

第一，7～9 度抗震设计时楼层屈服强度系数小于 0.5 的框架结构；

第二，甲类建筑和 9 度抗震设防的乙类建筑结构；

第三，采用隔震和消能减震设计的建筑结构；

第四，房屋高度大于 150m 的结构。

②下列结构宜进行弹塑性变形验算：

第一，表 4—6 所列高度范围且竖向不规则的高层建筑结构；

第二，7 度Ⅲ、Ⅳ类场地和 8 度抗震设防的乙类建筑结构；

第三，板柱—剪力墙结构。

楼层屈服强度系数为按构件实际配筋和材料强度标准值计算的楼层受剪承

载力与按罕遇地震作用计算的楼层弹性地震剪力的比值。

表 4-6 采用时程分析法的高层建筑结构

设防烈度、场地类别	建筑高度范围
8 度Ⅰ、Ⅱ类场地和 7 度	>100m
8 度Ⅲ、Ⅳ类场地	>80m
9 度	>60m

结构薄弱层（部位）层间的弹塑性位移应符合下式规定：

$$\Delta u_p \leqslant \theta_p h \tag{4-12}$$

式中：Δu_p——层间弹塑性位移；

θ_p——层间弹塑性位移角限值，可按表 4-7 采用（对框架结构，当轴压比小于 0.40 时，可提高 10%；当柱子全高的箍筋构造采用比框架柱箍筋最小配箍特征值大 30% 时，可提高 20%，但累计提高不宜超过 25%）；

h——层高。

表 4-7 层间弹塑性位移角限值

结构体系	θ_p
框架结构	1/50
框架—剪力墙结构、框架—核心筒结构、板柱—剪力墙结构	1/100
剪力墙结构和筒中筒结构	1/120
除框架结构外的转换层	1/120

3. 舒适度要求

（1）风振舒适度

高层建筑在风荷载作用下将产生振动，过大的振动加速度将会使在高楼内居住的人们感到不舒适，甚至不能忍受。因此要求高层建筑应具有良好的使用条件，满足舒适度的要求。

房屋高度不小于 150m 的高层混凝土建筑结构应满足风振舒适度的要求。在现行国家标准《建筑结构荷载规范》（GB 50009—2012）规定的 10 年一遇的风荷载标准值作用下，结构顶点的顺风向和横风向振动最大加速度计算值不应超过表 4-8 的限值。结构顶点的顺风向和横风向振动最大加速度可按现行行业标准《高层民用建筑钢结构技术规程》（JGJ 99—2015）的有关规定计算，也可通过风洞试验结果判断确定，计算时结构阻尼比宜取 0.01～0.02。一般情况下，混凝土结构取 0.02，混合结构可根据房屋高度和结构类型取 0.01～0.02。

表 4-8　　　　　　　结构顶点风振加速度限值 $a_{\lim}$

使用功能	$a_{\lim}$（m/s2）
住宅、公寓	0.15
办公、旅馆	0.25

（2）楼盖结构的舒适度

随着中国大跨楼盖结构的大量兴起，楼盖结构舒适度控制已成为中国建筑结构设计中又一重要的工作内容。

对于钢筋混凝土楼盖结构、钢-混凝土组合楼盖结构（不包括轻钢楼盖结构），一般情况下，楼盖结构竖向频率不宜小于3Hz，以保证结构具有适宜的舒适度，避免跳跃时周围人群的不舒适。一般住宅、办公、商业建筑楼盖结构的竖向频率小于3Hz时，需验算竖向振动加速度。楼盖结构竖向振动加速度不仅与楼盖结构的竖向频率有关，还与建筑使用功能及人员起立、行走、跳跃的振动激励有关。

楼盖结构的竖向振动加速度宜采用时程分析方法计算，也可采用简化近似计算方法。

人行走引起的楼盖振动峰值加速度可按下列公式近似计算：

$$a_p = \frac{F_p}{\beta \omega} g \qquad (4-13)$$

$$F_p = P_0 e^{-0.35 f_n} \qquad (4-14)$$

式中：a_p——楼盖振动峰值加速度，m/s²；

F_p——接近楼盖结构自振频率时人行走产生的作用力，kN；

P_0——人们行走产生的作用力（kN），按表4-9采用；

f_n——楼盖结构竖向自振频率（Hz）；

β——楼盖结构阻尼比，按表4-9采用；

ω——楼盖结构阻抗有效重量（kN），可按公式（4-15）计算；

g——重力加速度，取9.8m/s²。

表 4-9　　　　　　　人行走作用力及楼盖结构阻尼比

人员活动环境	人员行走作用力 P_0/kN	结构阻尼比 β
住宅、办公	0.3	0.02~0.05
商场	0.3	0.02
室内人行天桥	0.42	0.01~0.02
室外人行天桥	0.42	0.01

注：1. 表中阻尼比用于钢筋混凝土楼盖结构和钢－混凝土组合楼盖结构；2. 对住宅、办公建筑，阻尼比 0.02 可用于无家具和非结构构件情况，如无纸化电子办公区、开敞办公区；阻尼比 0.03 可用于有家具、非结构构件，带少量可拆卸隔断的情况；阻尼比 0.05 可用于含全高填充墙的情况；3. 对室内人行天桥，阻尼比 0.02 可用于天桥带干挂吊顶的情况。

楼盖结构的阻抗有效重量 ω 可按下列公式计算：

$$\omega = \bar{\omega} BL \tag{4-15}$$

$$B = CL \tag{4-16}$$

式中：$\bar{\omega}$ ——楼盖单位面积有效重量（kN/m^2），取恒载和有效分布活荷载之和（楼层有效分布活荷载：办公建筑可取 $0.55kN/m^2$，住宅可取 $0.3kN/m^2$）；

L ——梁跨度，m；

B ——楼盖阻抗有效质量的分布宽度，m；

C ——垂直于梁跨度方向的楼盖受弯连续性影响系数（为边梁时取1；为中间梁时取 2）。

楼盖结构应具有适宜的舒适度。楼盖结构的竖向振动频率不宜小于 3Hz，竖向振动加速度峰值不应超过表 4-10 的限值。

表 4-10　　　　　　　　　楼盖竖向振动加速度限值

人员活动环境	峰值加速度限值/（m/s²）	
	竖向自振频率不大于 2Hz	竖向自振频率不小于 4Hz
住宅、办公	0.07	0.05
商场及室内连廊	0.22	0.15

注：楼盖结构竖向自振频率为 2Hz～4Hz 时，峰值加速度限值可按线性插值选取。

4. 稳定性与抗倾覆验算

（1）重力二阶效应与结构稳定

结构中的二阶效应指作用在结构上的重力或构件中的轴压力在变形后的结构或构件中引起的附加内力和附加变形。建筑结构的二阶效应包括重力二阶效应（$P-\Delta$ 效应）和受压构件的挠曲效应（$P-\delta$ 效应）两部分。严格地讲，考虑 $P-\Delta$ 效应和 $P-\delta$ 效应进行结构分析，应考虑材料的非线性和裂缝、构件的曲率和层间侧移、荷载的持续作用、混凝土的收缩和徐变等因素。但要实现这样的分析，在目前的条件下还有困难，工程分析中一般都采用简化的分析方法。

重力二阶效应计算属于结构整体层面的问题，一般在结构整体分析中考虑，常用的计算方法有：有限元法和增大系数法。受压构件的挠曲效应计算属于构件层面的问题，一般在进行构件设计时考虑。

在水平力作用下，带有剪力墙或筒体的高层建筑结构的变形形态为弯剪型，框架结构的变形形态为剪切型。计算分析结果表明，重力荷载在水平作用位移效应上引起的二阶效应（重力 $P-\Delta$ 效应）有时比较严重。对混凝土结构，随着结构刚度的降低，重力二阶效应的不利影响呈非线性增长。因此，对结构的弹性刚度和重力荷载作用的关系应加以限制。

通过试验计算分析发现，当结构的抗侧刚度达到一定数值时，按弹性分析的二阶效应对结构内力、位移的增量可控制在 5% 左右；考虑实际刚度折减 50% 时，结构内力增量控制在 10% 以内。如果结构满足这一要求，重力二阶效应的影响相对较小，可忽略不计。所以当高层建筑结构满足下列规定时，进行弹性计算分析时可不考虑重力二阶效应的不利影响。

剪力墙结构、框架—剪力墙结构、板柱剪力墙结构、筒体结构：

$$EJ_d \geqslant 2.7H^2 \sum_{i=1}^{n} G_i \quad (4-17)$$

$$框架结构：D_i \geqslant 20 \sum_{j=i}^{n} G_j/h_i (i=1, 2, \cdots, n) \quad (4-18)$$

式中：EJ_d——结构一个主轴方向的弹性等效侧向刚度，可按倒三角形分布荷载作用下结构顶点位移相等的原则，将结构的侧向刚度折算为竖向悬臂受弯构件的等效侧向刚度；

H——房屋高度；

G_i，G_j——第 i、第 j 楼层重力荷载设计值，取 1.2 倍的永久荷载标准值与 1.4 倍的楼面可变荷载标准值的组合值；

h_i——第 i 楼层层高；

D_i——第 i 楼层的弹性等效侧向刚度，可取该层剪力与层间位移的比值；

n——结构计算总层数。

当高层建筑结构不满足上述要求时，进行结构弹性计算时应考虑重力二阶效应对水平力作用下结构内力和位移的不利影响。

通过分析可知，高层建筑在竖向重力荷载作用下产生整体失稳的可能性很小。高层建筑结构稳定验算主要是控制在风荷载或水平地震作用下重力荷载产生的二阶效应不致过大，以免引起结构的失稳倒塌。考虑到二阶效应分析的复杂性，可只考虑结构的刚度与重力荷载之比（刚重比）对二阶效应的影响。如果结构的刚重比满足一定要求，则在考虑结构弹性刚度折减 50% 的情况下，

重力 $P-\Delta$ 效应仍可控制在20%之内，结构的稳定具有适宜的安全储备。若结构的刚重比进一步减小，则重力 $P-\Delta$ 效应将呈非线性关系急剧增长，直至引起结构的整体失稳。在水平力作用下，高层建筑结构的整体稳定应满足下列规定：

①剪力墙结构、框架—剪力墙结构、筒体结构应满足：

$$EJ_d \geqslant 1.4H^2 \sum_{i=1}^{n} G_i \tag{4-19}$$

②框架结构：

$$D_i \geqslant 10 \sum_{j=i}^{n} G_j / h_i (i=1, 2, \cdots, n) \tag{4-20}$$

如不能满足上述不等式的规定，应调整并增大结构的侧向刚度，从而使刚重比满足要求。

当结构的设计水平力较小，如计算的楼层剪重比（楼层剪力与其上各层重力荷载代表值之和的比值）小于0.02时，结构刚度虽能满足水平位移限值的要求，但有可能不满足本条规定的稳定要求。

(2) 抗倾覆验算

当高层建筑的高宽比较大，水平风荷载或地震作用较大时，结构整体倾覆验算十分重要，直接关系到整体结构安全度的控制。

为了避免高层建筑发生倾覆破坏，高层建筑必须满足：

$$M_{OV} \leqslant M_R \tag{4-21}$$

式中：M_{OV}——倾覆力矩标准值；

M_R——抗倾覆力矩标准值。

当抗倾覆验算不满足要求时，可采用加大基础埋置深度、扩大基础底面面积或底板上加设锚杆等措施。

在高层建筑结构设计中一般都要控制高宽比。因此《高层建筑混凝土结构技术规程》(JGJ 3—2010)规定，在重力荷载与水平荷载标准值或重力荷载代表值与多遇水平地震标准值共同作用下，高宽比大于4的高层建筑，基础底面不宜出现零应力区；高宽比不大于4的高层建筑，基础底面与地基之间零应力区面积不应超过基础底面面积的15%。若满足上述条件，则高层建筑结构的抗倾覆能力具有足够的安全储备，不需要再验算结构的整体倾覆。

5. 抗震等级与结构延性设计

①抗震等级。第一，各抗震设防类别的高层建筑结构，其抗震措施应符合下列要求：

甲类、乙类建筑：应按本地区抗震设防烈度提高一度的要求加强其抗震措施；但抗震设防烈度为 9 度时，应按比 9 度更高的要求采取抗震措施。当建筑场地为Ⅰ类时，应允许仍按本地区抗震设防烈度的要求采取抗震构造措施。

丙类建筑：应按本地区抗震设防烈度确定其抗震措施；当建筑场地为Ⅰ类时，除按 6 度设防外，应允许按本地区抗震设防烈度降低一度的要求采取抗震构造措施。

第二，当建筑场地为Ⅲ、Ⅳ类时，对设计基本地震加速度为 0.15g 和 0.30g 的地区，宜分别按抗震设防烈度为 8 度（0.20g）和 9 度（0.40g）时各类建筑的要求采取抗震构造措施。

第三，进行抗震设计时，高层建筑钢筋混凝土结构构件应根据抗震设防分类、烈度、结构类型和房屋高度采用不同的抗震等级，并应符合相应的计算和构造措施要求。A 级高度丙类建筑钢筋混凝土结构的抗震等级应按表 4-11 确定。当本地区的设防烈度为 9 度时，A 级高度乙类建筑的抗震等级应按特一级采用，甲类建筑应采取更有效的抗震措施。

注："特一级和一、二、三、四级"即"抗震等级为特一级和一、二、三、四级"的简称。

表 4-11　　　　A 级高度的高层建筑结构抗震等级

结构类型		烈度						
		6 度		7 度		8 度		9 度
框架结构		三		二		一		
框架—剪力墙结构	高度/m	≤60	>60	≤60	>60	≤60	>60	≤50
	框架	四	三	三	二	二	一	一
	剪力墙	三		二		一		
剪力墙结构	高度/m	≤80	>80	≤80	>80	≤80	>80	≤60
	剪力墙	四	三	三	二	二	一	一
部分框支剪力墙结构	非底部加强部位的剪力墙	四	三	三	二	二		
	底部加强部位的剪力墙	三	二	二	一	一		
	框支框架	二	二	一	一			

续表

结构类型			烈度				
			6度	7度		8度	9度
筒体结构	框架—核心筒	框架	三	二		一	一
		核心筒	二	二		一	一
	筒中筒	内筒	三	二		一	一
		外筒					
板柱—剪力墙结构	高度/m		≤35	>35	≤35	>35	≤35	>35

板柱—剪力墙结构	高度/m	≤35	>35	≤35	>35	≤35	>35	
	框架、板柱及柱上板带	三	二	二	二	一	一	
	剪力墙	二	二	二	一	二	一	

注：1.底部带转换层的筒体结构，其转换框架的抗震等级应按表中部分框支剪力墙结构的规定采用；2.当框架—核心筒结构的高度不超过60m时，其抗震等级应允许按框架—剪力墙结构采用。

第四，抗震设计时，B级高度丙类建筑钢筋混凝土结构的抗震等级应按表4-12确定。

表4-12　　　　B级高度的高层建筑结构抗震等级

结构类型		烈度		
		6度	7度	8度
框架—剪力墙结构	框架	二	一	一
	剪力墙	二	一	特一
剪力墙结构	剪力墙	二	一	一
部分框支剪力墙结构	非底部加强部位剪力墙	二	一	一
	底部加强部位剪力墙	一	一	特一
	框支框架	一	特一	特一
框架—核心筒	框架	二	一	一
	筒体	二	一	特一
筒中筒	外筒	二	一	特一
	内筒	二	一	特一

第五，抗震设计的高层建筑，当地下室顶层作为上部结构的嵌固端时，地下一层相关范围的抗震等级应按上部结构采用，地下一层以下抗震构造措施的抗震等级可逐层降低一级，但不应低于四级；地下室中超出上部主楼相关范围且无上部结构的部分，其抗震等级可根据具体情况采用三级或四级。这里的相关范围一般指主楼周边外延1～2跨的地下室范围。

第六，抗震设计时，与主楼连为整体的裙房的抗震等级，除应按裙房本身确定外，相关范围不应低于主楼的抗震等级；主楼结构在裙房顶板的上、下各一层应适当加强抗震构造措施。裙房与主楼分离时，应按裙房本身确定抗震等级。这里的相关范围一般指主楼周边外延不少于三跨的裙房结构，相关范围以外的裙房可按裙房自身的结构类型确定抗震等级。裙房偏置时，其端部有较大的扭转效应，也需要适当加强。

第七，甲、乙类建筑提高一度确定抗震措施时，或Ⅲ、Ⅳ类场地且设计基本地震加速度为0.15g和0.30g的丙类建筑提高一度确定抗震构造措施时，如果房屋高度超过提高一度后对应的房屋最大适用高度，则应采取比对应抗震等级更有效的抗震构造措施。

②结构延性设计。延性是结构屈服后变形能力大小的一种性质，是结构吸收能量能力的一种体现，常用延性系数来表示、所谓延性系数，是指结构最大变形与屈服变形的比值，即

$$\mu = \frac{\Delta_u}{\Delta_y} \tag{4-22}$$

式中：μ——延性系数，表示结构延性的大小；

Δ_u——结构最大变形；

Δ_y——结构屈服变形。

达到三个设防水准的最后一个设防目标大震不倒，是通过验算薄弱层弹塑性变形，并采取相应的构造措施使结构有足够的变形能力来实现的。很明显，要使结构在此阶段仍处于弹性状态是不明智的，也是不经济的。合理的做法应是允许结构在基本烈度下进入非弹性工作阶段，某些杆件屈服，形成塑性铰，结构刚度降低，非弹性变形增大，但非弹性变形仍控制在结构可修复的范围内，使房屋在强震作用下不至于倒塌。

值得提出的是，必须区分承载力与延性这两个不同的概念：承载力是强度的体现，延性则是变形能力的体现。一个结构，如果承载力较低，延性较好，虽然破坏较早，但变形能力较好，可能不会倒塌；相反，如果承载力较高，延性差，尽管破坏较晚，但因变形能力差，可能导致倒塌。因此，增大延性能增大结构变形能力，消耗地震动的能量，从而提高结构的抗震能力。合理的抗震

设计应使结构成为延性结构，所谓延性结构，是指随着塑性铰数量的增多，结构将出现屈服现象，在承受的地震作用不大的情况下，结构变形性能增加较快。

结构的延性不仅和组成结构构件的延性有关，还与节点区设计和各构件连接及锚固有关。结构构件的延性与纵筋配筋率、钢筋种类、混凝土的极限压应变及轴压比等因素有关，要使结构具有较好延性，归纳起来有以下四个要点值得注意：

第一，强柱弱梁。所谓强柱弱梁，是指节点处柱端实际受弯承载力大于梁端实际受弯承载力。目的是控制塑性铰出现的位置在梁端，尽可能避免塑性铰在柱中出现。通过试验及理论分析可知，梁先屈服，可使整个框架有较大的内力重分布和能量的耗散能力，极限层间位移增大，抗震性能较好。强柱弱梁实际上是一种概念设计，由于地震的复杂性、楼板的影响和钢筋屈服强度超强，很难通过精确的计算真正实现。国内外多以设计承载力来衡量，将钢筋抗拉强度乘以超强系数或采用增大柱端弯矩设计值的方法，将承载力不等式转为内力设计值的关系式，并使不同抗震等级的柱端弯矩设计值有不同程度的差异。

第二，强剪弱弯。所谓强剪弱弯，就是防止梁端部、柱和剪力墙底部在弯曲破坏前出现剪切破坏。这意味着构件的受剪承载力要大于构件弯曲破坏时实际达到的剪力，目的是保证构件发生弯曲延性破坏，不发生剪切脆性破坏。在设计上采用将承载力不等式转化为内力设计表达式，对不同抗震等级采用不同的剪力增大系数，从而使强剪弱弯的程度有所差别。

第三，强节点弱杆件。所谓强节点弱杆件，就是防止杆件在破坏之前发生节点的破坏。节点核心区是保证框架承载力和延性的关键部位，它包括节点核心受剪承载力以及杆件端部钢筋的锚固。节点一旦发生剪切破坏或锚固钢筋失效，结构的赘余约束大大减少，抗震性能明显降低，甚至可能导致结构成为可变结构或倒塌。

第四，强压弱拉。所谓强压弱拉，指构件破坏特征是受拉区钢筋先屈服，压区混凝土后压坏，构件破坏前，其裂缝和挠度有一明显的发展过程，故而具有良好的延性，属延性破坏。这个原则就是要求构件发生类似于梁的适筋破坏或柱的大偏心受压破坏。

以上四个要点是保证结构延性而应在设计中采用的方法，只有严格执行，才可能提高结构的抗震性能，达到结构抗震设防三个水准的目标。

第二节　高层筒体结构设计

筒体结构作为一种特殊的结构形式，具有结构抗侧刚度大、整体性好、受力合理以及使用灵活等许多优点，适合于较高的高层建筑，其主要为框架—核心筒结构和筒中筒结构。

一、高层筒体结构设计的一般规定

(一) 筒体结构设计基本原则

①筒中筒结构的空间受力性能与其高度和高宽比有关。筒中筒结构的高度不宜低于80m，高宽比不应小于3。

②在同时可采用框架—核心筒结构和框架—剪力墙结构时，应优先考虑采用抗震性能相对较好的框架—核心筒结构，以提高结构的抗震性能；但对高度不超过60m的框架—核心筒结构，可按框架—剪力墙结构进行设计，适当降低核心筒和框架的构造措施，减小经济成本。

③当相邻层的柱不贯通时，应设置转换梁等构件，防止结构竖向传力路径被打断而引起的结构侧向刚度的突变，并且形成薄弱层。

④筒体结构的角部属于受力较为复杂的部位，在竖向力作用下，楼盖四周外角要上翘，但受外框筒或外框架的约束，楼板处常会出现斜裂缝，因此筒体结构的楼盖外角宜设置双层双向钢筋，单层单向配筋率不宜小于0.3%，钢筋的直径不应小于8mm，间距不应大于150mm，配筋范围不宜小于外框架（或者外筒）至内筒外墙中距的1/3和3m。

⑤核心筒或内筒的外墙与外框柱间的中距，非抗震设计大于15m、抗震设计大于12m时，宜采取增设内柱等措施。这样能有效加强核心筒与外框筒的共同作用，使基础受力较为均匀，同时避免了设置较高楼面梁；但当距离不是很大时，应避免设置内柱，防止造成内柱对核心筒竖向荷载的"屏蔽"，从而影响结构的抗震性能。

⑥进行抗震设计时，框筒柱和框架柱的轴压比限值可采用框架—剪力墙结构的规定采用。

⑦楼盖主梁不宜搁置在核心筒或内筒的连梁上。这是因为连梁作为主要的耗能构件，在地震作用下将产生较大的塑性变形，当连梁上搁置有承受较大楼面荷载的梁时，还会使连梁产生较大的附加剪力和扭矩，易导致连梁的脆性破坏。在实际工程中，可改变楼面梁的布置方式，采取了楼面梁与核心筒剪力墙

斜交连接或设置过渡梁等办法予以避让。

(二) 核心筒或内筒设计原则

①核心筒或内筒中剪力墙截面形状宜简单，在进行简化处理时，可以提高计算分析的准确性；截面形状复杂的墙体限于与结构简化计算假定及结构计算模型的合理性相差较大，直接得出的计算结果往往难以运用，因此应进行必要的补充分析计算，并进行包络设计，可按应力进行截面校核。

②为避免出现小墙肢等薄弱环节，核心筒或内筒的外墙不宜在水平方向连续开洞，且洞间墙肢的截面高度不宜小于1.2m；当出现小墙肢时，还应按框架柱的构造要求限制轴压比、设置箍筋和纵向钢筋，同时由于剪力墙与框架柱的轴压比计算方法不同，对小墙肢的轴压比限制应按两种方法分别计算，并进行包络设计；另外当洞间墙肢的截面高度与厚度之比小于4时，宜按框架柱进行截面设计。

③筒体结构核心筒或内筒设计应符合下列规定：

第一，墙肢宜均匀、对称布置；

第二，筒体角部附近不宜开洞，当不可避免时，筒角内壁至洞口的距离不应小于500mm和开洞墙截面厚度的较大值；

第三，筒体墙应按《高层建筑混凝土结构技术规程》(JGJ 3－2010)附录D验算墙体稳定，且外墙厚度不应小于200mm，内墙厚度不应小于160mm，必要时可设置扶壁柱或扶壁墙；

第四，筒体墙的水平、竖向配筋不应少于两排，其最小配筋率应符合《高层建筑混凝土结构技术规程》(JGJ 3－2010)第7.2.17条的相关规定；

第五，抗震设计时，核心筒、内筒的连梁宜配置对角斜向钢筋或交叉暗撑；

第六，筒体墙的加强部位高度、轴压比限值、边缘构件设置及截面设计，应符合本有关规定。

(三) 筒体结构中框架的地震剪力要求

抗震设计时，在满足楼层最小剪力系数要求后，筒体结构的框架部分按侧向刚度分配的楼层地震剪力标准值应符合下列规定：

①框架部分分配的楼层地震剪力标准值的最大值不宜小于结构底部总地震剪力标准值的10%；

②当框架部分分配的地震剪力标准值的最大值小于结构底部总地震剪力标准值的10%时，各层框架部分承担的地震剪力标准值应增大到结构底部总地震剪力标准值的15%；这时，各层核心筒墙体的地震剪力标准值宜乘以增大系数1.1，但可不大于结构底部总地震剪力标准值，墙体的抗震构造措施应按

抗震等级提高一级后采用，已为特一级的可不再提高；

③当某一层框架部分分配的地震剪力标准值小于结构底部总地震剪力标准值的 20%，但其最大值不小于结构底部总地震剪力标准值的 10% 时，应按结构底部总地震剪力标准值的 20% 和框架部分楼层地震剪力标准值中最大值的 1.5 倍两者的较小值进行调整；

④按以上②或③条调整框架柱的地震剪力后，框架柱端弯矩及和之相连的框架梁端弯矩、剪力应进行相应的调整；

⑤有加强层时，加强层框架的刚度突变，常引起框架剪力的突变，因此上述框架部分分配的楼层地震剪力标准值的最大值不应包括加强层及其上、下层的框架剪力，即其不作为剪力调整时的判断依据，加强层的地震剪力不需要调整。

二、筒体结构受力特点

（一）框筒结构的剪力滞后现象

框筒是由建筑外围的深梁、密排柱和楼盖构成的筒状结构。在水平荷载作用下，同一横截面各竖向构件的轴力分布，与按平截面假定的轴力分布有较大的出入。角柱的轴力明显比按平截面假定的轴力大，而其他柱的轴力则比按平截面假定的轴力小，且离角柱越远，轴力的减小越明显，这种现象叫作"剪力滞后"现象。

事实上，剪力滞后现象在结构构件中普遍存在。在宽翼缘的 T 形、工字形及箱形截面梁中，均存在剪力滞后现象。下面以箱形截面为例，对剪力滞后现象进行解释。

腹板的剪应力分布与一般矩形截面类似，呈抛物线分布。翼缘部分既有竖向的剪应力，又有水平方向的剪应力。其中竖向剪应力很小，可以忽略；水平方向的剪应力沿宽度方向线性变化，当翼缘很宽时，其数值会很大。水平剪应力不均匀分布会引起平截面发生翘曲，即使得纵向应变在翼缘宽度范围内不相等，因而其正应力沿宽度方向不再是均匀分布（应变不再符合平截面假定）。靠近腹板位置的正应力大，远离腹板位置的正应力小，即出现"剪力滞后"现象。

对框筒结构，剪力滞后使部分中柱的承载能力得不到发挥，结构的空间作用减弱。裙梁的刚度越大，剪力滞后效应越小；框筒的宽度越大，剪力滞后效应越明显。为减小剪力滞后效应，应限制框筒的柱距、控制框筒的长宽比。同时，设置斜向支撑和加劲层也是减小剪力滞后效应的有效措施。在框筒结构竖向平面内设置 X 形支撑，可以增大框筒结构的竖向剪切刚度，减小截面剪切应力不均匀引起的平面外的变形,从而减小剪力滞后效应。在钢框筒结构中常采用这种方法,加劲层则一般设置在顶层和中间设备层。

(二)框架—核心筒结构和筒中筒结构受力特性比较

1. 轴力比较

筒中筒结构和框架—核心筒结构,两个结构平面尺寸、结构高度以及所受水平荷载均相同,两个结构楼板均采用平板。

框架—核心筒结构主要是由两片框架(腹板框架)和实腹筒协同工作抵抗侧向力,角柱作为轴两片框架的边柱而轴力较大。框架—核心筒的翼缘框架柱轴力相对筒中筒结构要小很多,且框架柱的数量要少,因此,翼缘框架承受的总轴力要比框筒小很多,轴力形成的抗倾覆力矩也小很多。因此,和筒中筒结构相比,框架—核心筒结构抵抗倾覆力矩的能力小得多。

2. 顶点位移与结构基本自振周期的比较

与筒中筒结构相比,框架—核心筒结构的自振周期长,顶点位移及层间位移都大,可以表明:框架—核心筒结构的抗侧刚度远小于筒中筒结构,见下表4—1。

表4—1　筒中筒结构与框架—核心筒结构抗侧刚度比较

结构体系	周期/S	顶点位移		最大层间位移
		u_i/mm	u_i/H	$\Delta u/h$
筒中筒	3.87	70.78	1/2642	1/2106
框架—核心筒	6.65	219.49	1/852	1/647

3. 内力分配比例比较

根据表4—2可知,框架—核心筒结构的实腹筒承受的剪力占总剪力的80.6%,倾覆力矩占73.6%,比筒中筒的实腹筒承受的剪力与倾覆力矩所占比例都大;筒中筒结构的外框筒承受的倾覆力矩占66%,而框架—核心筒结构中,外框架承受的倾覆力矩仅占26.4%。上述比较说明,框架—核心筒结构中,实腹筒成为主要抗侧力部分,而筒中筒结构中抵抗剪力以实腹筒为主,抵抗倾覆力矩则以外框筒为主。

表4—2　筒中筒结构与框架—核心筒结构内力分配比较(%)

结构体系	基底剪力		倾覆力矩	
	实腹筒(内筒)	周边框架	实腹筒(内筒)	周边框架
筒中筒	72.6	27.4	34.0	66.0
框架—核心筒	80.6	19.4	73.6	26.4

三、框架—核心筒结构

根据框架—核心筒结构的受力特点，对所采取的结构措施与一般框架—剪力墙结构有明显的差异，具体如下：

①核心筒宜贯通建筑物全高。核心筒的宽度不宜小于筒体总高的1/12，当筒体结构设置角筒、剪力墙或增强结构整体刚度的构件时，核心筒的宽度可适当减小。有工程经验表明：当核心筒宽度尺寸过小时，结构的整体技术指标（如层间位移角）将难以满足规范的要求。

②抗震设计时，核心筒墙体设计尚应符合下列规定：

第一，底部加强部位主要墙体的水平和竖向分布钢筋的配筋率均不宜小于0.30%；

第二，底部加强部位角部墙体约束边缘构件沿墙肢的长度宜取墙肢截面高度的1/4，约束边缘构件范围内应主要采用箍筋；

第三，底部加强部位以上角部墙体宜按《高层建筑混凝土结构技术规程》（JGJ 3—2010）第7.2.15条的相关规定设置约束边缘构件；

第四，底部加强部位及相邻上一层，当侧向刚度无突变时，不适宜改变墙体厚度。

③框架—核心筒结构的周边柱间必须设置框架梁。工程实践表明：设置周边梁，可提高结构的整体性。

④核心筒连梁的受剪截面及其构造设计应符合相关规定。

⑤对内筒偏置的框架—筒体结构，应当控制结构在考虑偶然偏心影响的规定地震力作用下，最大楼层水平位移和层间位移不应大于该楼层平均值的1.4倍，结构扭转为主的第一自振周期T_1与平动为主的第一自振周期T_1之比不应大于0.85，且T_1的扭转成分不宜大于30%。

⑥当内筒偏置、长宽比大于2时，结构的抗扭刚度偏小，其扭转与平动的周期比将难以满足规范的要求，宜采用框架—双筒结构，双筒可增强结构的抗扭刚度，减小结构在水平地震作用下的扭转效应。

⑦在框架—双筒结构中，双筒间的楼板作为协调两侧筒体的主要受力构件，且因传递双筒间的力偶会产生比较大的平面剪力，因此，对双筒间开洞楼板应提出更为严格的构造要求：其有效楼板宽度不宜小于楼板典型宽度的50%，洞口附近楼板应加厚，并应采用双层双向钢筋，每层单向配筋率不应小于0.25%，并要求其按弹性板进行细化分析。

四、筒中筒结构

筒中筒结构设计时应满足如下一些特殊规定。

（一）筒中筒结构平面选型

①筒体结构的空间作用与筒体的形状有关，采用合适的平面形状可以减小剪力滞后现象，使结构可以更好发挥空间受力性能。筒中筒结构的平面外形宜选圆形、正多边形、椭圆形或矩形等，内筒宜居中。

②矩形平面的长宽比不宜大于 2，这也是为控制剪力滞后现象。

③为改善空间结构的受力性能、减小剪力滞后现象，三角形平面宜切角，外筒的切角长度不宜小于相应边长的 1/8，其角部可设置刚度较大的角柱或角筒；内筒的切角长度不宜小于相应边长的 1/10，切角处的筒壁宜适当加厚。

（二）筒中筒结构截面及构造设计要求

①内筒的宽度可为高度的 1/15～1/12，如有另外的角筒或剪力墙时，内筒平面尺寸还可适当减小。内筒宜贯通建筑物全高，竖向刚度宜均匀变化。

②外框筒应符合下列规定：

第一，柱距不宜大于 4m，框筒柱的截面长边应沿筒壁方向布置，必要时可采用 T 形截面；

第二，洞口面积不宜大于墙面面积的 60%，洞口高宽比宜与层高与柱距之比值相近；

第三，外框筒梁的截面高度可取柱净距的 1/4；

第四，角柱截面面积可取中柱的 1～2 倍。

③外框筒梁和内筒连梁的截面尺寸应当符合下列要求：

第一，持久、短暂设计状况：

$$V_b \leqslant 0.25\beta_c f_c b_b h_{b0} \qquad (4-23)$$

第二，地震设计状况：

当跨高比大于 2.5 时：

$$V_b \leqslant \frac{1}{\gamma_{RE}}(0.20\beta_c f_c b_b h_{b0}) \qquad (4-24)$$

当跨高比不大于 2.5 时：

$$V_b \leqslant \frac{1}{\gamma_{RE}}(0.15\beta_c f_c b_b h_{b0}) \qquad (4-25)$$

式中：V_b——为外框筒梁或者内筒连梁剪力设计值；

γ_{RE}——为构件承载力抗震调整系数；

f_c——为混凝土轴心抗压强度设计值；

b_b——为外框筒梁或内筒连梁截面宽度；

h_{b0}——为外框筒梁或内筒连梁截面的有效高度；

β_c——为混凝土强度影响系数，应按相关规定采用。

④外框筒梁和内筒连梁是筒中筒结构中的主要受力构件，在水平地震作用下，梁端承受着弯矩和剪力的反复作用。由于梁高大、跨度小，应采取比一般框架梁更为严格的抗剪措施。《高层建筑混凝土结构技术规程》（JGJ 3—2010）第9.3.7条规定：外框筒梁和内筒连梁的构造配筋应符合下列的要求：

第一，非抗震设计时，箍筋直径不应小于8mm；抗震设计时，箍筋直径不应小于10mm；

第二，非抗震设计时，箍筋间距不应大于150mm；抗震设计时，箍筋间距沿梁长不变，且不应大于100mm，当梁内设置交叉暗撑时，箍筋间距不应大于200mm；

第三，框筒梁上、下纵向钢筋的直径均不应小于16mm，腰筋的直径不应小于10mm，腰筋间距不应大于200mm。

⑤跨高比不大于2的外框筒梁和内筒连梁宜增配对角斜向钢筋。跨高比不大于1的外框筒梁和内筒连梁应采用交叉暗撑，且应当符合下列规定：

第一，梁的截面宽度不宜小于400mm；

第二，全部剪力应由暗撑承担。每根暗撑应由不少于4根纵向钢筋组成，纵筋直径不应小于14mm，其总面积A_s应按下列公式计算：

持久、短暂设计状况：

$$A_s \geqslant \frac{V_b}{2f_y \sin\alpha} \tag{4-26}$$

地震设计状况：

$$A_s \geqslant \frac{\gamma_{RE} V_b}{2f_y \sin\alpha} \tag{4-27}$$

式中：α——为暗撑与水平线的夹角。

第三，两个方向暗撑的纵向钢筋应采用矩形箍筋或者螺旋箍筋绑成一体，箍筋直径不应小于8mm，箍筋间距不应大于150mm。

第三节 复杂高层结构设计

随着现代高层建筑高度的不断增加，功能日趋复杂，高层建筑竖向立面造型也日趋多样化。这常常要求上部某些框架柱或剪力墙不落地，为此需要设置

第四章　高层建筑结构设计原理及方法

巨大的横梁或桁架支承，有时甚至要改变竖向承重体系（如上部为剪力墙体系的公寓，下部为框架—剪力墙体系的办公室或者商场用房）。这就要求设置转换构件将上、下两种不同的竖向结构体系进行转换、过渡。通常，转换构件占据一层或两层，即转换层。底部大空间剪力墙结构是典型的带有转换层的结构，在中国应用十分广泛，如北京南洋饭店、香港新鸿基中心等。

当结构抗侧刚度或整体性需要加强时，在结构的某些层内必须设置加强构件。人们称之为加强层。加强层往往布置在某个高度的一层或两层中，芝加哥西尔斯大厦就是其中较为典型的例子。

基于建筑使用功能的需要，楼层结构不在同一高度，当上和下楼层楼面高差超过较一般梁截面高度时就要按错层结构考虑。

连体结构是指在两个建筑之间设置一个到多个连廊的结构。当两个主体结构为对称的平面形式时，也常把两个主体结构的顶部若干层连接成整体楼层，称为凯旋门式。高层建筑的连体结构，在全国许多城市中都可以见到，比如北京西客站、上海凯旋门大厦、深圳侨光广场大厦等。

多塔楼结构的主要特点是在多个高层建筑塔楼的底部有一个连成整体的大裙房，形成大底盘。当一幢高层建筑的底部设有较大面积的裙房时，为带底盘的单塔结构。这种结构是多塔楼结构的一种特殊情况。对于多个塔楼仅通过地下室连成一体，地上无裙房或有局部小裙房但不连成为一体的情况，一般不属于大底盘多塔楼结构。

这里所介绍的内容，多基于已建建筑的成功经验，在前人研究的理论基础上加以概括与提炼，着重强调与复杂高层建筑结构相关的基本概念。为了便于读者深入理解规范及规程的有关规定及构造措施，这里列出了一些规范中的设计和构造要求，具体设计时还要遵循相应规范与规程的要求进行。

一、复杂高层结构设计的一般规定

①9度抗震设计时不应采用带转换层的结构、带加强层的结构、错层结构和连体结构。

②7度和8度抗震设计时，剪力墙结构错层高层建筑的房屋高度分别不宜大于80m和60m；框架—剪力墙结构错层高层建筑的房屋高度分别不应该大于80m和60m。

③7度和8度抗震设计的高层建筑不宜同时采用超过两种本节所规定的复杂高层建筑结构。

④复杂高层建筑结构的计算分析应符合第4章的有关规定。复杂高层建筑结构中的受力复杂部位，尚宜进行应力分析，并按应力进行配筋设计校核。

二、复杂高层结构的类型

复杂高层建筑结构的主要类型包括：带转换层的结构、带加强层的结构、错层结构、连体结构以及竖向体型收进、悬挑结构。复杂高层建筑结构可以是以上六种结构中的一种，也可能是其中多种复杂结构的组合形式。在抗震设计时，同时具有两种以上复杂类型的高层建筑结构属于超限高层建筑结构，应按住房和城乡建设部建质〔2010〕109号文件要求进行超限高层建筑工程抗震设防专项审查。

三、带转换层的结构

（一）带转换层的结构形式

底部带转换层结构，转换层上部的部分竖向构件（剪力墙、框架柱）不能直接连续贯通落地，因此，必须设置安全可靠的转换构件。按现有的工程经验和研究成果，转换构件可采用转换大梁、桁架、空腹桁架、斜撑、箱形结构以及厚板等形式。由于转换厚板在地震区使用经验较少，可以在非地震区和6度抗震设计时采用，不宜在抗震设防烈度为7、8、9度时采用。对于大空间地下室，因周围有约束作用，地震反应小于地面以上的框支结构，故7、8度抗震设计时的地下室可采用厚板转换层。转换层上部的竖向抗侧力构件（墙、柱）宜直接落在转换层的主要转换构件上。

由框支主梁承托剪力墙并承托转换次梁及次梁上的剪力墙，其传力途径多次转换，受力复杂。框支主梁除承受其上部剪力墙的作用外，还需承受次梁传给的剪力、扭矩和弯矩，框支主梁易受剪破坏。这种方案通常不宜采用，但考虑到实际工程中会遇到转换层上部剪力墙平面布置复杂的情况，B级高度框支剪力墙结构不宜采用框支柱、次梁方案；A级高度框支剪力墙结构可以采用，但设计中应对框支梁进行应力分析，按应力校核配筋，并加强配筋构造措施。在具体工程设计中，如条件许可，也可考虑采用箱形转换层，非抗震设计或6度抗震设计时，也可采用厚板。

（二）相关要求

1. 底部加强部位的高度

带转换层的高层建筑结构，其剪力墙底部加强部位的高度应从地下室顶板算起，宜取至转换层以上两层且不宜小于房屋高度的1/10。

2. 转换层的位置

部分框支剪力墙结构在地面以上设置转换层的位置，8度时不宜超过3层，7度时不宜超过5层，6度时可以适当提高。

3. 内力增大系数

转换结构构件可采用转换梁、桁架、空腹桁架、箱形结构、斜撑等，非抗震设计和6度抗震设计时可采用厚板，7、8度抗震设计时地下室的转换结构构件可采用厚板。特一、一、二级转换结构构件的水平地震作用计算内力应分别乘以增大系数 1.9、1.6、1.3，转换结构构件应按规定考虑竖向的地震作用。

4. 转换梁

《高层建筑混凝土结构技术规程》(JGJ 3—2010) 规定转换梁设计应符合下列要求：

①转换梁上、下部纵向钢筋的最小配筋率，非抗震设计时均不应小于 0.30%，抗震设计时，特一、一和二级分别不应小于 0.60%、0.50% 和 0.40%。

②离柱边 1.5 倍梁截面高度范围内的梁箍筋应加密，加密区箍筋直径不应小于 10mm、间距不应大于 100mm。加密区箍筋的最小面积配筋率，非抗震设计时不应小于 $0.9f_t/f_{yv}$，抗震设计时，特一、一与二级分别不应小于 $1.3f_t/f_{yv}$、$1.2f_t/f_{yv}$ 和 $1.1f_t/f_{yv}$。

③偏心受拉的转换梁的支座上部纵向钢筋至少应有 50% 沿梁全长贯通，下部纵向钢筋应全部直通到柱内；沿梁腹板高度应配置间距不大于 200mm、直径不小于 16mm 的腰筋。

转换梁设计尚应符合下列规定：

①转换梁与转换柱截面中线宜重合。

②转换梁截面高度不宜小于计算跨度的 1/8。托柱转换梁的截面宽度不应小于其上所托柱在梁宽度方向的截面宽度。框支梁截面宽度不宜大于框支柱相应方向的截面宽度，且不宜小于其上墙体截面厚度的 2 倍与 400mm 的较大值。

③转换梁截面组合的剪力设计值应符合下列规定：

持久、短暂设计状况：

$$V \leqslant 0.20\beta_c f_c bh_0 \qquad (4-28)$$

地震设计状况：

$$V \leqslant \frac{1}{\gamma_{RE}} 0.15\beta_c f_c bh_0 \qquad (4-29)$$

④托柱转换梁应沿腹板高度配置腰筋，其直径不宜小于 12mm，间距不宜大于 200mm。

⑤转换梁纵向钢筋接头宜采用机械连接，同一连接区段内接头钢筋截面面积不宜超过全部纵筋截面面积的 50%，接头位置应避开上部墙体开洞部位、

梁上托柱部位及受力较大部位。

⑥转换梁不宜开洞。如果必须开洞时，洞口边离开支座柱边的距离不宜小于梁截面高度；被洞口削弱的截面应进行承载力计算，因开洞形成的上、下弦杆应加强纵向钢筋和抗剪箍筋的配置。

⑦对托柱转换梁的托柱部位和框支梁上部的墙体开洞部位，梁的箍筋应加密配置，加密区范围可取梁上托柱边或墙边两侧各1.5倍转换梁高度；箍筋直径、间距及面积配筋率应符合本节转换梁的规定。

⑧托柱转换梁在转换层宜在托柱位置设置正交方向的框架梁或楼面梁。

5. 转换柱

转换柱设计应符合下列要求：

①柱内全部纵向钢筋配筋率应当符合框支柱的规定。

②抗震设计时，转换柱箍筋应采用复合螺旋箍或井字复合箍，并应沿柱全高加密，箍筋直径不应小于10mm，箍筋间距不应大于100mm和6倍纵向钢筋直径的较小值；

③抗震设计时，转换柱的箍筋配箍特征值应比普通框架柱要求的数值增加0.02采用，且箍筋体积配箍率不应小于1.5%。

四、带加强层的高层结构

（一）加强层的结构形式

当框架—核心筒结构的侧向刚度不能满足设计要求时，可以沿竖向利用建筑避难层、设备层空间，设置适宜刚度的水平伸臂构件，构成带加强层的高层建筑结构。必要时，也可设置周边水平环带构件。加强层采用的水平伸臂构件、周边环带构件可采用下列结构形式：

①斜腹杆桁架；

②实体梁；

③整层或跨若干高的箱型梁；

④空腹桁架。

（二）带加强层高层建筑结构应满足的要求

带加强层高层建筑结构设计分析时应注意以下几点：

①在超高层建筑的结构设计中，水平位移角的最大值通常出现在房屋高度的中上部区域，可通过设置加强层，改善上部结构的刚度，并实现位移控制要求。

②加强层的上、下层楼面结构，承担着协调内筒和外框架的作用，楼板平面内存在着很大的应力，应采取相应的计算（应考虑楼板平面的变形，可按弹

性楼板计算）及构造措施（强化楼板配筋，加强与各构件的连接锚固）。

③加强层的伸臂桁架强化了内筒与周边框架的联系，改变结构原有的受力模式，内筒与周边框架的竖向变形差将在伸臂桁架及其相关构件内产生很大的次应力。

④伸臂桁架与周边框架采用铰接或半刚接（如伸臂桁架斜腹杆的滞后连接，即施工阶段暂不连接或非受力连接，施工完成前再完成连接，消除结构自重及其不均匀沉降的影响），而周边框架梁与柱（在周边框架平面内）应采用刚接，以加大框架的侧向刚度。

⑤为减小内筒与外框的不均匀沉降，楼面钢梁或者型钢混凝土梁与核心筒采用铰接连接（钢筋混凝土楼面梁与核心筒一般采用刚接）或半刚接。

⑥上部结构分析计算时，宜综合考虑地基的沉降影响，选用的计算模型应能真实地反映结构受力状况及施工过程对结构的影响。

带加强层高层建筑结构设计应符合下列规定：

①应合理设计加强层的数量、刚度和设置位置：当布置1个加强层时，可设置在房屋高度的3/5附近；当布置2个加强层时，可分别设置在顶层和房屋高度的1/2附近；当布置多个加强层时，宜沿竖向从顶层向下均匀的布置。

②加强层水平伸臂构件宜贯通核心筒，其平面布置宜位于核心筒的转角、T字节点处；水平伸臂构件与周边框架的连接宜采用铰接或半刚接。结构内力和位移计算中，设置水平伸臂桁架的楼层宜考虑楼板平面内的变形。

③加强层及其相邻层的框架柱、核心筒应加强配筋构造。

④加强层及其相邻层楼盖的刚度和配筋应加强。

⑤在施工程序及连接构造上应采取减小结构竖向温度变形及轴向压缩差的措施，结构分析模型应能反映施工措施的影响。

抗震设计时，带加强层高层建筑结构应符合下列要求：

①加强层及其相邻层的框架柱、核心筒剪力墙的抗震等级应提高一级采用，一级应提高至特一级，但抗震等级已经为特一级时允许不再提高；

②加强层及其相邻层的框架柱，箍筋应全柱段加密配置，轴压比限值应按其他楼层框架柱的数值减小0.05采用；

③加强层及其相邻层核心筒剪力墙应当设置约束边缘构件。

五、带错层的高层结构

错层结构属竖向布置不规则结构。由于楼面结构错层，使错层柱形成许多段短柱，在水平荷载和地震作用下，这些短柱容易发生剪切破坏。错层附近的竖向抗侧力结构受力复杂，难免会形成众多应力集中部位。错层结构的楼板有时会受到较大的削弱。剪力墙结构错层后会使部分剪力墙的洞口布置不规则，形成错洞剪力墙或叠合错洞剪力墙；框架结构错层则更为不利，往往形成了许多短柱与长柱混合的不规则体系。

高层建筑尽可能不采用错层结构，特别对抗震设计的高层建筑应尽量避免采用，如建筑设计中遇到错层结构，则应限制房屋高度，并符合以下各项有关要求：

①当房屋不同部位因功能不同而使楼层错层时，宜采用防震缝划分为独立结构单元。

②错层两侧宜采用结构布置和侧向刚度相近的结构体系。

③错层结构中，错开的楼层应各自参加结构整体计算，不应归并为一层计算。计算分析模型应能反映错层影响。

④错层处框架柱的截面高度不应小于600mm，混凝土强度等级不应低于C30，抗震等级应提高一级采用，但抗震等级已经为特一级时应允许不再提高，箍筋应全柱段加密。

⑤错层处平面外受力的剪力墙，其截面厚度，非抗震设计时不应小于200mm，抗震设计时不应小于250mm，并均应设置与之垂直的墙肢或者扶壁柱；抗震等级应提高一级采用。错层处剪力墙的混凝土强度等级不应低于C30，水平和竖向分布钢筋的配筋率，非抗震设计时不应小于0.3%，抗震设计时不应小于0.5%。

⑥错层结构错层处框架柱受力复杂，易发生短柱受剪破坏，其截面承载力符合要求，即要求其满足设防烈度地震（中震）作用下性能水准2的设计要求。

当结构错层无法避免时，还可以采取以下措施增加错层柱的延性，增大错层柱的剪跨比，或减小错层柱的弯矩和剪力，防止错层柱发生脆性破坏，改善错层框架结构受力性能：

①提高错层柱的抗震等级，使错层柱的纵向钢筋和箍筋的配筋量加大，使安全储备增加，性能得到改善。

②将错层柱全柱范围内的箍筋加密，改善错层柱的脆性。

③当错层柱的截面尺寸较大时，沿柱截面两个方向的中线设缝，将截面一分为四，使得在保证截面承载力不受影响的情况下，增大柱的剪跨比，改善错层柱的脆性。

④当错层高度比较小时，在梁端加腋，使建筑上有错层，但结构上无错层。

⑤适当增加非错层柱的截面尺寸和适当减小错层柱的截面尺寸，通过调整

柱的刚度比来降低错层柱的弯矩和剪力，改善错层柱的受力性能。

⑥在错层框架结构中加设撑杆，减小错层柱的弯矩和剪力。

⑦在错层框架结构中加设剪力墙，使水平荷载和地震作用下的剪力主要由剪力墙承受，改善错层柱的受力性能。

带撑杆的错层框架和带剪力墙的错层框架构架（又可称错层框架—剪力墙结构）包含两种结构体系，在地震作用下，相当于有两道抗震设防体系，对结构抗震十分有利。

第四节 高层混合结构设计

钢和混凝土混合结构体系是近年来在中国迅速发展的一种新型结构体系，由于其在降低结构自重、减少结构断面尺寸、加快施工进度等方面的明显优点，已引起工程界和投资商的广泛关注，目前已经建成了一批高度在150～200m的建筑，如上海森茂金融大厦、国际航运金融大厦、世界金融大厦、新金桥大厦、深圳发展中心、北京京广中心等，还有一些高度超过300m的高层建筑也采用或部分采用了混合结构。除设防烈度为7度的地区外，8度区也已开始建造。近几年来采用筒中筒体系的混合结构建筑日趋增多，如上海环球金融中心、广州西塔、北京国贸三期、大连世贸等。

高层建筑混合结构指梁、柱、板以及剪力墙等构件或结构的一部分由钢、钢筋混凝土、钢骨混凝土、钢管混凝土、钢－混凝土组合梁板等构件混合组成的高层建筑结构。高层建筑混合结构是在钢结构和钢筋混凝土结构的基础上发展起来的一种结构，它充分利用了钢结构和混凝土结构的优点，是结构工程领域近年来发展较快的一个方向。高层建筑混合结构通常由钢框架、钢骨混凝土框架、钢管混凝土框架和钢筋混凝土核心筒体组成共同承受水平和竖向作用的结构体系。

型钢混凝土框架可以是型钢混凝土梁与型钢混凝土柱（钢管混凝土柱）组成的框架，也可以是钢梁与型钢混凝土柱（钢管混凝土柱）组成的框架，外围的钢筒体可以是钢框筒、桁架筒或交叉网格筒。型钢混凝土外筒体主要指由型钢混凝土（钢管混凝土）构件构成的框筒、桁架筒或交叉网格筒。为减少柱子尺寸或增加延性而在混凝土柱中设置型钢，而框架梁仍为混凝土梁时，该体系不宜视为混合结构，此外对于体系中局部构件（如框支梁柱）采用型钢柱（型钢混凝土梁柱）也不应该视为混合结构。

这里主要介绍混合结构的设计一般规定、受力特点、结构布置等内容。

一、高层混合结构设计的一般规定

①这里规定的混合结构，系指由外围钢框架或型钢混凝土、钢管混凝土框架与钢筋混凝土核心筒所组成的框架—核心筒结构，以及由外围钢框筒或者型钢混凝土、钢管混凝土框筒与钢筋混凝土核心筒所组成的筒中筒结构。

②混合结构高层建筑适用的最大高度应当符合表4－3的要求。

表4－3　　　　　　混合结构高层建筑适用的最大高度（m）

结构体系		非抗震设计6度	抗震设防烈度			
			7度	8度 0.2g	8度 0.3g	9度
框架—核心筒	钢框架—钢筋混凝土核心筒	210	200	160	120	100	70
	型钢（钢管）混凝土框架—钢筋混凝土核心筒	240	220	190	150	130	70
筒中筒	钢外筒—钢筋混凝土核心筒	280	260	210	160	140	80
	型钢（钢管）混凝土外筒—钢筋混凝土核心筒	300	280	230	170	150	90

注：平面和竖向均不规则的结构，最大适用高度应适当降低。

③混合结构高层建筑的高宽比不宜大于表4－4的规定。

表4－4　　　　　　混合结构高层建筑适用的最大高宽比

结构体系	非抗震设计	抗震设防烈度		
		6度、7度	8度	9度
框架—核心筒	8	7	6	4
筒中筒	8	8	7	5

④抗震等级是确认抗震计算参数和构造措施的依据。抗震设计时，混合结构房屋应根据设防类别、烈度、结构类型以及房屋高度采用不同的抗震等级，并应符合相应的计算和构造措施要求。丙类建筑混合结构的抗震等级应按表4－5确定。

表 4-5　　　　　　　钢—混凝土混合结构抗震等级

结构类型		6 度		7 度		8 度		9 度
房屋高度（m）		≤150	>150	≤130	>130	≤100	>100	≤70
钢框架—钢筋混凝土核心筒	钢筋混凝土核心筒	二	一	一	特一	一	特一	特一
型钢（钢管）混凝土框架—钢筋混凝土核心筒	钢筋混凝土核心筒	二	二	二	一	一	特一	特一
	型钢（钢管）混凝土框架	三	三	二	二	一	一	一
房屋高度（m）		≤180	>180	≤150	>150	≤120	>120	≤90
钢外筒—钢筋混凝土核心筒	钢筋混凝土核心筒	二	一	一	特一	一	特一	特一
型钢（钢管）混凝土外筒—钢筋混凝土核心筒	钢筋混凝土核心筒	二	一	一	特一	一	特一	特一
	型钢（钢管）混凝土外筒	三	三	二	二	一	一	一

注：钢结构构件抗震等级，抗震设防烈度为 6、7、8、9 度时应分别取四、三、二、一级。

⑤混合结构在风荷载及多遇地震作用之下，按弹性方法计算的最大层间位移与层高的比值应符合有关规定；在罕遇地震作用下，结构的弹塑性层间位移应当符合有关规定。

⑥混合结构框架所承担的地震剪力应符合有关的规定。

⑦当采用压型钢板混凝土组合楼板时，楼板混凝土可采用轻质混凝土，其强度的等级不应低于 LC25；高层建筑钢—混凝土混合结构的内部隔墙应采用轻质隔墙。

二、高层混合结构的形式及特点

（一）高层混合结构的形式

如前所述，高层混合结构主要包括框架—核心筒结构和筒中筒结构，其外围框架或筒体皆有多种不同的组合形式，例如，框架—核心筒结构中的型钢混凝土框架可以是型钢混凝土梁与型钢混凝土柱（钢管混凝土柱）组成的框架，也可以是钢梁与型钢混凝土柱（钢管混凝土柱）组成的框架；筒中筒结构中的外围筒体可以是框筒、桁架筒或交叉网格筒（三种筒体又可分为由钢构件、型钢混凝土结构和钢管混凝土构件组成的钢框筒、型钢混凝土框筒和钢管混凝土框筒）。

近几年来，混合结构作为一种新型结构体系迅速发展，因为其不仅具有钢结构建筑自重轻、延性好、截面尺寸小、施工进度快的特点，还具有钢筋混凝土建筑结构刚度大、防火性能好、造价低等优点。国内许多地区的地标性建筑都采用了这种结构。

（二）高层混合结构的受力特点

混合结构是由两种性能有较大差异的结构组合而成的。只有对其受力特点有充分的了解并进行合理设计，才能使其优越性得以发挥。

混合结构的主要受力特点有：

①在钢框架—混凝土筒体混合结构体系中，混凝土筒体承担了绝大部分的水平剪力，而钢框架承受的剪力约为楼层总剪力的5%，但因为钢筋混凝土筒体的弹性极限变形很小，约为1/3000，在达到规程限定的变形时，钢筋混凝土抗震墙已经开裂，而此时钢框架尚处于弹性阶段，地震作用在抗震墙和钢框架之间会进行再分配，钢框架承受的地震力会增加，而且钢框架是重要的承重构件，它的破坏和竖向承载力的降低，将危及房屋的安全。

混合结构高层建筑随地震强度的加大，损伤加剧，阻尼增大，结构破坏主要集中于混凝土筒体，表现为底层混凝土筒体的混凝土受压破坏、暗柱以及角柱纵向钢筋压屈，而钢框架没有明显的破坏现象，结构整体破坏属于弯曲型。

混合结构体系建筑的抗震性能在很大程度上取决于混凝土筒体，为此必须采取有效措施保证混凝土筒体的延性。

②楼面梁与外框架和核心筒的连接应当牢固，保证外框架与核心筒协同工作，防止结构由于节点破坏而发生破坏。钢框架梁和混凝土筒体连接区受力复杂，预埋件与混凝土之间的黏结容易遭到破坏，当采用楼面无限刚性假定进行分析时，梁只承受剪力和弯矩，但试验表明，这些梁实际上还存在轴力，而且由于轴力的存在，往往在节点处引起早期破坏，因此节点设计必须考虑水平力的有效传递。现在比较通行的钢梁通过预埋钢板与混凝土筒体连接的做法，经试验结果表明，不是非常可靠的。此外，钢梁与混凝土筒体连接处仍存在弯矩。

③混凝土筒体浇捣完后会产生收缩、徐变，总的收缩、徐变量比荷载作用下的轴向变形大，而且要很长时间以后才趋于稳定，而钢框架无此性能。因此，在混合结构中，即使无外荷载作用，因为混凝土筒体的收缩、徐变产生的竖向变形差，有可能使钢框架产生很大的内力。

三、高层混合结构的布置

①混合结构的平面布置应符合下列的规则：

第一，平面宜简单、规则、对称、具有足够的整体抗扭刚度，平面宜采用方形、矩形、多边形、圆形、椭圆形等规则平面，建筑的开间、进深宜统一；

第二，筒中筒结构体系中，当外围钢框架柱采用 H 形截面柱时，宜将柱截面强轴方向布置在外围筒体平面内；角柱宜采用十字形、方形或圆形截面；

第三，楼盖主梁不宜搁置在核心筒或内筒的连梁上。

②混合结构的竖向布置应符合下列规定：

第一，结构侧向刚度和承载力沿竖向宜均匀变化、无突变，构件截面宜由下至上逐渐减小。

第二，混合结构的外围框架柱沿高度宜采用同类结构构件；当采用不同类型结构构件时，应设置过渡层，且单柱的抗弯刚度变化不宜超过 30%。

第三，对于刚度变化较大的楼层，应采取可靠的过渡加强措施。

第四，钢框架部分采用支撑时，宜采用偏心支撑和耗能支撑，支撑宜双向连续布置；框架支撑宜延伸至基础。

③8、9 度抗震设计时，应在楼面钢梁或型钢混凝土梁与混凝土筒体交接处及混凝土筒体四角墙内设置型钢柱；7 度抗震设计时，宜在楼面钢梁或型钢混凝土梁与混凝土筒体交接处及混凝土筒体四角墙内设置型钢柱。

④混合结构中，外围框架平面内梁与柱应采用刚性连接；楼面梁与钢筋混凝土筒体及外围框架柱的连接可以采用刚接或铰接。

⑤楼盖体系应具有良好的水平刚度和整体性，其布置应符合下列规定：

第一，楼面宜采用压型钢板现浇混凝土组合楼板、现浇混凝土楼板或者预应力混凝土叠合楼板，楼板与钢梁应可靠连接；

第二，机房设备层、避难层及外伸臂桁架上下弦杆所在楼层的楼板宜采用钢筋混凝土楼板，并应采取加强措施；

第三，当建筑物楼面有较大开洞或为转换楼层时，应采用现浇混凝土楼板，对于楼板大开洞部位宜采取设置刚性水平支撑等加强措施。

⑥当侧向刚度不足时，混合结构可设置刚度适宜的加强层。加强层宜采用伸臂桁架，必要时可配合布置周边带状桁架。加强层设计应符合下列规定：

第一，伸臂桁架和周边带状桁架宜采用钢桁架。

第二，伸臂桁架应与核心筒墙体刚接，上、下弦杆均应延伸至墙体内且贯通，墙体内宜设置斜腹杆或暗撑；外伸臂桁架与外围框架柱宜采用铰接或半刚接，周边带状桁架与外框架柱的连接宜采用刚性连接。

第三，核心筒墙体与伸臂桁架连接处宜设置构造型钢柱，型钢柱宜至少延伸至伸臂桁架高度范围以外上和下各一层。

第四，当布置有外伸桁架加强层时，应采取有效措施减少由于外框柱与混凝土筒体竖向变形差异引起的桁架杆件内力。

四、结构计算

混合结构计算模型与其他高层建筑结构的计算模型类似。但应注意以下几点：

①在弹性阶段，楼板对钢梁刚度的加强作用不可忽视，宜考虑现浇混凝土楼板对钢梁刚度的加强作用。当钢梁和楼板有可靠的连接时，弹性分析的梁的刚度，可取钢梁刚度的1.5～2.0倍。弹塑性分析时可不考虑楼板与梁的共同作用。

②结构弹性阶段的内力和位移计算时，构件刚度取值应符合下列规定：

第一，型钢混凝土构件、钢管混凝土柱的刚度可按下列的公式计算：

$$EI = E_c I_c + E_a I_a$$
$$EA = E_c A_c + E_a A_a \quad (4-30)$$
$$GA = G_c A_c + G_a A_a$$

式中：$E_c I_c$，$E_c A_c$，$G_c A_c$——分别为钢筋混凝土部分的截面抗弯刚度、轴向刚度及抗剪刚度；

$E_a I_a$，$E_a A_a$，$G_a A_a$——分别为型钢、钢管部分的截面抗弯刚度、轴向刚度及抗剪刚度。

第二，无端柱型钢混凝土剪力墙可近似按相同截面的混凝土剪力墙计算其轴向、抗弯和抗剪刚度，可不计端部型钢对截面刚度的提高作用。

第三，有端柱型钢混凝土剪力墙可按H形混凝土截面计算其轴向和抗弯刚度，端柱内型钢可以折算为等效混凝土面积计入到H形截面的翼缘面积，墙的抗剪刚度可以不计入型钢作用。

第四，钢板混凝土剪力墙可以将钢板折算为等效混凝土面积计算其轴向、抗弯和抗剪刚度。

③竖向荷载作用计算时，宜考虑钢柱、型钢混凝土（钢管混凝土）柱与钢筋混凝土核心筒竖向变形差异引起的结构附加内力，计算竖向变形差异时宜考虑混凝土收缩、徐变、沉降、施工调整等因素的影响。

④当钢筋混凝土筒体先于钢框架施工时，应考虑施工阶段混凝土筒体在风荷载及其他荷载作用下的不利受力状态；应验算在浇筑混凝土之前外围型钢结构在施工荷载及可能的风荷载作用下的承载力、稳定及变形，并且据此确定钢

结构安装与浇筑混凝土楼层的间隔层数。

⑤混合结构在多遇地震作用下的阻尼比可取为 0.04。风荷载作用下楼层位移验算和构件设计时，阻尼比可取为 0.02~0.04。

⑥对于设置伸臂桁架的楼层或楼板开大洞的楼层，如果采用楼板平面内刚度无限大的假定，则无法得到桁架弦杆或者洞口周边构件的轴力和变形。因此在结构内力和位移计算时，设置外伸桁架的楼层及楼板开大洞的楼层应考虑楼板在平面内变形的不利影响。

第五章 钢筋混凝土楼盖结构设计原理及方法

第一节 单向板肋梁楼盖设计

一、单向板肋梁楼盖结构的布置

钢筋混凝土单向板肋梁楼盖由板、次梁和主梁构成，楼盖则支承在柱、结构墙等竖向承重构件上。其结构布置主要是主梁、次梁的布置。两端支承于柱或结构墙体上的梁为主梁，两端或一端支承于主梁上的梁称为次梁。其结构布置一般取决于建筑功能要求，一般在建筑设计阶段已确定了建筑物的柱网尺寸或结构墙体的布置。而柱网或结构墙的间距决定了主梁的跨度，主梁间距决定了次梁的跨度，次梁的跨度又决定了板的跨度。在结构上应力求简单、整齐、经济适用。柱网尽量布置成长方形或正方形。柱网布置应与梁格布置统一考虑。柱网尺寸（即梁的跨度）过大，将使梁的截面过大而增加材料用量和工程造价；反之，柱网尺寸过小，又会使柱和基础的数量增多，有时也会使造价增加，并将影响房屋的使用。

单向板肋梁楼盖结构平面布置方案通常有以下三种。

（一）主梁横向布置，次梁纵向布置

这种布置其优点是抵抗水平荷载的侧向刚度较大，主、次梁和柱可构成刚性体系，因而房屋整体刚度好。此外，由于主梁与外墙面垂直，可开较大的窗口，对室内采光有利。

（二）主梁纵向布置，次梁横向布置

这种布置适用于横向柱距大于纵向柱距较多时，或房屋有集中通风要求的情况，因主梁沿纵向布置，减小了主梁的截面高度，增加室内净高，可使房屋层高降低。但房屋横向刚度较差，而且常由于次梁支承在窗过梁上，而限制了窗洞的高度。

（三）只布置次梁，不设主梁

这种布置仅适用于有中间走廊的房屋，常可利用中间纵墙承重，这时可仅布置次梁而不设主梁。

从经济效果考虑，因次梁的间距决定了板的跨度，而楼盖中板的混凝土用量占整个楼盖混凝土用量的50％～70％。因此，为了尽可能减少板厚，一般板的跨度为1.7～2.7m，次梁跨度为4～7m，主梁跨度为5～8m。

柱网及梁格的布置除考虑上述因素外，梁格布置应尽可能是等跨的，且最好边跨比中间跨稍小（约在10％以内），因边跨弯矩较中间跨大些；在主梁跨间的次梁根数宜多于1根，以使主梁弯矩变化较为平缓，对梁的工作较为有利。

当楼面上有较大设备荷载或者需要砌筑墙体时，应在其相应位置布置承重梁。当楼面开有较大洞口时，也需要在洞口四周布置边梁。

二、梁、板截面尺寸的估算

进行楼盖设计时，首先要初定梁、板尺寸。确定梁板尺寸时通常要考虑施工条件、刚度要求、经济性并结合经验选定。

（一）楼板厚度选定

初选楼板厚度可以考虑以下四个方面。

1. 满足施工条件的最小厚度（见表5-1）

表5-1　　　　　　按施工条件控制的最小板厚　　　　　　（单位：mm）

类别	施工方法	不埋电线管	预埋铁皮管	预埋塑料管
槽形板、空心板	预制	25	—	—
屋盖	现浇	50	80	90
楼盖：民用建筑工业建筑	现浇	60	80	100
	现浇	70	100	120
阳台、雨篷的根部	现浇	100	—	—

2. 按工程经验选择板的厚度

屋盖：板的跨度2.0m左右时，$h=60～80mm$；楼盖：板的跨度2.0m左右时，$h=80～100mm$；整块楼板：板的跨度3.3～4.0m时，$h=100～120mm$；阳台及雨篷：悬臂板的跨度1.2～2.0m时，根部$h=120～200mm$。

3. 按挠度控制最小板厚（见表 5-2）

表 5-2　　　　　　　板厚与计算跨度之比 h/l_0 的最小值

单向板	双向板	悬臂板	无梁楼盖	
			有柱帽	无柱帽
1/30	1/40	1/12	1/35	1/30

注：表中 h 为板厚，l_0 为板的短向计算跨度。

4. 《混凝土结构设计标准》（GB/T 50010-2010）规定

《混凝土结构设计标准》（GB/T 50010-2010）规定，现浇混凝土板的尺寸宜符合：

①板的跨厚比：钢筋混凝土单向板不大于 30，双向板不大于 40；无梁支承的有柱帽板不大于 35，无梁支承的无柱帽板不大于 30。预应力板可适当增加；当板的荷载、跨度较大时宜适当减小。

②现浇钢筋混凝土板的厚度不应小于表 5-3 规定的数值。

表 5-3　　　　　　现浇钢筋混凝土板的最小厚度　　　　　　（单位：mm）

板的类别		最小厚度
单向板	屋面板	60
	民用建筑楼板	60
	工业建筑楼板	70
	行车道下的楼板	80
双向板		80
密肋楼盖	面板	50
	肋高	250
悬臂板（根部）	悬臂长度不大于 500mm	60
	悬臂长度 1200mm	100
无梁楼盖		150
现浇空心楼盖		200

（二）梁的截面确定

梁的截面高度确定应考虑如下四个方面的要求。

1. 满足施工条件的梁高限制

①次梁穿过主梁时，为保证次梁主筋位置，次梁高度应比主梁高度至少小 50mm。

②为便于施工,梁的高度与宽度应满足 50mm 的模数;当梁高超过 1000mm 时,宜满足 100mm 的模数。圈梁和过梁宽度应同墙厚,梁高应符合砖的皮数。

2. 按经验选择梁的高度

梁高在经验高度的范围内,先由设计者结合实际受荷情况确定,配筋后如不合适再做相应调整。按经验初选梁高见表 5-4。

表 5-4　　　　　　　　按经验估算的梁高

类型	类别	部位	高跨比 h/l_0	高宽比 h/b
整体浇筑的 T 形架	主梁		1/8~1/14	2~3
	次梁		1/15~1/18	
	悬臂梁	根部	1/6~1/8	
矩形截面独立梁			1/12~1/15	2~3

注:表中 h 为梁高,l_0 为梁的计算跨度。

3. 按变形要求控制的梁高

钢筋混凝土梁产生裂缝是正常的,但裂缝过宽会给人造成心理不安;同样,挠度较大时虽然可能安全,但影响使用。因此,规范对梁的裂缝宽度和挠度要进行限制,见表 5-5。

表 5-5　　　　钢筋混凝土梁允许的最大挠度和最大裂缝宽度

屋盖、楼盖及楼梯构件	允许的最大挠度 f/l_0		允许的最大裂缝宽度/mm	
	一般要求	使用有较高要求	钢筋混凝土构件	预应力构件
$l_0<7\text{m}$	1/200	1/250	露天 0.2	0.2
$7\leqslant l_0\leqslant 9\text{m}$	1/250	1/300	一般 0.3	
$l_0>9\text{m}$	1/300	1/400	$Q/G<0.5$,可取 0.4	

注:表中 h 为梁高,f 为梁、板的计算跨度,Q 为活载标准值,G 为恒载标准值。

4. 梁宽度确定

梁的高度确定后,梁的宽度 b 通常取 $b=(1/2\sim 1/3)h$。当建筑上有特殊要求时亦可采用扁梁,例如层高和净空限制时只能用扁梁,这时需增加梁的挠度和裂缝宽度验算。

三、单向板肋梁楼盖按弹性理论的计算

钢筋混凝土现浇楼盖通常为梁、板组成的超静定结构,其内力可按弹性理论及塑性理论进行分析。按塑性理论分析内力,使结构内力分析与构件截面承

载力计算相协调，结果比较符合实际且比较经济，但会使结构的裂缝较宽，变形也较大。《混凝土结构设计标准》规定：混凝土连续梁和连续单向板，可采用塑性内力重分布方法进行分析。重力荷载作用下的框架、框架—剪力墙结构中的现浇梁以及双向板等，经弹性分析求得内力后，可对支座或节点弯矩进行适当调幅，并确定相应的跨中弯矩。

楼盖结构按弹性理论及塑性理论进行分析时，可根据计算精度要求，采用精细分析方法或简化分析方法。精细分析方法包括弹性理论、塑性理论方法以及线性和非线性有限元分析方法。简化分析方法是在一定假定基础上建立的近似方法，可分为以下两种：

①假定支承梁的竖向变形很小，可以忽略不计，将梁、板分开计算。此法根据作用于板上的荷载，按单向板或双向板计算板的内力，然后按照假定的荷载传递方式，将板的上荷载传到支承梁上，计算到承梁的内力。包括基于弹性理论的连续梁、板法（用于计算单向板肋梁楼盖），查表法和多跨连续双向板法（用于计算双向板肋梁楼盖），以及基于塑性理论的弯矩调幅法和基于板破坏模式（假定支承梁未破坏）的塑性极限分析方法。

②考虑梁、板的相互作用，按楼盖结构进行分析。此法根据作用于楼盖上的荷载，将楼盖作为整体计算梁和板的内力。包括基于弹性理论的直接设计法、等效框架法和拟梁法等，以及基于塑性理论和梁—板组合破坏模式（支承梁可能破坏）的塑性极限分析方法。这种分析方法考虑了梁、板的相互作用，可用于计算无梁楼盖以及支承梁刚度相对较小的肋梁楼盖的内力，此法适用于柱支承板楼盖结构的设计。

按弹性理论的计算是指在进行梁（板）结构的内力分析时，假定梁（板）为理想的弹性体，可按"结构力学"的一般方法进行计算。

（一）计算简图的确定

楼盖结构是由许多梁和板构成的平面结构，承受竖向的自重和使用活荷载。由于板的刚度很小，次梁的刚度又比主梁的刚度小很多，因此可以将板看作被简单支承在次梁上的结构部分，将次梁看作被简单支承在主梁上的结构部分，则整个楼盖体系即可以分解为板、次梁和主梁几类构件单独进行计算。

作用在板面上的荷载传递路线为：荷载→板→次梁→主梁→柱（或墙）。它们均为多跨连续梁，其计算简图应表示出梁（板）的跨数、计算跨度、支座的特点以及荷载形式、位置及大小等。

1. 计算单元

为减少计算工作量，结构内力分析时，常常不是对整个结构进行分析，而是从实际结构中选取有代表性的一部分作为计算的对象，称为计算单元。

次梁：计算单元宽度取相邻次梁中心距的一半。
主梁：计算单元宽度取相邻主梁中心距的一半。

2. 支座条件的假定与计算简图

支座条件的假定对计算简图有着直接的影响。

①板：单向板是沿跨度方向取1m宽度的板带作为其计算单元，板带有两类边界：板带（单元）之间以及板带与次梁（或支承墙）之间。因单向板忽略长跨向内力，所以板带之间的边界可作为自由边；当板或梁支承在砖墙（或砖柱）上时，由于其嵌固作用较小，可假定为铰支座，其嵌固的影响可在构造设计中加以考虑。次梁对板在该处的竖向位移和转角位移有约束；如果忽略竖向位移和转动约束，板可以简化为连续梁计算简图。

②次梁单元之间的边界上有分布力矩作用，无剪力；但这些分布力矩对次梁轴线方向的内力没有影响；次梁与主梁的边界与板与次梁的边界类似；在相同的假定下，次梁也可以简化为连续梁计算简图。

③主梁的计算简图应根据梁与柱的线刚度比值而定。当梁柱节点两侧梁的线刚度之和与节点上下柱的线刚度之和的比值大于3时，柱的线刚度相对较小，柱对主梁的转动约束不大，可将柱子作为主梁的不动铰支座。主梁的计算简图也可以按连续梁。

当梁、柱的线刚度之和的比值小于3时，则应考虑柱对主梁的转动约束作用，这时应按框架结构来进行内力分析，如果主梁尚需与竖向构件一起共同承担水平作用（如风载、地震作用等），也应按框架梁计算。

3. 计算跨度

计算跨度，是指梁、板设计进行内力计算时采用的跨度。理论上的计算跨度指的是相邻支座反力间的距离，它与支座构造形式、支在墙上的支承长度及内力计算方法有关。准确确定非常复杂，工程中一般按如下取值：

①按弹性理论计算时：中间各跨取支承中心线之间的距离；边跨如果端部搁置在支承构件上，则：对于梁，边跨计算长度在（$1.025l_{n1}+b/2$）与 [$l_{n1}+(a+b)/2$] 两者中取小值；对于板，边跨计算长度在（$1.025l_{n1}+b/2$）与 [$l_{n1}+(h+b)/2$] 两者中取小值；梁、板在边支座与支承构件整浇时，边跨也取支承中心线之间的距离。

②按塑性理论计算时：当内支座与被支承构件整体连接时，由于塑性铰出现在支承边，中间各跨计算长度取净跨 l_n；当内支座被支承构件搁置在支承构件上时，由于塑性铰出现在支承中心处，中间各跨计算长度取支承中心线之间的距离。

板和梁的计算跨度如表5—6所示。

表 5-6　　　　　　　　　　连续板梁的计算跨度

		边跨	中跨	备注
塑性计算方法	板	$l_0 = l_{n1} + \dfrac{h}{2}$	$l_0 = l_n$	求支座弯矩时，取该支座左、右计算跨度的最大值进行计算
	梁	$l_0 = l_{n1} + \dfrac{a}{2} \leqslant 1.025 l_{n1}$	$l_0 = l_n$	
弹性计算方法	板	$l_0 = l_{n1} + \dfrac{b}{2} + \dfrac{h}{2} \leqslant 1.025 l_{n1} + \dfrac{b}{2}$	$l_0 = l_n + b$	求支座弯矩时，取该支座相邻两跨计算跨度的平均值进行计算
	梁	$l_0 = l_{n1} + \dfrac{a}{2} + \dfrac{b}{2} \leqslant 1.025 l_{n1} + \dfrac{b}{2}$	$l_0 = l_n + b$	

实际工程中梁、板各跨的跨度往往是不同的。当手算内力时，为了简化计算，假定当相邻跨度相差≤10%时，仍按等跨计算，这时支座弯矩按相临两跨跨度的平均值计算。

4. 计算跨数

不论对板或梁，当各跨荷载相同，而跨数超过5跨的等截面与等跨度连续板、梁，除靠近端部的第1、2两跨外，其余的中间跨内力都十分接近。为简化设计，工程上可将中间各跨内力均取与第3跨相同。故当跨数≤5时，按实际跨数考虑；当跨数>5时，可近似按5跨考虑。配筋计算时除两端的两边跨外，中间各跨配筋相同。

5. 计算荷载

①荷载取值。楼盖上的荷载有恒荷载和活荷载两类。恒荷载包括结构自重、建筑面层、固定设备等。活荷载包括人群、堆料和临时设备等。恒荷载的标准值可按其几何尺寸和材料的重力密度计算。民用建筑楼面上的均布活荷载标准值可以从《建筑结构荷载规范》(GB 50009-2012) 中查得。工业建筑楼面活荷载，在生产、使用或检修、安装时，由设备、管道、运输工具等产生的局部荷载，均应按实际情况考虑，可采用等效均布活荷载代替。

对于单向板，其计算单元范围内的楼面均布荷载便是该板带承受的荷载，这一负荷范围称为从属面积，即计算构件负荷的楼面面积。

次梁的荷载为次梁自重及左右两侧板传来的均布荷载。计算板传给次梁的荷载时，不考虑板的连续性，即板上的荷载平均传给相邻的次梁。

主梁的荷载是主梁自重和次梁传来的集中荷载。为了简化计算，将主梁自重也作为集中荷载处理。作用在主梁上的主梁自重集中荷载的个数及作用点位置与次梁传来的集中荷载的个数和作用位置相同，每个主梁自重集中荷载值等于长度为次梁间距的一段主梁自重。计算次梁传给主梁的集中荷载时，也不考虑次梁的连续性，即主梁承担相邻次梁各1/2跨的荷载。

②板和次梁的折算荷载。以上对板和次梁所取的计算简图是连续梁,即假定板或梁支承在不动的铰支座上。实际次梁对板,主梁对次梁将有一定的嵌固作用,按弹性理论计算时须考虑约束影响。

当板的支座是次梁,次梁的支座是主梁,则当板承受荷载而变形时,次梁发生扭转。由于次梁的两端被主梁所约束及次梁本身的侧向抗扭刚度影响,所以板的挠度大大减少,使板在支承处的实际转角 θ' 比理想铰支承时的转角 θ 小。同样的情况发生在次梁和主梁之间。考虑次梁对板、主梁对次梁转动约束作用的有利影响,按弹性理论计算时,通常采用减少活荷载增加恒荷载的方法进行调整处理,即以"折算荷载"代替实际计算荷载。又由于次梁对板的约束作用较主梁对次梁的约束作用大,故对板和次梁采用不同的调整幅度。调整后的折算荷载取为:

对于板:
$$g' = g + \frac{q}{2}$$
$$q' = \frac{q}{2}$$
(5—1)

对于次梁:
$$g' = g + \frac{1}{4}q$$
$$q' = \frac{3}{4}q$$
(5—2)

式中:g、q 分别为实际均布恒荷载、均布活荷载;g'、q' 分别为折算均布恒荷载、均布活荷载。

主梁不进行荷载折算。这是因为当柱刚度较小时,柱对梁的约束作用很小,可忽略其影响。

(二)活荷载最不利布置

因可变荷载的位置是变化的(活荷载是以一跨为单位来改变其位置的),因此在设计连续梁、板时,应研究活荷载如何布置将使梁、板内某一控制截面上的内力绝对值最大,这种布置称为活荷载的最不利布置。

通过内力变化规律分析,利用叠加原理,并考虑活载的特点(可以某一跨有荷载,也可以某两跨、三跨有荷载),以某一控制截面内力最大为目标,确定最不利活载布置,最后得其布置原则如下:

①求某跨跨中最大正弯矩时,应在该跨布置活载,然后隔跨布置。

②求某跨跨中最大负弯矩(或最小弯矩)时,该跨不布置活载,而在左、右相邻两跨布置活载,然后隔跨布置活载。

③求某支座最大负弯矩时,或求某支座左、右截面最大剪力时,应在该支座左右两跨布置活载,然后隔跨布置。

（三）弹性内力计算

有了等跨连续梁的计算简图，有了梁上的恒载、活载及其活载不利布置后，就可以按结构力学方法进行连续梁的内力计算。计算时注意叠加原理的运用。两跨至五跨的等跨连续梁在各种基本荷载作用下的内力，有许多建筑结构静力计算手册可查，计算时可直接查用。由手册可直接查得各种荷载布置情况下的内力系数，求等跨连续梁某控制截面内力时，按下面各式计算。

①在均布荷载及三角形荷载作用下：

$$M = 表中系数 \times ql^2$$
$$V = 表中系数 \times ql \tag{5-3}$$

②在集中荷载作用下：

$$M = 表中系数 \times Pl$$
$$V = 表中系数 \times P \tag{5-4}$$

③内力正负号规定：

M：使截面上部受压、下部受拉的弯矩为正，反之为负。

V：在构件上取单元体，使单元体产生顺时针转动的剪力为正，反之为负。控制截面：通常指控制构件配筋的截面，也是内力最大的截面。

（四）内力包络图

根据各种最不利荷载组合，按一般结构力学方法或利用前述表格进行计算，即可求出各种荷载组合作用下的内力图（弯矩图和剪力图），把它们叠画在同一坐标图上（用同样比例画在同一个图上），其外包线所形成的图形称为内力包络图，它表示连续梁在各种荷载最不利布置下各截面可能产生的最大内力值。连续梁的弯矩包络图和剪力包络图是确定连续梁纵筋、弯起钢筋、箍筋的布置和绘制配筋图的依据。

（五）支座截面内力的计算

弹性理论计算时，无论是梁或板，按计算简图求得的支座截面内力为支座中心线处的最大内力，但此处的截面高度却由于与其整体连接的支承梁（或柱）的存在而明显增大，故其内力虽为最大，但并非最危险截面。因此，可取支座边缘截面作为计算控制截面，其弯矩和剪力的计算值，近似地按下式求得

$$M_b = M - V_0 \cdot \frac{b}{2}$$
$$V_b = V - (g+q) \cdot \frac{b}{2} \tag{5-5}$$

式中：M、V——为支座中心线处截面的弯矩和剪力；V_0——为按简支梁计算的支座剪力；g、q——为均布恒载和活荷载；b——为支座宽度。

四、单向板肋梁楼盖考虑塑性内力重分布的计算方法

（一）钢筋混凝土受弯构件的塑性铰

1. 塑性铰的形成

钢筋混凝土适筋梁截面从开始加载到破坏，经历了如下三个阶段：

第Ⅰ阶段：从开始加载到混凝土开裂，构件基本处于弹性阶段，弯矩－曲率（$M-\varphi$）关系曲线基本为直线段。

第Ⅱ阶段：从混凝土开裂到受拉区钢筋屈服，构件处于弹塑性工作阶段，$M-\varphi$曲线有逐渐弯曲的现象。

第Ⅲ阶段：从受拉钢筋屈服到受压区混凝土压坏，该阶段构件塑性充分发挥，$M-\varphi$曲线接近水平。

2. 塑性铰的特点

塑性铰是受弯构件某一截面位置处，一定长度范围内，塑性变形集中发展的结果。塑性铰与理想铰不同，它具有如下几个特点：

①塑性铰是单向铰。塑性铰是适筋受弯构件截面进入第Ⅲ阶段后，发生集中转角变形的一种形象，它是在弯矩作用下形成的，因此该铰只能沿着弯矩作用方向转动。

②塑性铰能承受一定的弯矩M_u。塑性铰是构件截面受拉钢筋屈服后形成的，在截面转动过程中，始终承受着一个屈服弯矩，直至破坏。

③塑性铰的转动是有限的。受弯构件截面形成塑性铰，是从受拉钢筋屈服开始的，最后以受压区混凝土压坏而告终，在这一过程中，塑性铰发生的转角是有限的。试验分析表明：该转角的大小与截面的配筋有很大关系。分析截面在钢筋屈服后的应变变化，不难看出该转角大小主要与截面相对受压区高度（x/h_0）有关。

3. 塑性铰的作用

适筋梁受弯构件，当其截面弯矩达到抗弯能力M_y后，构件并不破坏而可以继续承载，但发生了明显的转动变形，即出现了塑性铰。这种具有明显预兆的破坏对结构是有好处的。

对于静定结构，如简支梁，当最大弯矩截面出现塑性铰时，结构成为一个几何可变体系，从而达到承载能力极限状态。塑性铰的出现是静定结构达到极限承载能力的标志。

对超静定结构，由于存在多余约束，当构件某一截面形成塑性铰时，结构并未变成可变机构，而仍能继续增加荷载，直至结构出现足够的塑性铰，致使结构成为可变体系，才达到其承载力极限状态。这说明塑性铰的存在或形成，

可以提高超静定结构的承载能力。超静定结构出现塑性铰后，结构内力分布规律发生了变化，即出现了内力重分布，其结果是使结构的材料强度得以充分发挥作用。

(二) 影响内力重分布的因素

若超静定结构中各塑性铰都具有足够的转动能力，保证结构加载后能按照预期的顺序，先后形成足够数目的塑性铰，以致最后形成机动体系而破坏，这种情况称为充分的内力重分布。但是，塑性铰的转动能力是有限的，受到截面配筋率和材料极限应变值的限制。如果完成充分的内力重分布过程所需要的转角超过了塑性铰的转动能力，则在尚未形成预期的破坏机构以前，早出现的塑性铰已经因为受压区混凝土达到极限压应变值而"过早"被压碎，这种情况属于不充分的内力重分布，在设计中应予避免。另外，如果在形成破坏机构之前，截面因受剪承载力不足而破坏，内力也不可能充分地重分布。此外，在设计中除了要考虑承载能力极限状态外，还要考虑正常使用极限状态。如果支座处的塑性铰转动角度过大而导致支座处裂缝开展过宽，跨中挠度增大很多，造成构件刚度的过分降低，在实际工程中也是不允许的。因此，实用上对塑性铰的转动量应予以控制。

由上述可见，内力重分布需考虑以下三个因素：

1. 塑性铰转动能力。

塑性铰的转动能力，主要取决于纵筋的配筋率 ρ（或以截面的相对受压区高度 ξ 表示），其次是钢筋的种类及混凝土的极限压应变。随 ξ 的增大，塑性铰的转动能力急剧降低；ξ 较低时主要取决于钢筋的流幅，ξ 较高时主要取决于混凝土的极限压应变。

2. 斜截面承载能力。

要想实现预期的内力重分布，其前提条件之一是在破坏机构形成前，不能发生因斜截面承载力不足而引起的破坏，否则将阻碍内力重分布继续进行。国内外的试验研究表明，支座出现塑性铰后，连续梁的受剪承载力比不出现塑性铰的梁低。加载过程中，连续梁首先在中间支座和跨内出现垂直裂缝，随后在梁的中间支座两侧出现斜裂缝。一些破坏前支座已形成塑性铰的梁，在中间支座两侧的剪跨段，纵筋和混凝土之间的粘结有明显破坏，有的甚至还出现沿纵筋的劈裂裂缝；剪跨比越小，这种现象越明显。试验量测表明，随着荷载增加，梁上反弯点两侧原处于受压工作状态的钢筋，将会由受压状态变为受拉，这种因纵筋和混凝土之间粘结破坏所导致的应力重分布，使纵向钢筋出现了拉力增量，而此拉力增量只能依靠增加梁截面剪压区的混凝土压力来维持平衡，这样，势必会降低梁的受剪承载力。

因此，为了保证连续梁内力重分布能充分发展，结构构件必须要有足够的受剪承载能力。为此，通常采用塑性铰区箍筋加密的办法，这样既提高了抗剪强度，又改善了混凝土的变形性能。

3. 正常使用条件。

如果最初出现的塑性铰转动幅度过大，塑性铰附近截面的裂缝就可能开展过宽，结构的挠度过大，不能满足正常使用的要求。因此，在考虑内力重分布时，应对塑性铰的允许转动量予以控制，也就是要控制内力重分布的幅度。一般要求在正常使用阶段不应出现塑性铰。

（三）按塑性内力重分布计算的基本原则

塑性铰有足够的转动能力，是超静定结构进行塑性内力重分布计算的前提，这就要求结构材料有良好的塑性性能。同时，考虑使用要求，塑性铰的塑性变形又不宜过大，否则将引起结构过大的变形和裂缝宽度，亦即内力重分布的幅度应有所限制。为此，根据理论分析及试验结果，按考虑塑性内力重分布进行内力计算时，应满足以下原则：

①为了保证塑性铰具有足够的转动能力，避免受压区混凝土"过早"被压坏，以实现完全的内力重分布，必须控制受力钢筋用量，即截面的相对受压区高度 ξ 应满足：

$$0.1 \leqslant \xi \leqslant 0.35 \qquad (5-6)$$

同时宜采用 HPB300 级、HRB335 级、HRB400 级热轧钢筋；混凝土强度等级宜为 C20～C45。

②为了避免塑性铰出现过早，转动幅度过大，致使梁的裂缝过宽及变形过大，应控制支座截面的弯矩调整幅度，一般宜满足弯矩调幅系数 β：

$$\beta = \frac{M_e - M_a}{M_e} \leqslant 0.2 \qquad (5-7)$$

式中：M_e——为按弹性理论算得的弯矩值；M_a——为调幅后的弯矩值。

③为了尽可能地节省钢材，应使调整后的跨中截面弯矩尽量接近原包络图的弯矩值，以及使调幅后仍能满足平衡条件，则梁板的跨中截面弯矩值应取按弹性理论方法计算的弯矩包络图所示的弯矩值和按下式计算值中的较大者。

$$M = M_0 - \frac{1}{2} M_B + M_C \qquad (5-8)$$

式中：M_0——为按简支梁计算的跨中弯矩设计值；M_B、M_C 为连续梁板的左、右支座截面调幅后的弯矩设计值。

④调幅后，支座及跨中控制截面的弯矩值均不宜小于按相应简支梁计算的跨中弯矩 M_0 的 1/3，即：

$$M \geqslant \frac{1}{24}(g+q)L^2 \qquad (5-9)$$

（四）考虑塑性内力重分布的计算方法

1. 计算方法

考虑塑性内力重分布的计算方法通常有极限平衡法、塑性铰法、弯矩调幅法等，其中弯矩调幅法在工程设计中最常用，简称调幅法。

为了计算方便，对工程中常用的承受相等均布荷载的等跨连续板和次梁，采用调幅法导得其内力计算公式系数，设计时可直接查得，按下列公式计算内力：

$$弯矩：M = \alpha_m(g+q)l_0^2 \qquad (5-10)$$

$$剪力：V = \alpha_v(g+q)l_n \qquad (5-11)$$

式中：α_m、α_v 为考虑塑性内力重分布的弯矩和剪力计算系数，按表5-7、5-8采用；g、q 为均布恒载和活荷载设计值；l_0 为计算跨度，按表5-6规定取值；l_n 为净跨。

表 5-7　　连续梁和连续单向板的弯矩计算系数 α_m

支承情况		截面位置					
		端支座	边跨跨中	离端第二支座	离端第二跨跨中	中间支座	中间跨跨中
		A	1	B	I	C	II
梁、板搁支在墙上		0	$\frac{1}{11}$	二跨连续： $-\frac{1}{10}$ 三跨以上连续： $-\frac{1}{11}$	$\frac{1}{16}$	$-\frac{1}{14}$	$\frac{1}{16}$
板	与梁整浇连接	$-\frac{1}{16}$	$\frac{1}{14}$				
梁		$-\frac{1}{24}$					
梁与柱整浇连接		$-\frac{1}{16}$	$\frac{1}{14}$				

表 5-8　　连续梁剪力计算系数 α_v

支承情况	截面位置				
	端支座内侧	离端第二支座		中间支座	
	$\alpha_v^r A$	$\alpha_v^l B$	$\alpha_v^r B$	$\alpha_v^l C$	$\alpha_v^r C$
搁支在墙上	0.45	0.60	0.55	0.55	0.55
与梁或柱整浇连接	0.50	0.55			

对相邻跨度差小于10%的不等跨连续板和次梁,仍可用(5-10)、(5-11)式计算,但支座弯矩应按相邻较大的计算跨度计算。

需要说明,表5-7、5-8中的数值都是按调幅法的原则计算确定的。计算过程中假定$q/g=3$,所以,$g+q=q/3+q=4q/3$,$g+q=g+3g=4g$,调幅幅度取20%。现以五跨连续次梁第一内支座弯矩M_B和第一跨跨中弯矩M_1的弯矩系数为例,说明如下:

①求$M_{B\max}$时的活载应布置在一、二、四跨,按弹性理论可求得

$$M_{B\max}=-0.105g'l_0^2-0.119q'l_0^2=-0.1129(g+q)l_0^2$$

考虑调幅20%,则

$$M_B=0.8M_{B\max}=-0.0903(g+q)l_0^2\approx-\frac{1}{11}(g+q)l_0^2$$

实际取$M_B=-\frac{1}{11}(g+q)l_0^2$。

$M_B=-\frac{1}{11}(g+q)l_0^2$确定后,根据荷载布置及支座反力,可求出跨中最大弯矩位置距边支座$0.409l_0$,其值为$M_1=\frac{1}{2}\times 0.409l_0^{\ 2}(g+q)=0.0836(g+q)l_0^2=\frac{1}{11.96}(g+p)l_0^2$。

②求$M_{1\max}$时活载布置应布置在一、三、五跨,按弹性计算方法求得

$$M_{1\max}=0.078g'l_0^2+0.1q'l_0^2=0.0904(g+q)l_0^2=\frac{1}{11.06}(g+p)l^2>M_1$$

实际设计时,为了方便,$M_1=\frac{1}{11}(g+p)l_0^2$。

其他截面的内力系数可同样求得。

2. 弯矩调幅的目的

工程中多在配筋布置较多的支座截面进行调幅,以降低该截面的配筋,主要目的:

①利用结构内力重分布的特性,合理调整支座钢筋布置,克服支座钢筋拥挤现象,简化配筋构造,方便混凝土浇捣,从而提高施工效率和质量。

②使构件截面拉、压区配筋相差不致过大,使钢筋布置规则,并提高构件截面延性。

③根据结构内力重分布规律,在一定条件和范围内可以人为控制结构中的弯矩分布,从而使设计得以简化。

④可以使结构在破坏时有较多的截面达到其承载力,从而充分发挥结构的潜力,以节约钢材。

3. 按塑性内力重分布方法计算的适用范围

按塑性理论方法计算，较之按弹性理论计算能节省材料，改善配筋，计算结果更符合结构的实际工作情况，故对于结构体系布置规则的连续梁、板的承载力计算宜尽量采用这种计算方法。但它不可避免地导致构件在使用阶段的裂缝过宽及变形较大，因此并不是在任何情况下都能适用。

在下列情况下，不得采用塑性内力重分布的设计方法：
①直接承受动力荷载的混凝土结构。
②要求不出现裂缝或对裂缝开展控制较严的混凝土结构。
③处于严重侵蚀性环境中的混凝土结构。
④配置延性较差的受力钢筋的混凝土结构。
⑤处于重要部位，而又要求有较大强度储备的构件，如肋梁楼盖中的主梁。
⑥预应力混凝土结构和二次受力的叠合结构。

五、单向板肋梁楼盖的截面设计与构造

按弹性理论或按考虑塑性内力重分布方法，求得梁、板控制截面内力后，便可进行截面配筋设计和构造设计。在一般情况下，如果再满足了构造要求，可不进行变形和裂缝验算。下面仅介绍整体式连续板、梁的截面计算及构造要求。

（一）单向板的设计要点与配筋构造

1. 单向板的设计要点

①按塑性内力重分布的方法计算，钢筋混凝土板的负弯矩调幅幅度不宜大于 20%。在求得单向板的内力后，可根据正截面抗弯承载力计算，确定各跨跨中及各支座截面的配筋。

板在一般情况下均能满足斜截面受剪承载力要求，设计时可不进行受剪承载力计算。《混凝土结构设计标准》规定，不配置箍筋和弯起钢筋的一般板类受弯构件，其斜截面受剪承载力应符合下列规定：

$$V \leqslant 0.7\beta_h f_t b h_0 \qquad (5-12)$$

式中：$\beta_h = 800/h_0^{1/4}$ 为截面高度影响系数；当 h_0 小于 800mm 时，取 800mm；当 h_0 大于 2000mm 时，取 2000mm。

②连续板跨中由于正弯矩作用截面下部开裂，支座由于负弯矩作用截面上部开裂，这就使板的实际轴线成拱形。如果板的四周存在有足够刚度的边梁，即板的支座不能自由移动时，则作用于板上的一部分荷载将通过拱的作用直接传给边梁，而使板的最终弯矩降低。为考虑这一有利作用，设计标准规定，对

四周与梁整体连接的单向板中间跨的跨中截面及中间支座截面，计算弯矩可减少20％。但对于边跨的跨中截面及离板端第二支座截面，由于边梁侧向刚度不大（或无边梁）难以提供水平推力，因此计算弯矩不予降低。

2. 单向板的配筋构造

(1) 单向板的板中受力钢筋

①板中受力钢筋通常用HPB300级、HRB335级。受力筋有板面负钢筋和板底正钢筋两种。

②钢筋的直径常为6、8和10mm等，为了防止施工时负钢筋过细而被踩下，板面负钢筋直径一般不小于8mm。

③钢筋的间距不宜小于70mm。当板厚$h \leqslant 150$mm时，间距不宜大于200mm；$h > 150$mm时，间距不应大于1.5h，且不宜大于250mm。

④连续板内受力钢筋的配筋方式有弯起式和分离式两种。

采用弯起式配筋，可先按跨中弯矩确定其钢筋的直径和间距，然后在支座附近按需要弯起1/2～2/3，如果弯起的钢筋达不到计算的负筋面积时，再另加直的负钢筋，并使钢筋间距尽量相同。弯起式配筋中钢筋锚固较好，可节约钢材，但施工较复杂。

采用分离式配筋的多跨板，板底钢筋宜全部伸入支座；支座负弯矩钢筋向跨内延伸的长度应根据负弯矩图确定，并满足钢筋锚固的要求。简支板或连续板下部纵向受力钢筋伸入支座的锚固长度不应小于钢筋直径的5倍，且宜伸过支座中心线。当连续板内温度、收缩应力较大时，伸入支座的长度宜适当增加。

分离式配筋的钢筋锚固稍差，耗钢量略高，但设计和施工都比较方便，是目前最常用的配筋方式。当板厚超过120mm且承受的动荷载较大时，不宜采用分离式配筋。

⑤伸入支座的受力钢筋间距不应大于400mm，且截面面积不得小于受力钢筋截面面积的1/3。当端支座是简支时，板下部钢筋伸入支座的长度不应小于$5d$。

⑥为了施工方便，选择板内正、负钢筋时，一般宜使它们的间距相同而直径不同，但直径不宜多于两种。

⑦选用的钢筋实际面积和计算面积不宜相差±5％，有困难时也不宜超过+10％，以保证安全并节约钢材。

(2) 单向板的板中构造钢筋

连续单向板除了按计算配置受力钢筋外，通常还应布置以下几种构造钢筋。

①分布钢筋。分布钢筋与受力钢筋垂直，平行于单向板的长跨，放在正、负受力钢筋的内侧。单位宽度上的配筋不宜小于单位宽度上的受力钢筋的15%，且配筋率不宜小于0.15%；分布钢筋直径不宜小于6mm，间距不宜大于250mm；当集中荷载较大时，分布钢筋的截面面积尚应增加，且间距不宜大于200mm。分布钢筋的主要作用是：浇筑混凝土时固定受力钢筋的位置；承受混凝土收缩和温度变化产生的内力；承受并分散板上局部荷载产生的内力；承受在计算中未考虑的其他因素所产生的内力，如承受板沿长跨实际的弯矩。

②板面构造钢筋。按简支边或非受力边设计的现浇混凝土板，当与混凝土梁、墙整体浇筑嵌固在墙体内时，应设置板面构造钢筋，并符合下列要求：

第一，钢筋直径不宜小于8mm，间距不宜大于200mm，且单位宽度内的配筋面积不宜小于跨中相应方向板底钢筋截面面积的1/3。与混凝土梁、混凝土墙整体浇筑单向板的非受力方向，钢筋截面面积尚不宜小于受力钢筋方向板跨中板底钢筋截面面积的1/3。

第二，钢筋从混凝土梁边、柱边、墙边伸入板内的长度不宜小于$l_0/4$，砌体墙支座处钢筋伸入板边的长度不宜小于$l_0/7$，其中计算跨度对l_0单向板按受力方向考虑，对双向板按短边方向考虑。

第三，在楼板角部，宜两个方向正交、斜向平行或放射状布置附加钢筋。

第四，钢筋应在梁内、墙内或柱内可靠锚固。

③防裂构造钢筋。在温度、收缩应力较大的现浇板区域，人们应在板的表面双向配置防裂构造钢筋。配筋率均不宜小于0.1%，间距不宜大于200mm。防裂构造钢筋可利用原有钢筋贯通布置，也可另行设置钢筋并与原有钢筋按受拉钢筋的要求搭接或在周边构造件中锚固。

楼板平面的瓶颈部位宜适当增加板厚和配筋。沿板的洞边、凹角部位宜加配防裂构造钢筋，并采取可靠的锚固措施。

④板内开洞时在孔洞边加设的附加钢筋。当孔洞直径或边长≤300mm时，板内钢筋绕过洞口，不必切断；当孔洞直径或边长小于1000mm而大于300mm时，应在洞边每侧配置加强筋，其面积不小于被切断的受力钢筋面积之半，且不小于$2\varphi8 \sim 2\varphi12$；当孔洞直径或边长大于1000mm时，宜在洞边设置小梁。

⑤厚板的构造钢筋网片。混凝土厚板及卧置于地基上的基础筏板，当板的厚度大于2m时，除应沿板的上、下表面布置纵、横方向钢筋外，尚宜在板厚度不超过1m范围内设置与板面平行的构造钢筋网片，网片钢筋直径不宜小于12mm，纵横方向的间距不宜大于300mm。

⑥无支承边端部 U 形构造钢筋。当混凝土板的厚度不小于 150mm 时，对板的无支承边的端部，宜设置 U 形构造钢筋并与板顶、板底的钢筋搭接，搭接长度不宜小于 U 形构造钢筋直径的 15 倍且不宜小于 200mm；也可采用板面、板底钢筋分别向下、上弯折搭接的形式。

（二）单向板肋梁楼盖中梁的设计要点与配筋构造

1. 单向板肋梁楼盖中梁的设计要点

（1）内力计算方法

次梁通常按考虑塑性内力重分布方法计算内力，钢筋混凝土梁支座或节点边缘截面的负弯矩调幅系数不宜大于 25%，弯矩调整后的梁端截面相对受压区高度不应超过 0.35，且不宜小于 0.10；主梁一般不考虑内力重分布，而按弹性理论的方法进行内力计算。

（2）截面形式

当梁与板整浇在一起时，梁跨中截面的上部翼缘处在受压区，故应按 T 或倒 L 形截面受弯构件进行配筋，其翼缘计算宽度 b'_f，按表 5-9 的最小值确定；支座截面的上部翼缘处在受拉区，此时不考虑翼缘的影响，因此应按矩形截面考虑。

表 5-9　　受弯构件受压区有效翼缘计算宽度 b'_f

序号	情况	T 形、I 形截面 肋形梁（板）	T 形、I 形截面 独立梁	倒 L 形截面 肋形梁（板）
1	按计算跨度 l_0 考虑	$l_0/3$	$l_0/3$	$l_0/16$
2	按梁（肋）净距 S_n 考虑	$b+s_n$	—	$b+s_n/2$
3	按翼缘高度 h'_f 考虑	$b+12h'_f$	b	$b+5h'_t$

注：表中 b 为梁的腹板厚度。

（3）截面有效高度

在主梁支座附近，板、次梁、主筋的顶部钢筋相互重叠，使主梁的截面有效高度降低。这时主梁的有效高度取值为：一排钢筋时 $h_0=h-(50\sim60)$，两排钢筋时 $h_0=h-(70\sim80)$。在次梁与次梁等高并相交处，对次梁承受正弯矩而言也有这种情况。

2. 单向板肋梁楼盖中梁的配筋构造

（1）单向板肋梁楼盖中梁的配筋

梁的纵向受力普通钢筋应采用 HRB400、HRB500、HRBF400、HRBF500 钢筋。箍筋宜采用 HRB400、HRBF400、HPB300、HRB500、HRBF500 钢筋，也可采用 HRB335、HRBF335 钢筋。

梁的配筋方式有连续式配筋和分离式配筋两种，连续式配筋又称弯起式配筋，梁中设有弯起钢筋。目前工程中为了施工方便，多采用分离式配筋。而弯起式钢筋设置相对经济，在楼面有较大振动荷载或跨度较大时一般考虑设弯起钢筋。

（2）单向板肋梁楼盖中梁的纵向受力钢筋构造要求

伸入梁支座范围内的钢筋不应少于2根。梁高不小于300mm时，钢筋直径不应小于10mm；梁高小于300mm时，钢筋直径不应小于8mm。

梁上部钢筋水平方向的净间距不应小于30mm和$1.5d$；梁下部钢筋水平方向的净间距不应小于25mm和d。当下部钢筋多于2层时，2层以上钢筋水平方向的中距应比下面2层的中距增大1倍；各层钢筋之间的净间距不应小于25mm和d。d为钢筋的最大直径。

在梁的配筋密集区域宜采用并筋的配筋方式。

（3）纵向受力钢筋的弯起和截断

钢筋混凝土梁支座截面负弯矩纵向受拉钢筋不宜在受拉区截断，当需要截断时，应符合以下规定：

当V不大于$0.7f_tbh_0$时，应延伸至按正截面受弯承载力计算不需要该钢筋的截面以外不小于$20d$处截断，且从该钢筋强度充分利用截面伸出的长度不应小于$1.2l_a$；当V大于$0.7f_tbh_0$时，应延伸至按正截面受弯承载力计算不需要该钢筋的截面以外不小于h_0且不小于$20d$处截断，且从该钢筋强度充分利用截面伸出的长度不应小于$1.2l_a$与h_0之和；若按上述方法确定的截断点仍位于负弯矩对应的受拉区内，则应延伸至按正截面受弯承载力计算不需要该钢筋的截面以外不小于$1.3h_0$且不小于$20d$处截断，且从该钢筋强度充分利用截面伸出的长度不应小于$1.2l_a$与$1.7h_0$之和。

当采用弯起钢筋时，弯起角宜取45°或60°；在弯起终点外应留有平行于梁轴线方向的锚固长度，且在受拉区不应小于$20d$，在受压区不应小于$10d$，d为弯起钢筋的直径；梁底层钢筋中的角部钢筋不应弯起，顶层钢筋中的角部钢筋不应弯下。

在混凝土梁的受拉区中，弯起钢筋的弯起点可设在按正截面受弯承载力计算不需要该钢筋的截面之前，但弯起钢筋与梁中心线的交点应位于不需要该钢筋的截面之外；同时弯起点与按计算充分利用该钢筋的截面之间的距离不应小于$h_0/2$。

当按计算需要设置弯起钢筋时，从支座起前一排的弯起点至后一排的弯终点的距离不应大于按计算配箍时的箍筋间距，弯起钢筋不得采用浮筋。

主、次梁受力钢筋的弯起和截断原则上应按内力包络图确定。

(4) 纵向受力钢筋的锚固

钢筋混凝土简支梁和连续梁简支端的下部纵向受力钢筋,从支座边缘算起伸入支座内的锚固长度应符合下列规定:

当 V 不大于 $0.7f_tbh_0$ 时,不小于 $5d$;当 V 大于 $0.7f_tbh_0$ 时,对带肋钢筋不小于 $12d$,对光圆钢筋不小于 $15d$,d 为钢筋的最大直径。如纵向受力钢筋伸入梁支座范围内锚固长度不符合上述要求时,可采取弯钩或机械锚固措施。

混凝土强度等级为 C25 及以下的简支梁或连续梁的简支端,当距座边 $1.5h$ 范围内作用有集中荷载且当 V 大于 $0.7f_tbh_0$ 时,对带肋钢筋宜采用有效的锚固措施,或取锚固长度不小于 $15d$,d 为锚固钢筋的直径。

(5) 梁的上部纵向构造钢筋

梁的上部纵向构造钢筋应符合下列要求:

当梁端按简支计算但实际受到部分约束时,应在支座区上部设置纵向构造钢筋。其截面面积不应小于梁跨中下部纵向受力钢筋计算所需截面面积的 1/4,且不应少于 2 根。该纵向构造钢筋自支座边缘向跨内伸出的长度不应小于 $l_0/5$,l_0 为梁的计算跨度。

对架立钢筋,当梁的跨度小于 4m 时,直径不宜小于 8mm;当梁的跨度为 4~6m 时,直径不应小于 10mm;当梁的跨度大于 6m 时,直径不宜小于 12mm。

(6) 梁的侧面纵向构造钢筋

梁的腹板高度 h_w 不小于 450mm 时,在梁的两个侧面应沿高度配置纵向构造钢筋。每侧纵向构造钢筋(不包括梁上、下部受力钢筋和架立钢筋)的间距不宜大于 200mm,截面面积不应小于腹板截面面积(bh_w)的 0.1%,但当梁宽较大时可适当放宽。

薄腹梁或需作疲劳验算的钢筋混凝土梁,应在下部 1/2 梁高的腹板内沿两侧配置直径 8~14mm 的纵向构造钢筋,其间距为 100~150mm 并按下密上疏的方式布置。在上部 1/2 梁高的腹板内,纵向构造钢筋可按上条的规定配置。

(7) 单向板肋梁楼盖中梁的箍筋

箍筋的作用:①参与抗剪;②作为纵筋的侧向支撑并与纵筋形成空间骨架;③约束混凝土,改善其受力性能;④固定纵向钢筋位置。

梁中箍筋的配置应符合下列规定:

按承载力计算不需要箍筋的梁,当截面高度大于 300mm 时,应沿梁全长设置构造箍筋;当截面高度 $h=150~300$mm 时,可仅在构件端部 $l_0/4$ 范围内设置构造箍筋,l_0 为跨度。但当在构件中部 $l_0/2$ 范围内有集中荷载作用时,则应沿梁全长设置箍筋。当截面高度小于 150mm 时，可以不设置箍筋。

截面高度大于 800mm 的梁，箍筋直径不宜小于 8mm；截面高度不大于 800mm 的梁，箍筋直径不宜小于 6mm。梁中配有计算需要的纵向受压钢筋时，箍筋直径还不应小于 $d/4$，d 为受压钢筋最大直径。

支承在砌体结构上的钢筋混凝土独立梁，在纵向受力钢筋的锚固长度范围内应配置不少于 2 个箍筋，其直径不宜小于 $d/4$，d 为纵向受力钢筋的最大直径；间距不宜大于 $10d$，当采用机械锚固措施时箍筋间距尚不宜大于 $5d$，d 为纵向受力钢筋的最小直径。梁中箍筋的最大间距宜符合表 5-10 的规定。

表 5-10　　　　　　梁中箍筋的最大间距（单位：mm）

梁高 h	$V > 0.7 f_t b h_0$	$V \leqslant 0.7 f_t b h_0$	梁高 h	$V > 0.7 f_t b h_0$	$V \leqslant 0.7 f_t b h_0$
$150 < h \leqslant 300$	150	200	$500 < h \leqslant 800$	250	350
$300 < h \leqslant 500$	200	300	$h > 800$	300	400

当 V 大于 $0.7 f_t b h_0$ 时，箍筋的配筋率 ρ_{sv} 尚不应小于 $0.24 f_t / f_{yv}$。当梁中配有按计算需要的纵向受压钢筋时，箍筋应符合以下规定：

箍筋应做成封闭式，且弯钩直线段长度不应小于 $5d$，d 为箍筋直径。箍筋的间距不应大于 $15d$，并不应大于 400mm。当一层内的纵向受压钢筋多于 5 根且直径大于 18mm 时，箍筋间距不应大于 $10d$，d 为受压钢筋的最小直径。

当梁的宽度大于 400mm 且一层内的纵向受压钢筋多于 3 根时，或当梁的宽度不大于 400mm 但一层内的纵向受压钢筋多于 4 根时，应设置复合箍筋。

当对次梁等构件考虑塑性内力重分布时，为了防止结构在实现弯矩调整所要求的内力重分布前发生剪切破坏，应在可能产生塑性铰的区段适当增加数量。即按斜截面受剪承载力计算所需的箍筋数量应大 20%。增大的区段为：当为集中荷载时，取支座边至最近一个集中荷载之间的区段；当为均布荷载时，取距支座边为 $1.05h_0$ 的区段，此处 h_0 为梁截面的有效高度。此外，为了减少构件发生斜拉破坏的可能性，配置的受剪箍筋配筋率的下限值应满足下列要求：

$$\rho_{sv} = \frac{nA_{sv}}{bs} \geqslant \rho_{sv,\min} = 0.36 \frac{f_t}{f_{yv}} \quad (5-13)$$

（8）局部配筋－附加横向钢筋

《混凝土结构设计标准》（GB/T 50010-2010）规定：位于梁下部或梁截面高度范围内的集中荷载，应全部由附加横向钢筋承担；附加横向钢筋宜采用箍筋。

在次梁与主梁相交处，次梁顶面在支座负弯矩作用下将产生裂缝，致使次梁主要通过其支座截面剪压区将集中荷载传给主梁腹部。作用在梁截面高度范围内的集中荷载，将产生垂直于梁轴线的局部应力，荷载作用点以上的主梁腹部内为拉应力，以下为压应力。这种效应一般在集中荷载作用点两侧各（0.5～0.65）梁高范围内逐渐消失。

由于该局部应力产生的主拉应力在梁腹部可能引起斜裂缝，为了防止这种局部破坏的发生，应在主、次梁相交处的主梁内设置附加箍筋或吊筋，且宜优先采用附加箍筋。当采用吊筋时，弯起段应伸至梁的上边缘，且末端水平段长度同弯起钢筋要求。

附加横向钢筋所需要的总截面面积应符合下列规定：

$$A_{sv} \geqslant \frac{F}{f_{yv}\sin\alpha} \tag{5-14}$$

式中：A_{sv} 为承受集中荷载所需的附加横向钢筋总截面面积，当采用吊筋时，A_{sv} 应为左、右弯起段截面面积之和；F 为作用在梁的下部或梁截面高度范围内的集中荷载设计值；α 为附加横向钢筋与梁轴线间的夹角。

折梁的内折角处应增设箍筋。箍筋应能承受未在压区锚固纵向受拉钢筋的合力，且在任何情况下不应小于全部纵向钢筋合力的 35%。

由箍筋承受的纵向受拉钢筋的合力按下列公式计算。

未在受压区锚固的纵向受拉钢筋的合力为：$N_{s1} = 2f_y A_{s1} \cos\frac{\alpha}{2}$

$$\tag{5-15}$$

全部纵向受拉钢筋合力的 35% 为：$N_{s2} = 0.7 f_y A_{s1} \cos\frac{\alpha}{2}$ （5-16）

式中：A_s 为全部纵向受拉钢筋的截面面积；A_{s1} 为未在受压区锚固的纵向受拉钢筋的截面面积；α 为构件的内折角。

按上述条件求得的箍筋应设置在长度 s 等于 $h\tan(3\alpha/8)$ 的范围内。

第二节　双向板肋梁楼盖设计

在整浇式肋梁楼盖中，四边支承的板，在均布荷载下当其长边 l_1 与短边 l_2 之比 $l_1/l_2 \leqslant 2$ 时，应按双向板设计，而 $3 > l_1/l_2 > 2$ 时，宜按双向板设计，这种楼盖称双向板肋梁楼盖。双向板肋梁楼盖受力性能较好，可以跨越较大跨度，梁格布置使顶棚整齐美观，常用于民用房屋跨度较大的房间以及门厅等处。当梁格尺寸及使用荷载较大时，双向板肋梁楼盖比单向板肋梁楼盖经济，所以也常用于工业房屋楼盖。

一、结构布置及构件截面尺寸确定

①结构布置。在双向板肋梁楼盖中，根据梁的布置情况不同，又可分为普通双向板楼盖和井式楼盖。当建筑物柱网接近方形，且柱网尺寸及楼面荷载均不太大时，仅需在柱网的纵横轴线上布置主梁，可不设次梁。当柱网尺寸较大时，若不设次梁，则板的跨度大，导致板厚增大，颇不经济，这时可加设次梁。当柱网不是接近方形时，梁的布置中一个方向为主梁另一方向为次梁，属于普通双向板楼盖，主要应用于一般的民用房屋中。当柱网尺寸较大且接近方形时，则在柱网的纵横轴线上两个方向布置主梁，在柱网之间两个方向布置次梁，形成井式楼盖，主要用于公共建筑，如大型商场以及宾馆的大厅等。

考虑使用及经济因素，普通双向板楼盖板区格尺寸一般为 3~4m，主梁、次梁跨度一般取 5~8m。

②构件截面尺寸。双向板的厚度一般为 80~160mm 内，任何情况下不得小于 80mm。为了使板具有足够的刚度，当简支时板厚不应小于跨度的 1/45，板边有约束时不应小于跨度的 1/50。

主梁截面高度 h 可取跨度的 1/15~1/12，次梁截面高度 h 可取跨度的 1/20~1/15，梁的截面宽度 $b = (1/2~1/3)h$。

二、双向板的试验结果、受力特点及内力计算

（一）双向板的试验结果

这里以四边简支的矩形板承受均匀荷载作用为例，说明其加载破坏过程如下：

①混凝土开裂前，板处于弹性工作阶段，板中作用有两个方向的弯矩和扭矩。由于板短边方向弯矩大，所以随着荷载增加，第一批裂缝首先发生在板底中部，且平行于长边方向。

②带裂缝工作阶段。当荷载继续增加，裂缝逐渐延伸，并大致沿 45°向板角区方向发展。

③钢筋屈服后。钢筋屈服后，在接近破坏时，板的顶面四角附近出现了圆弧形裂缝，它促使板底对角线方向裂缝进一步扩展，最终由于跨中钢筋屈服导致板的破坏。对四边简支的正方形板，试验表明：第一批裂缝在板底中部形成，大致在对角线附近，其破坏过程同矩形板相似，只是板底裂缝分布不同。

④简支的正方形板和矩形板，受荷后板的四角均有翘起的趋势。板传给支承边上的压力不是沿支承边上均匀分布，而是中部较大两端较小。

⑤试验还表明，板的含钢率相同时，采用较小直径的钢筋更为有利；钢筋

的布置采取由板边缘向中部逐渐加密比用相同数量但均匀配置的更为有利。

从上述双向板的试验分析可知：①在跨中板底配置平行于板边的双向钢筋以承担跨中正弯矩；②沿支座边配置板面负钢筋，以承担负弯矩；③当为四边简支的单孔板时，在角部板面应配置对角线方向的斜钢筋，以承担平行于对角线方向的主弯矩，在角部板底则配置垂直于对角线的斜钢筋以承担另一种主弯矩（垂直于对角线方向的主弯矩），由于斜筋长短不一，施工不便，故常用平行于板边的钢筋所构成的钢筋网来代替。

（二）双向板的受力特点

双向板的受力特点有两个：①沿两个方向弯曲和传递荷载；②板的整体工作。实际上，从双向板内截出的两个方向的板带并不是孤立的，它们都是受到相邻板带的约束，这将使得其实际的竖向位移和弯矩有所减小。

（三）双向板的内力计算方法

根据板的试验研究和受力特点，双向板内力计算总的来说有两种方法，一种是弹性计算方法，一种是塑性计算方法。目前工程设计中主要采用的是弹性计算方法，该方法简单、实用，又有一定的精度。而塑性计算方法比较烦琐，但能较好地反映钢筋混凝土结构的塑性变形特点，避免内力计算与构件抗力计算理论上的矛盾。

限于篇幅，这里仅介绍双向板的弹性内力计算方法。

三、双向板按弹性理论的计算方法

（一）计算简图确定

1. 基本假定

①双向板为各向同性板；板厚远小于板平面尺寸；板的挠度为小挠度，不超过板厚的1/5。

②板的支座按转动程度不同，有铰支座和固定支座两种。其确定方法如下：

第一，板支承在墙上时，为铰支座。

第二，等区格梁板结构整浇，对板支座而言，板面荷载左右对称时，支座为固定支座；板面荷载反对称时，支座为铰支座。

第三，假定支承梁的抗弯刚度很大，在荷载作用下，梁的垂直变形可以忽略不计，即视各区格板的周边均匀支承于梁上。

第四，假定梁的抗扭刚度很小，在荷载作用下，支承梁绕自身纵轴可自由转动。

2. 计算简图

根据基本假定，按支座情况不同，矩形双向板有六种计算简图。包括：①四边简支板；②一边固定、三边简支板；③两对边固定、两对边简支板；④四边固定板；⑤两邻边固定、两邻边简支板；⑥三边固定、一边简支板。

（二）单区格矩形双向板的内力计算

按照弹性理论计算钢筋混凝土双向板的内力可利用表进行。区格是指以梁或墙的中心线为周界的板区格。表 5—11 至表 5—16 对承受均布荷载的板，按板的周边约束条件，列出了六种矩形板的计算用表，设计时可根据所确定的计算简图直接查得弯矩系数。表中弯矩系数是按单位宽度，而且取材料的泊松比 $\mu = 0$ 而制定。若 $\mu \neq 0$ 时，对钢筋混凝土取 $\mu = 1/6$。则跨内弯矩可按弹性理论分为不考虑泊松比和考虑泊松比两种情况计算如下：

表 5—11　　　　　　四边简支板的计算用表

l_x/l_y	f	m_x	m_y	l_x/l_y	f	m_x	m_y
0.50	0.01013	0.0965	0.0174	0.80	0.00603	0.0561	0.0334
0.55	0.00940	0.0892	0.0210	0.85	0.00547	0.0506	0.0348
0.60	0.00867	0.0820	0.0242	0.90	0.00496	0.0456	0.0358
0.65	0.00796	0.0750	0.0271	0.95	0.00449	0.0410	0.0364
0.70	0.00727	0.0683	0.0296	1.00	0.00406	0.0368	0.0368
0.75	0.00663	0.0620	0.0317				

表 5—12　　　　　一边固定、三边简支板的计算用表

l_x/l_y	l_y/l_x	f	f_{max}	m_x	m_{xmax}	m_y	m_{ymax}	m'_x
0.50		0.00488	0.00504	0.0583	0.0646	0.0060	0.0063	−0.1212
0.55		0.00471	0.00492	0.0563	0.0618	0.0081	0.0087	−0.1187
0.60		0.00453	0.00472	0.0539	0.0589	0.0104	0.0111	−0.1158
0.65		0.00432	0.00448	0.0513	0.0559	0.0126	0.0133	−0.1124
0.70		0.00410	0.00422	0.0485	0.0529	0.0148	0.0154	−0.1087
0.75		0.00388	0.00399	0.0457	0.0496	0.0168	0.0174	−0.1048
0.80		0.00365	0.00376	0.0428	0.0463	0.0187	0.0193	−0.1007
0.85		0.00343	0.00352	0.0400	0.0431	0.0204	0.0211	−0.0965
0.90		0.00321	0.00329	0.0372	0.0400	0.0219	0.0226	−0.0922

续表

l_x/l_y	l_y/l_x	f	f_{max}	m_x	$m_{x\max}$	m_y	$m_{y\max}$	m'_x
0.95		0.00299	0.00306	0.0345	0.0369	0.0232	0.0239	−0.0880
1.00	1.00	0.00279	0.00285	0.0319	0.0340	0.0243	0.0249	−0.0839
	0.95	0.00316	0.00324	0.0324	0.0345	0.0280	0.0287	−0.0882
	0.90	0.00360	0.00368	0.0328	0.0347	0.0322	0.0330	−0.0926
	0.85	0.00409	0.00417	0.0329	0.0347	0.0370	0.0378	−0.0970
	0.80	0.00464	0.00473	0.0326	0.0343	0.0424	0.0433	−0.1014
	0.75	0.00526	0.00536	0.0319	0.0335	0.0485	0.0494	−0.1056
	0.70	0.00595	0.00605	0.0308	0.0323	0.0553	0.0562	−0.1096
	0.65	0.00670	0.00680	0.0291	0.0306	0.0627	0.0637	−0.1133
	0.60	0.00752	0.00762	0.0268	0.0289	0.0707	0.0717	−0.1166
	0.55	0.00838	0.00848	0.0239	0.0271	0.0792	0.080−1	−0.1193
	0.50	0.00927	0.00935	0.0205	0.0249	0.0880	0.0888	−0.1215

表 5−13　两对边固定、两对边简支板的计算用表

l_x/l_y	l_y/l_x	f	m_x	m_y	m'_x
0.50		0.00261	0.0416	0.0017	−0.0843
0.55		0.00259	0.0410	0.0028	−0.0840
0.60		0.00255	0.0402	0.0042	−0.0834
0.65		0.00250	0.0392	0.0057	−0.0826
0.70		0.00243	0.0379	0.0072	−0.0814
0.75		0.00236	0.0366	0.0088	−0.0799
0.80		0.00228	0.0351	0.0103	−0.0782
0.85		0.00220	0.0335	0.0118	−0.0763
0.90		0.00211	0.0319	0.0133	−0.0743
0.95		0.00201	0.0302	0.0146	−0.0721
1.00	1.00	0.00192	0.0285	0.0158	−0.069.8
	0.95	0.00223	0.0296	0.0189	−0.0746
	0.90	0.00260	0.0306	0.0224	−0.0797

续表

l_x/l_y	l_y/l_x	f	m_x	m_y	m'_x
	0.85	0.00303	0.0314	0.0266	−0.0850
	0.80	0.00354	0.0319	0.0316	−0.0904
	0.75	0.00413	0.0321	0.0374	−0.0959
	0.70	0.00482	0.0318	0.0441	−0.1013
	0.65	0.00560	0.0308	0.0518	−0.1066
	0.60	0.00647	0.0292	0.0604	−0.1114
	0.55	0.00743	0.0267	0.0698	−0.1156
	0.50	0.00844	0.0234	0.0798	−0.1191

表 5−14　四边固定板的计算用表

l_x/l_y	f	m_x	m_y	m'_x	m'_y
0.50	0.00253	0.0400	0.0038	−0.0829	−0.0570
0.55	0.00246	0.0385	0.0056	−0.0814	−0.0571
0.60	0.00236	0.0367	0.0076	−0.0793	−0.0571
0.65	0.00224	0.0345	0.0095	−0.0766	−0.0571
0.70	0.00211	0.0321	0.0113	−0.0735	−0.0569
0.75	0.00197	0.0296	0.0130	−0.0701	−0.0565
0.80	0.00182	0.0271	0.0144	−0.0664	−0.0559
0.85	0.00168	0.0246	0.0156	−0.0626	−0.0551
0.90	0.00153	0.0221	0.0165	−0.0588	−0.0541
0.95	0.00140	0.0198	0.0172	−0.0550	−0.0528
1.00	0.00127	0.0176	0.0176	−0.0513	−0.0513

表 5−15　两邻边固定、两邻边简支板的计算用表

l_x/l_y	f	f_{max}	m_x	m_{xmax}	m_y	m_{ymax}	m'_x	m'_y
0.50	0.00468	0.00471	0.0559	0.0562	0.0079	0.0135	−0.1179	−0.0786
0.55	0.00445	0.00454	0.0529	0.0530	0.0104	0.0153	−0.1140	−0.0785
0.60	0.00419	0.00429	0.0496	0.0498	0.0129	0.0169	−0.1095	−0.0782
0.65	0.00391	0.00399	0.0461	0.0465	0.0151	0.0183	−0.1045	−0.0777

续表

l_x/l_y	f	f_{max}	m_x	m_{xmax}	m_y	m_{ymax}	m'_x	m'_y
0.70	0.00363	0.00368	0.0426	0.0432	0.0172	0.0195	−0.0992	−0.0770
0.75	0.00335	0.00340	0.0390	0.0396	0.0189	0.0206	−0.0938	−0.0760
0.80	0.00308	0.00313	0.0356	0.0361	0.0204	0.0218	−0.0883	−0.0748
0.85	0.00281	0.00286	0.0322	0.0328	0.0215	0.0229	−0.0829	−0.0733
0.90	0.00256	0.00261	0.0291	0.0297	0.0224	0.0238	−0.0776	−0.0716
0.95	0.00232	0.00237	0.0261	0.0267	0.0230	0.0244	−0.0726	−0.0698
1.00	0.00210	0.00215	0.0234	0.0240	0.0234	0.0249	−0.0677	−0.0698

表 5－16　　三边固定、一边简支板的计算用表

l_x/l_y	l_y/l_x	f	f_{max}	m_x	m_{xmax}	m_y	m_{ymax}	m'_x	m'_y
0.50		0.00257	0.00258	0.0408	0.0409	0.0028	0.0089	−0.0836	−0.0569
0.55		0.00252	0.00255	0.0398	0.0399	0.0042	0.0093	−0.0827	−0.0570
0.60		0.00245	0.00249	0.0384	0.0386	0.0059	0.0105	−0.0814	−0.0571
0.65		0.00237	0.00240	0.0368	0.0371	0.0076	0.0116	−0.0796	−0.0572
0.70		0.00227	0.00229	0.0350	0.0354	0.0093	0.0127	−0.0774	−0.0572
0.75		0.00216	0.00219	0.0331	0.0335	0.0109	0.0137	−0.0750	−0.0572
0.80		0.00205	0.00208	0.0310	0.0314	0.0124	0.0147	−0.0722	−0.0570
0.85		0.00193	0.00196	0.0289	0.0293	0.0138	0.0155	−0.0693	−0.0567
0.90		0.00181	0.00184	0.0268	0.0273	0.0159	0.0163	−0.0663	−0.0563
0.95		0.00169	0.00172	0.0247	0.0252	0.0160	0.0172	−0.0631	−0.0558
1.00	1.00	0.00157	0.00160	0.0227	0.0231	0.0168	0.0180	−0.0600	−0.0550
	0.95	0.00178	0.00182	0.0229	0.0234	0.0194	0.0207	−0.0629	−0.0599
	0.90	0.00201	0.00206	0.0228	0.0234	0.0223	0.0238	−0.0656	−0.0653
	0.85	0.00227	0.00233	0.0225	0.0231	0.0255	0.0273	−0.0683	−0.0711
	0.80	0.00256	0.00262	0.0219	0.0224	0.0290	0.0311	−0.0707	−0.0772
	0.75	0.00286	0.00294	0.0208	0.0214	0.0329	0.0354	−0.0729	−0.0837
	0.70	0.00319	0.00327	0.0194	0.0200	0.037.0	0.0400	−0.0748	−0.0903
	0.65	0.00352	0.00365	0.0175	0.0182	0.0412	0.0446	−0.0762	−0.0970

续表

l_x/l_y	l_y/l_x	f	f_{max}	m_x	m_{xmax}	m_y	m_{ymax}	m'_x	m'_y
	0.60	0.00386	0.00403	0.0153	0.0160	0.0454	0.0493	−0.0773	−0.1033
	0.55	0.00419	0.00437	0.0127	0.0133	0.0496	0.0541	−0.0780	−0.1093
	0.50	0.00449	0.00463	0.0099	0.0103	0.0534	0.0538	−0.0784	−0.1146

1. 不考虑泊松比（$\mu=0$）时的内力计算

根据矩形双向板的计算简图，计算板块跨中和支座截面弯矩 M 时，可按下式计算：

$$B_C = \frac{Eh^3}{12} \frac{1}{1-\mu^2} \tag{5-17}$$

式中：E——弹性模量；h——板厚；μ——泊松比。

表 5-11 至表 5-16 中符号说明：f，f_{max}——板中心点的挠度和最大挠度；m_x，m_{xmax}——平行于 l_x 方向板中心点单位板宽内的弯矩和板跨内最大弯矩；m_y，m_{ymax}——平行于 l_y 方向板中心点单位板宽内的弯矩和板跨内最大弯矩；m'_x——固定边中点沿 l_x 方向单位板宽内的弯矩；m'_y——固定边中点沿 l_y 方向单位板宽内的弯矩。

正、负号的规定：弯矩——使板的受荷面受压者为正；挠度——变位方向与荷载方向相同者为正。

$$挠度 = 表中系数 \times \frac{ql^4}{B_C} \tag{5-18}$$

$$M = 表中系数 \times ql^2 \tag{5-19}$$

式中：M——跨中或支座截面单位板宽上的弯矩，单位板宽通常取 1000mm；q——单位面积上的均布荷载；l——计算跨度，取板两个方向计算跨度 l_x，l_y 的较小者，计算跨度取值同单向板。式（5-19）中的"表中系数"由表 5-11 至表 5-16 根据支座情况确定。

2. 考虑泊松比（$\mu \neq 0$）时的内力计算

应当说明，表 5-11 至表 5-16 中的内力系数是在泊松比 $\mu=0$ 的情况下算出的。实际上，跨中弯矩尚需考虑横向变形的相互影响。这种影响就是一个方向的拉伸作用，加大了另一个方向的拉伸变形，其作用相当于增加了弯矩。于是当 $\mu \neq 0$ 时，考虑双向变形间的这种影响，内力常按下式计算：

$$M_x^{(\mu)} = M_x + \mu M_y, \quad M_y^{(\mu)} = M_y + \mu M_x \tag{5-20}$$

式中：μ——泊松比，钢筋混凝土的 μ 通常取 1/6；M_x，M_y——按表 5-11 至表 5-16 中系数求得的平行于 l_x，l_y 方向的跨中弯矩。

注意：计算支座截面弯矩时，不考虑泊松比的影响，即可直接按式（5—19）计算内力。

（三）多区格等跨连续双向板的实用计算法

连续双向板内力的精确计算更为复杂，为了简化计算，在设计中都是采用简化的实用计算法。该法是以上述单跨板内力计算为基础进行的，其计算精度完全可以满足工程设计的要求。该法假定支承梁的抗弯刚度很大，其竖向变形可略去不计，同时假定抗扭刚度很小，可以转动。通过对双向板上活荷载的最不利布置以及支承情况等合理的简化，将多区格连续板用下述方法将其转化成单区格板，从而可利用表5—11至表5—16的弯矩系数计算。当同一方向相邻最小跨度与最大跨度之比大于0.80的多跨连续双向板均可按下述方法计算板中内力。

1. 求跨中最大弯矩

（1）活荷载的最不利布置

当求某区格跨中最大弯矩时，其活荷载的最不利布置，即在该区格及其左右前后每隔一区格布置活荷载，通常称为棋盘形荷载布置。

（2）荷载等效

为了能利用单跨双向板的内力计算表格，将板上永久荷载 g 和活荷载 q 分成对称荷载和反对称荷载两种情况，取：

对称荷载：$g' = g + q/2$

反对称荷载：$q' = \pm q/2$

这样每一板区格的荷载总值仍不变，可认为其荷载等效。

（3）对称型荷载作用下

在 $g' = g + q/2$ 作用下，连续板的各中间支座两侧的荷载相同，若忽略远端荷载的影响，则可近似认为板的中间支座处转角为零，这样在荷载 $g' = g + q/2$ 作用下，对中间区格板可按四边固定的板来计算内力，边区格板的3个内支承边、角区格2个内支承边都可以看成固定边。各外支承边应根据楼盖四周的实际支承条件而定。

这样就可利用前述单跨双向板的内力计算表格（表5—11至表5—16），计算出每一区格在 $g' = g + q/2$ 作用下当 $\mu = 0$ 时的跨中最大弯矩。

（4）反对称型荷载作用下

在 $q' = \pm q/2$ 作用下，连续板的支承处左右截面的旋转方向一致，转角大小近似相等，板在支承处的转动变形基本自由，可认为支承处的约束弯矩为零。这样可将板的各中间支座看成铰支承，因此在 $q' = \pm q/2$ 作用下，各板均可按四边简支的单区格板计算内力，求得反对称荷载作用下当 $\mu = 0$ 时各区格板的跨中最大弯矩。

（5）跨内最大正弯矩

通过上述荷载的等效处理，等区格连续双向板在荷载 g'、q' 作用下，都可转化成单区格板利用表 5－11 至表 5－16 计算出跨内弯矩值。最后按式（5－19）计算出两种荷载情况的实际跨中弯矩，并进行叠加，即可作为所求的跨内最大正弯矩。

2. 求支座弯矩

为使支座弯矩出现最大值，按理活荷载应作最不利布置，但对于双向板来说计算将会十分复杂，为了简化计算，可假定全板各区格满布活荷载时支座弯矩最大。这样，对内区格可按四边固定的单跨双向板计算其支座弯矩。至于边区格，其边支座边界条件按实际情况考虑，内支座按固定边考虑，计算其支座弯矩。这样就可利用表 5－11 至表 5－16 来计算出每一区格支座弯矩。

若支座两相邻板的支承条件不同，或者两侧板的计算跨度不等，则支座弯矩可取两种板计算所得的平均值。

3. 内力折减

当板块周边与支承梁整浇时，和单向板一样，板在荷载作用下开裂后，起到拱的作用。周边支承梁对板产生水平推力，这种推力可以减小板块支座和跨中的弯矩，这对板的受力是有利的。为考虑这种有利作用，通常是将截面弯矩进行折减，目前工程设计中常用折减系数为：①中间各区格板的跨中截面及支座截面弯矩，折减系数为 0.8。②边区格各板的跨中截面及自楼盖边缘算起的第一内支座截面：当 $l_b/l<1.5$ 时，折减系数为 0.8；当 $1.5 \leqslant l_b/l \leqslant 2$ 时，折减系数为 0.9；当 $l_b/l>2$ 时，不予折减。此处 l_b、l 分别为边区格板沿楼盖边缘方向和垂直于楼盖边缘方向的计算跨度。③对角区格板块，不予折减。

四、双向板肋梁楼盖的截面设计及构造

（一）双向板的截面设计与构造

1. 双向板设计要点

①内力计算：双向板的内力计算可以采用弹性理论与塑性理论的方法。

②板的计算宽度：通常取 1000mm，板的厚度按表 5－1 取值。

③截面有效高度 h_0：双向板中短跨方向弯矩较长跨方向弯矩大，因此短跨方向钢筋应放在长跨方向钢筋之下，以充分利用截面的有效高度。为此确定双向板截面有效高度 h_0 时可取：板跨短向 $h_0 = h - 20$mm；板跨长向 $h_0 = h - 30$mm。其中 h 为板厚。

④板的配筋计算：板的配筋通常按单筋受弯构件计算。为了简化，通常按

下面近似公式计算配筋：

$$A_s = \frac{M}{\gamma f_y h_0} \tag{5-21}$$

式中：γ——为内力臂系数，一般可取 $\gamma = 0.9 \sim 0.95$。

⑤双向板同样不需进行抗剪验算。

2. 双向板配筋构造

(1) 双向板中受力钢筋

①一般要求。双向板中受力钢筋的级别、直径、间距及锚固、搭接等各方面要求同单向板。

②配筋方式。双向板配筋方式同单向板一样，有分离式和弯起式两种。

③钢筋布置。由双向板的试验分析可知：双向板中各板带的变形和受力是不均匀的，跨中板带变形大受力也大；而靠近支座边缘的板带变形小，受力也小。这说明跨中弯矩值不仅沿板跨方向变化，也沿着板宽方向向两边逐渐减小；支座负弯矩沿支座方向也是变化的，两边小、中间大。

板的配筋计算中，板底钢筋数量和支座钢筋数量都是按最大弯矩求得的，故边缘板带配筋可以适当减小。实际工程中，支座负筋通常未考虑这种变化。按弹性理论确定最大内力，求出配筋后，沿支座均匀布置。而对板底钢筋，可按图 5-1 配置。

在 l_x 和 l_y 方向将板分为两个边缘板带和一个中间板带，边缘板带宽度均为 $l_x/4$。中间板带按最大跨中正弯矩求得的钢筋数量均匀布置于板底；边缘板带单位宽度内的配筋取中间板带配筋之半，且每米宽度内不少于3根。

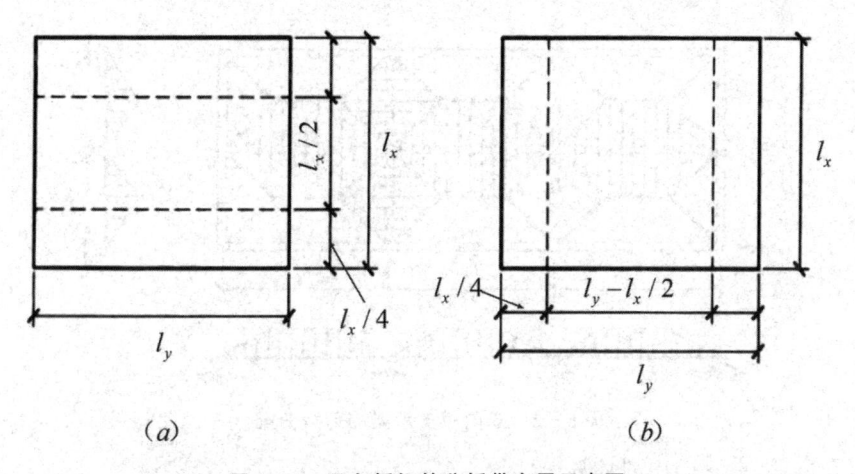

图 5-1 双向板钢筋分板带布置示意图

④钢筋弯起。在四边固定的单块双向板及连续双向板中，板底钢筋可在距

支座边 $l_x/4$ 处弯起钢筋总量的 1/2～1/3，作为支座负筋，不足时，另加板顶负钢筋。

在四边简支的双向板中，由于计算中未考虑支座的部分嵌固作用，板底钢筋可在距支座边 $l_x/4$ 处弯起 1/3 作为构造负筋。

(2) 双向板中构造钢筋

双向板除计算受力配筋外，应考虑施工需要及设计中未考虑的因素需设置构造配筋，其直径、间距、位置参见单向板。

(二) 双向板肋梁楼盖中梁的设计要点与配筋构造

1. 双向板肋梁楼盖中梁的设计要点

(1) 支承梁的截面形式

同单向板肋梁楼盖。对现浇楼盖，梁跨中按 T 形截面，梁支座处按矩形截面。

(2) 支承梁截面有效高度 h_0

考虑受力主筋重叠，同单向板肋梁楼盖中梁一样取值。

(3) 支承梁上荷载分布

精确地确定双向板传给支承梁的荷载较为复杂，通常双向板传给支承梁的反力可采用下述近似方法求得（图 5-2）。不论双向板采用弹性理论还是塑性理论计算，都可从每一区格的四角作 45°线与平行于长边的中线相交，把整块板分成四小块，每个板块的恒载和活载传至相邻的支承梁上。因此，作用在双向板支承梁上的荷载不是均匀分布的，故短边支承梁上承受三角形荷载，长边支承梁上承受梯形荷载，支承梁自重仍为均布荷载。

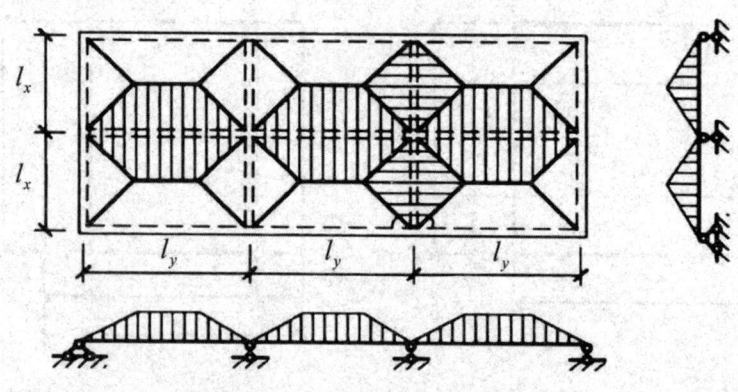

图 5-2 双向板支承梁的荷载分配

(4) 支承梁的内力计算

支承梁的内力可按弹性理论或塑性理论计算。按弹性理论计算时可先将梁上的梯形或三角形荷载,根据支座转角相等的条件换算为等效均布荷载。等效均布荷载求得后,即可由表 5—11 至表 5—16 求出各支座弯矩(考虑活载不利布置),然后利用所求得的支座弯矩,按单跨梁承受三角形或梯形荷载由平衡条件求得跨中弯矩。

(5) 配筋计算

内力求出后,梁的截面配筋与单向板肋形楼盖中的次梁、主梁相同。

2. 双向板肋梁楼盖中梁的配筋构造

双向板肋梁楼盖中梁的配筋构造同单向板中梁的配筋构造,这里不再赘述。

第三节 楼梯结构设计

钢筋混凝土梁板结构应用非常广泛,除大量用于前面所述的楼盖、屋盖外,工业民用建筑中的楼梯、挑檐、雨篷、阳台等也是梁板结构的各种组合,只是这些构件的形式较特殊,其工作条件也有所不同,因而在计算中各具有其特点,本节着重分析以受弯为主的楼梯计算及构造特点。

楼梯是多层及高层房屋的竖向通道,是房屋的重要组成部分。钢筋混凝土楼梯由于经济耐用,耐火性能好,因而在多层和高层房屋中得到广泛的应用。

楼梯的结构设计步骤包括:①根据建筑要求和施工条件,确定楼梯的结构型式和结构布置;②根据建筑类别,确定楼梯的活荷载标准值;③进行楼梯各部件的内力分析和截面设计;④绘制施工图,处理连接部件的配筋构造。

一、楼梯的结构选型

(一) 建筑类型

根据使用要求和建筑特点,楼梯可以分成下列不同的建筑类型。

1. 直跑楼梯

直跑楼梯适用于平面狭长的楼梯间和人流较少的次要楼梯。在房屋层高较小时,直跑楼梯中部可不设休息平台;层高较大、步数超过 17 步时,宜在中部设置休息平台。

2. 两跑楼梯

两跑楼梯应用最为广泛,适用于层高不太大的一般多层建筑。这种楼梯的平面形式多样。

3. 三跑楼梯

当建筑层高较大时，一般采用三跑楼梯，层间设置两个休息平台，楼梯间一般为方形或接近方形的平面。

4. 剪刀式楼梯

剪刀式楼梯交通方便，适于在人流较多的公共建筑中采用。

5. 螺旋形楼梯

螺旋形楼梯也称圆形楼梯，它的形式比较美观，常在公共建筑的门厅或室外采用，而且往往设置在显著的位置上，以增加建筑空间的艺术效果。它的另一个优点是楼梯间常可设计成圆形或方形，占用的建筑面积较小，所以在一般建筑中也可采用。

6. 悬挑板式楼梯

钢筋混凝土悬挑板式楼梯的挑出部分没有梁和柱，形式新颖、轻巧，有很好的建筑艺术效果。这种楼梯在20世纪50年代国际上就已经用得很广泛了。

（二）结构类型

钢筋混凝土楼梯可以是现浇的或预制装配的。钢筋混凝土现浇楼梯按其结构型式和受力特点大致可分为板式楼梯和梁式楼梯。

板式楼梯由梯段板、平台板和平台梁组成。梯段板是一块带有踏步的斜板，两端支承在上、下平台梁上。其优点是下表面平整，支模施工方便，外观也较轻巧。其缺点是梯段跨度较大时，斜板较厚，材料用量较多。因此，当活荷载较小，梯段跨度不大于3m时，宜采用板式楼梯。

梁式楼梯由踏步板、梯段梁、平台板和平台梁组成。踏步板支承在两边斜梁上；斜梁再支承在平台梁上，斜梁可设在踏步下面或上面，也可以用现浇挡板代替斜梁。当梯段跨度大于3m时，采用梁式楼梯较为经济，但支模及施工比较复杂，而且外观也显得比较笨重。

选择楼梯的结构型式，应根据使用要求、材料供应、荷载大小、施工条件等因素以及适用、经济、美观的原则来选定。

二、楼梯的设计要点

发生强烈地震时，楼梯间是重要的紧急逃生竖向通道，楼梯间（包括楼梯板）的破坏会延误人员撤离及救援工作，从而造成严重伤亡。中国的《建筑抗震设计标准》（GB/T 50011—2010）对楼梯间的抗震设计要求规定：楼梯间宜采用钢筋混凝土楼梯；对于框架结构，楼梯间的布置不应导致结构平面特别不规则；楼梯构件与主体结构整浇时，应计入楼梯构件对地震作用及其效应的影响，应进行楼梯构件的抗震承载力验算；宜采取构造措施，减少楼梯构件对主体结构刚度的影响；楼梯间两侧填充墙与柱之间应加强拉结。条文说明中进一步指出：对于框架结构，楼梯构件与主体结构整浇时，梯板起到斜支撑的作用，对结构刚度、承载力、规则性的影响比较大，应参与抗震计算；当采取措施，如梯板滑动支承于平台板，楼梯构件对结构刚度等的影响较小，是否参与整体抗震计算差别不大。对于楼梯间设置刚度足够大的抗震墙的结构，楼梯构件对结构刚度的影响较小，也可不参与整体抗震计算。

下面仅介绍板式楼梯的设计要点。

板式楼梯的设计内容包括梯段板、平台板和平台梁的设计。

（一）梯段斜板

近似假定梯段板按斜放的简支梁计算，计算跨度取平台梁间的斜长净距，取1m宽板带作为计算单元。

普通平放的板所受荷载（包括恒载和活载）是沿水平方向分布的，但在楼梯斜板中，其恒载 g'（包括踏步、梯段斜板及上下粉刷重）和使用活载 q' 是沿板的倾斜方向分布的。

为计算梯段斜板内力，应将恒载 g' 和使用活载 q' 分解为垂直于板面和平行板面的两个荷载 $(g'+q')\cos\alpha$ 和 $(g'+q')\sin\alpha$。

斜板在荷载 $(g'+q')\cos\alpha$ $g'+q'$ $\cos\alpha$ 作用下，沿其法线方向产生弯曲，产生弯矩和剪力。而在 $(g'+q')\sin\alpha$ 作用下，在斜板横截面上产生轴力 N，对一般楼梯斜板设计时，由于楼梯倾角 α 较小，因而轴力 N 影响很小，设计时可不予考虑。因此，斜板内力计算时，仅需计算在荷载 $(g'+q')\cos\alpha$ 作用下的内力。

跨中弯矩：

$$M_{斜} = \frac{1}{8}(g'+q'){l'}^2\cos\alpha \qquad (5-22)$$

支座剪力：

$$V_{斜} = \frac{1}{2}(g'+q')l'\cos\alpha \qquad (5-23)$$

式中：l'——梯段斜板斜向计算跨度。

如果用 $l'=l/\cos\alpha$，$g'+q'=(g+q)\cos\alpha$ 代入上式则得：

$$M_{斜} = \frac{1}{8}(g'+q'){l'}^2\cos\alpha = \frac{1}{8}(g'+q')\left(\frac{l}{\cos\alpha}\right)^2\cos\alpha = \frac{1}{8}(g+q)l^2$$

$$(5-24)$$

$$V_{斜} = \frac{1}{2}(g'+q')l'\cos\alpha = \frac{1}{2}(g+q)\cos\alpha\frac{l}{\cos\alpha}\cos\alpha = \frac{1}{2}(g+q)l\cos\alpha$$

$$(5-25)$$

式中：l——梯段斜板计算跨度的水平投影长度；

g,q——每单位水平长度上的竖向均布恒载和活载。

可见，简支斜梁在竖向均布荷载 $p=g+q$ 作用下的最大弯矩，等于其水平投影长度的简支梁在 p 作用下的最大弯矩，最大剪力为水平投影长度的简支梁在 p 作用下的最大剪力值乘以 $\cos\alpha$。

考虑到梯段板与平台梁整浇，平台对斜板的转动变形有一定的约束作用，故计算板的跨中正弯矩时，常近似取

$$M=\frac{1}{10}(g+q)l^2 \qquad (5-26)$$

截面承载力计算时，斜板的截面高度应垂直于斜面量取，并取齿形的最薄处。梯段板厚度应不小于 $(1/25\sim1/30)\,l$。

为避免斜板在支座处产生过大的裂缝，应在板面配置一定数量钢筋，一般取 φ8@200。在垂直受力钢筋方向仍应按构造配置分布钢筋，并要求每个踏步板内至少放置一根分布钢筋，且应放置在受力钢筋的内侧。梯段板和一般板的计算相同，可不必进行斜截面受剪承载力验算。

（二）平台板和平台梁

平台板一般设计成单向板（有时也可能是双向板），可取 1m 宽板带进行计算，平台板一端与平台梁整体连接，另一端可能支承在砖墙上，也可能与过梁整浇。

当板的两边均与梁整体连接时，考虑梁对板的弹性约束，板的跨中弯矩可按式（5-27）计算，即

$$M=\frac{1}{10}(g+q)l^2 \qquad (5-27)$$

当板的一边与梁整体连接而另一边支承在墙上时，板的跨中弯矩则应按式（5-28）计算：

$$M=\frac{1}{8}(g+q)l^2 \qquad (5-28)$$

式中：l——平台板的计算跨度。

考虑到平台板支座的转动会受到一定约束，一般应将平台板下部钢筋在支座附近弯起一半，或在板面支座处另配短钢筋，伸出支承边缘长度为 $l_n/4$，图 5-3 为平台板的配筋。

平台梁的设计与一般梁相似。平台梁截面高度 h，一般取 $h\geqslant l_0/12$，l_0 为平台梁的计算跨度，其他构造要求与一般梁相同。

图 5—3　平台板配筋

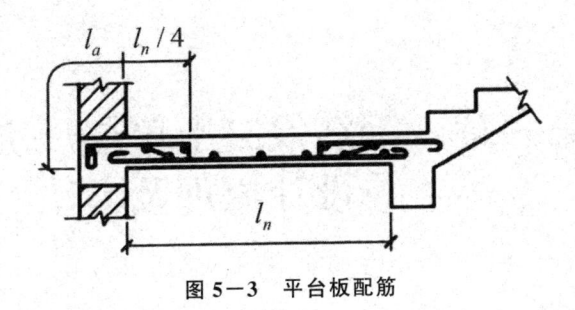

3. 楼梯构件抗震承载力验算要求

①与楼梯构件相连的框架柱、框架梁，应计入楼梯构件附加的地震内力（尤其是轴力和剪力）。

②与楼梯构件不相连的框架柱、框架梁，可按不计入楼梯构件的情况设计。

③梯板应计入地震轴力和面内弯矩的影响，按偏心受拉、偏心受压构件计算，按双层配筋设计。

④连接梯板和框架的休息平台梁应计入地震轴力影响，按压弯或拉弯构件设计；支承梯板的平台梁应按拉弯剪构件设计。

⑤支承平台梁的梯柱应取平台梁的轴向力作为剪力进行设计。

第六章　钢筋混凝土单层厂房设计原理及方法

第一节　单层厂房结构的组成及布置

一、单层厂房结构的组成

钢筋混凝土单层厂房结构通常是由下列各种结构构件所组成并连成一个整体。

①屋盖结构。屋盖结构由屋面板、天沟板、天窗架、屋架（或屋面大梁）、托架等组成，可分为无檩屋盖体系和有檩屋盖体系两类。凡大型屋面板直接支承在屋架上者，为无檩屋盖体系，其刚度和整体性好，目前采用很广泛。而小型屋面板支承在檩条上，檩条支承在屋架上，这样的结构体系称为有檩屋盖体系，这种屋盖由于构件种类多，荷载传递路线长，刚度和整体性较差，尤其是对于保温屋面更为突出，所以除轻型不保温的厂房外，较少采用。屋面板起覆盖、围护作用；屋架又称为屋面承重结构，它除承受自重外，还承担屋面活荷载，并将其传到排架柱。屋架（屋面大梁）承受屋盖的全部荷载，并将它们传给柱子。当柱间距大于屋架间距时（抽柱）用以支承屋架，并将屋架荷载传给柱子。天窗架也是一种屋面承重结构，主要用于设置通风、采光天窗。

②吊车梁。吊车梁承担吊车竖向荷载及水平荷载，并将这些荷载传给排架结构。

③梁柱系统。梁柱系统由排架柱、抗风柱、吊车梁、基础梁、连系梁、过梁、圈梁构成。其中：屋架和横向柱列构成横向平面排架，是厂房的基本承重结构；由纵向柱列、连系梁、吊车梁和柱组成纵向平面排架，其主要作用是保证厂房结构纵向稳定和刚度，并承受相应的纵向吊车梁简支在柱牛腿上，承受吊车荷载，并将其传至横向或纵向平面排架。

圈梁将墙体同厂房排架柱、抗风柱等箍在一起，以加强厂房的整体刚度，防止由于地基的不均匀沉降或较大振动荷载等引起对厂房的不利影响。连系梁联系纵向柱列，以增强厂房的纵向刚度并传递风荷载到纵向柱列，且将其上部墙体重量传给柱子。过梁承受门窗洞口上的荷载，并将它传到门窗两侧的墙体。基础梁承托围护墙体重量，并将其传给柱基础，而不另作墙基础。

排架柱承受屋盖、吊车梁、墙传来的竖向荷载和水平荷载，并把它们传给基础。抗风柱承受山墙传来的风荷载，并将其传给屋盖结构和基础。

④支撑系统。

支撑系统包括屋盖支撑和柱间支撑。支撑的主要作用是加强结构的空间刚度，承受并传递各种水平荷载，保证构件在安装和使用阶段的稳定和安全。

⑤基础。基础包含柱下独立基础和设备基础。柱下独立基础承受柱、基础梁传来的荷载，并将其传给地基；设备基础承受设备传来的荷载。

⑥围护系统。围护结构体系，包括纵墙和山墙、墙梁、抗风柱（有时还有抗风梁或抗风桁架）、基础梁以及基础等构件。

围护结构的作用，除承受墙体构件自重以及作用在墙面上的风荷载以外，主要起围护、采光、通风等作用。

围护结构的竖向荷载，除悬墙自重通过墙梁传给横向柱列或抗风柱外，墙梁以下的墙体及其围护构件（如门窗、圈梁等）自重，直接通过基础梁传给基础和地基。

二、单层厂房的荷载及传力途径

（一）单层厂房的荷载

作用在单层厂房结构上的荷载有竖向荷载和水平荷载。竖向荷载主要由横向平面排架承担，水平荷载则由横向平面排架和纵向平面排架共同承担。

①竖向荷载：使用过程中的竖向荷载主要包括构件和设备自重、吊车起吊重物时的荷载、雪荷载和积灰荷载、检修荷载。

②水平荷载：水平荷载主要包括风荷载、吊车水平制动荷载、水平地震作用。其中，风荷载包括迎风面的风压力和背风面的风吸力。

（二）传力途径

在上述构件中，装配式钢筋混凝土单层厂房结构，根据荷载的传递途径和结构的工作特点又可分为：横向平面排架和纵向平面排架。

横向平面排架是由横梁（屋面梁或屋架）、横向柱列和基础所组成。由于梁跨度多大于纵向排架柱间距，各种荷载主要向短边传递，所以横向平面排架是单层厂房的主要承重结构，承受厂房的竖向荷载、横向水平荷载，并将它们传给地基。因此，单层厂房设计中，一定要进行横向平面排架计算。

横向平面排架结构上主要荷载的传递途径如图 6-1 所示。

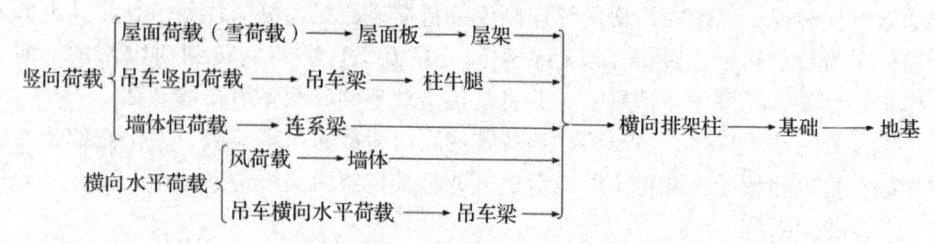

```
           ┌ 屋面荷载（雪荷载）→ 屋面板 → 屋架 ┐
竖向荷载  ─┤ 吊车竖向荷载 → 吊车梁 → 柱牛腿     ├→ 横向排架柱 → 基础 → 地基
           └ 墙体恒荷载 → 连系梁 ───────────────┘
                ┌ 风荷载 → 墙体 ┐
横向水平荷载 ──┤                │
                └ 吊车横向水平荷载 → 吊车梁 ┘
```

图 6-1　横向平面排架结构上主要荷载传递途径

纵向平面排架是由连系梁、吊车梁、纵向柱列（包括柱间支撑）和基础所组成，主要承受作用于厂房纵向的各种水平力，并把它们传给地基，同时也承受因温度变化和收缩变形而产生的内力，起保证厂房结构纵向稳定性和增强刚度的作用。由于厂房纵向长度较大，纵向柱列中柱子数量多，故当厂房设计不考虑抗震设防时，一般可不进行纵向平面排架计算。

纵向平面排架结构上的主要荷载传递途径如图 6-2 所示。

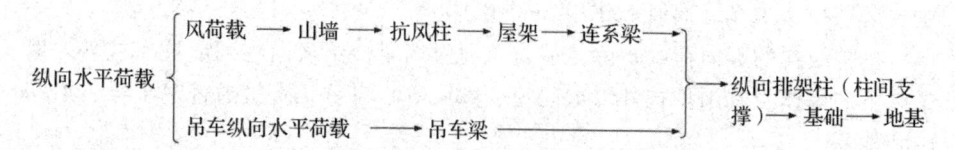

```
                ┌ 风荷载 → 山墙 → 抗风柱 → 屋架 → 连系梁 ┐
纵向水平荷载 ─┤                                              ├→ 纵向排架柱（柱间支撑）→ 基础 → 地基
                └ 吊车纵向水平荷载 → 吊车梁 ─────────────┘
```

图 6-2　纵向平面排架结构上主要荷载传递途径

纵向平面排架间和横向平面排架间主要依靠屋盖结构和支撑体系相连接，以保证厂房结构的整体性和稳定性。所以，屋盖结构和支撑体系也是厂房结构的重要组成部分。

三、承重结构构件的布置

（一）单层厂房的柱网布置

厂房承重柱或承重墙的定位轴线在平面上构成的网络，称为柱网。

柱网布置就是确定纵向定位轴线之间的尺寸（跨度）和横向定位轴线之间的尺寸（柱距）。柱网布置既是确定柱的位置，也是确定屋面板、屋架和吊车梁等构件尺寸（跨度）的依据，并涉及结构构件的布置。柱网布置恰当与否，将直接影响厂房结构的经济合理性和先进性，与生产使用也有密切关系。

为了保证构件标准化、定型化，主要尺寸和标高应符合统一模数。中华人民共和国国家标准《厂房建筑模数协调标准》（GB/T 50006-2010）规定的统一协调模数制，以 100mm 为基本单位，用 M 表示。并规定建筑的平面和竖向协调模数的基数值均应取扩大模数 $3M$，即 300mm。厂房建筑构件的截面尺寸，宜按 $M/2$（50mm）或 $1M$（100mm）进级。

当厂房的跨度不超过 18m 时，跨度应取 $30M$（3m）的倍数；当厂房的跨度超过 18m 时，跨度应取 $60M$（6m）的倍数；当工艺布置有明显的优越性时，跨度允许采用 21m、27m 和 33m。厂房的柱距一般取 6m 或 6m 的倍数，个别厂房也可以采用 9m 的柱距。但从经济指标、材料用量和施工条件等方面来衡量，一般厂房采用 6m 柱距比 12m 柱距优越。

单层厂房自室内地坪至柱顶和牛腿面的高度应为扩大模数 $3M$（300mm）的整倍数。柱网布置的原则一般为：①符合生产和使用要求；②建筑平面和结构方案经济合理；③在厂房结构形式和施工方法上具有先进性和合理性，适应生产发展和技术革新的要求，符合《厂房建筑模数协调标准》（GB 50006—2010）的模数规定。

（二）单层厂房的变形缝

变形缝包括伸缩缝、沉降缝和防震缝。

1. 单层厂房的伸缩缝

如果厂房长度和跨度过大，当气温变化时，温度变形将使结构内部产生很大的温度应力，严重的可使墙面、屋面和构件等拉裂，影响使用。

为减少厂房结构中的温度应力，可设置伸缩缝将厂房结构分成若干温度区段。伸缩缝应从基础顶面开始，将两个温度区段的上部结构构件完全分开，并留出一定宽度的缝隙，使上部结构在气温有变化时，在水平方向可以自由地发生变形。《混凝土结构设计标准》（GB/T 50010—2010）规定：对于排架结构，当有墙体封闭的室内结构，其伸缩缝最大间距不得超过 100m；而对于无墙体封闭的露天结构，则不得超过 70m。

2. 单层厂房的沉降缝

在一般单层厂房排架结构中，通常可不设沉降缝，因为排架结构能适应地基的不均匀沉降，只有在特殊情况下才考虑设置。如厂房相邻两部分高度相差很大（如 10m 以上），两跨间吊车起重量相差悬殊，地基承载力或下卧层土质有极大差别，厂房各部分的施工时间先后相差很长，土壤压缩程度不同等。

沉降缝应将建筑物从屋顶到基础全部分开。

3. 单层厂房的防震缝

当厂房平、立面布置复杂时才考虑设防震缝。防震缝是为了减轻厂房地震灾害而采取的措施之一。当厂房有抗震设防要求时，如厂房平、立面布置复杂，结构高度或刚度相差悬殊时，应设置防震缝将相邻部分分开。

四、支撑的布置及作用

支撑可分屋盖支撑和柱间支撑两大类。在单层厂房中，支撑虽属非承重构件，但却是联系主体结构，以使整个厂房形成整体的重要组成部分。支撑的主要作用是：增强厂房的空间刚度和整体稳定性，保证结构构件的稳定与正常工作；将纵向风荷载、吊车纵向水平荷载及水平地震作用传递给主要承重构件；保证在施工安装阶段结构构件的稳定。工程实践表明，如果支撑布置不当，不仅会影响厂房的正常使用，还可能导致某些构件的局部破坏，乃至整个厂房的倒塌。支撑是联系屋架和柱等主要结构构件以构成空间骨架的重要组成部分，是保证厂房安全可靠和正常使用的重要措施，应予以足够重视。

（一）屋盖支撑

屋盖支撑通常包括上弦水平支撑、下弦水平支撑、垂直支撑、纵向水平系杆以及天窗架支撑等。这些支撑不一定在同一个厂房中全都设置。屋盖上、下弦水平支撑是布置在屋架上、下弦平面内以及天窗架上弦平面内的水平支撑，杆件一般采用十字交叉形式布置，倾角为30°~60°。屋盖垂直支撑是指布置在屋架间和天窗架间的支撑。系杆分为刚性压杆和柔性拉杆两种。系杆设置在屋架上、下弦及天窗上弦平面内。

屋盖支撑的布置应考虑以下因素：厂房的跨度及高度；柱网布置及结构形式；厂房内起重设备的特征及工作等级；有无振动设备及特殊的水平荷载。

1. 屋架上弦横向水平支撑

屋架上弦横向水平支撑，系指厂房每个伸缩缝区段端部用交叉角钢、直腹杆和屋架上弦共同构成的，连接于屋架上弦部位的水平桁架。其作用是：在屋架上弦平面内构成刚性框，用以增强屋盖的整体刚度，保证屋架上弦平面外的稳定，同时将抗风柱传来的风荷载及地震作用传递到纵向排架柱顶。

其布置原则是：当屋盖采用有檩体系或无檩体系的大型屋面板与屋架无可靠连接时，在伸缩缝区段的两端（或在第二柱间、同时在第一柱间增设传力系杆）设置；当山墙风力通过抗风柱传至屋架上弦时，在厂房两端（或在第二柱间）设置；当有天窗时，在天窗两端柱间设置；地震区，尚应在有上、下柱间支撑的柱间设置。

2. 屋架下弦横向水平支撑

屋架下弦横向水平支撑，系指在屋架下弦平面内，由交叉角钢、直腹杆架下弦共同构成的水平桁架。其作用是：将山墙风荷载或吊车纵向水平荷载及地震作用传至纵向列柱时防止屋架下弦的侧向振动。

其布置原则是：当山墙风力通过抗风柱传至屋架下弦时，宜在厂房两端

(或第二柱间)设置；当屋架下弦有悬挂吊车且纵向制动力较大或厂房内有较大振动时，应在伸缩缝区段的两端（或在第二柱间）设置。

3. 屋架下弦纵向水平支撑

屋架下弦纵向水平支撑，系指由交叉角钢、直杆和屋架下弦第一节间组成的纵向水平桁架。其作用是：提高厂房的空间刚度，加强厂房的工作空间；直接增强屋盖的横向水平刚度，保证横向水平荷载的纵向分布；当设有托架时，将支撑在托架上的屋架所承担的横向水平风载传到相邻柱顶，并保证托架上翼缘的侧向稳定性。

其布置原则是：当厂房高度较大（如大于 15m）或吊车起重物较大（如大于 50t）时宜设置；当厂房内设有硬钩桥式吊车或设有大于 5t 悬挂吊，或设有较大振动的设备时宜设置；当厂房内因抽柱或柱距较大而需设置托架时宜设置。当厂房设有下弦横向水平支撑时，为保证厂房空间刚度，纵向水平支撑应尽可能与横向水平支撑连接，以形成封闭的水平支撑体系。

4. 垂直支撑和水平系杆

垂直支撑由角钢杆件与屋架的直腹杆或天窗架的立柱组成垂直桁架。垂直支撑一般设置在伸缩缝区段两端的屋架端部或跨中。布置原则为：屋架端部（或天窗架）的高度（外包尺寸）大于 1.2m 时，屋架端部（或天窗架）两端各设一道垂直支撑；屋架中部的垂直支撑，可按表 6-1 设置，表中 L 为屋架的跨度。

垂直支撑除保证屋盖系统的空间刚度和屋架安装时结构的安全以外，还将屋架上弦平面内的水平荷载传递到屋架下弦平面内。所以，垂直支撑应与屋架下弦横向水平支撑布置在同一柱间内。在有檩体系屋盖中，上弦纵向水平系杆则是用来保证屋架上弦或屋面梁受压翼缘的侧向稳定（防止局部失稳）及上弦杆的计算长度。

表 6-1　　　　　　　　　　屋架中部的垂直支撑

$L=12\sim18\mathrm{m}$	$18\mathrm{m}<L\leqslant24\mathrm{m}$	\multicolumn{2}{c	}{$24\mathrm{m}<L\leqslant30\mathrm{m}$}	\multicolumn{2}{c}{$30\mathrm{m}<L\leqslant36\mathrm{m}$}
		端部不设	端部设	端部不设	端部设
不设	一道	两道	一道	三道	两道

系杆是单根的连系杆件。既能承受拉力又能承受压力的系杆称为刚性系杆，只能承受拉力的系杆称为柔性系杆。系杆一般沿通长布置，布置原则是：①有上弦横向水平支撑时，设上弦受压系杆。②有下弦横向水平支撑或纵向水平支撑时，设下弦受压系杆。③屋架中部有垂直支撑时，在垂直支撑同一铅垂面内设置通长的上弦受压系杆和通长的下弦受拉系杆；屋架端部有垂直支撑

时，在垂直支撑同一铅垂面内设置通长的受压系杆。④当屋架横向水平支撑设置在端部第二柱间时，第一柱间的所有系杆均应为刚性系杆。

5. 天窗架支撑

天窗架间支撑包括天窗上弦水平支撑、天窗架间的垂直支撑和水平系杆。其作用是保证天窗上弦的侧向稳定和将天窗端壁上的风荷载传给屋架。

天窗架支撑的布置原则是：天窗架上弦横向水平支撑和垂直支撑一般均设置在天窗端部第一柱间内。当天窗区段较长时，还应在区段中部设有柱间支撑的柱间设置天窗垂直支撑。

垂直支撑一般设置在天窗的两侧，当天窗架跨度大于或等于 12m 时，还应在天窗中间竖平面内增设一道垂直支撑。天窗有挡风板时，在挡风板立柱平面内也应设置垂直支撑。在未设置上弦横向水平支撑的天窗架间，应在上弦节点处设置柔性水平系杆。天窗垂直支撑除保证天窗架安装时的稳定外，还将天窗端壁上的风荷载传至屋架上弦水平支撑，因此，天窗架垂直支撑应与屋架上弦水平支撑布置在同一柱距内（在天窗端部的第一柱距内），且一般沿天窗的两侧设置。

（二）柱间支撑

柱间支撑是由型钢和两相邻柱组成的竖向悬臂桁架，其作用是将山墙风荷载、吊车纵向水平荷载传至基础，增加厂房的纵向刚度。

对于有吊车的厂房，柱间支撑分上部和下部两种：前者位于吊车梁上部，用以承受作用在山墙上的风力并保证厂房上部的纵向刚度；后者位于吊车梁下部，承受上部支撑传来的力和吊车梁传来的吊车纵向制动力，并把它们传至基础。

非地震区的一般单层厂房，凡属下列情况之一者，均应设置柱间支撑。

①设有悬臂式吊车或 30kN 及以上的悬挂式吊车。

②设有重级工作制吊车，或设有中、轻级工作制吊车，其起重量在 100kN 和 100kN 以上。

③厂房的跨度在 18m 或 18m 以上，或者柱高在 8m 以上。

④厂房纵向柱的总数在 7 根以下。

⑤露天吊车栈桥的柱列。

柱间支撑应设置在伸缩缝区段中央柱间或临近中央的柱间。这样有利于在温度变化或混凝土收缩时，厂房可向两端自由变形，而不致发生较大的温度或收缩应力。每一伸缩缝区段一般设置一道柱间支撑。

五、围护结构的布置

围护结构中的墙体一般沿厂房四周布置,墙体中一般还要布置圈梁、过梁、墙梁和基础梁等。

圈梁是在平面内封闭的钢筋混凝土梁,其作用是增强厂房结构的整体性。圈梁宜连续地设在同一水平面上,并形成封闭状;当圈梁被门窗洞口截断时,应在洞口上部增设相同截面的附加圈梁。附加圈梁的搭接长度不应小于 1m,且不应小于其垂直间距离的 2 倍。圈梁的宽度宜与墙厚相同,当墙厚 $h \geqslant$ 240mm 时,其宽度不宜小于 $2h/3$;圈梁高度不应小于 120mm。圈梁的纵向钢筋不宜少于 $4\varphi10$,箍筋直径一般为 $\varphi6$,间距不宜大于 300mm。纵向钢筋绑扎接头的搭接长度按受拉钢筋考虑。

对无桥式吊车的厂房,圈梁应按下列原则布置:①房屋檐口高度不足 8m 时,应在檐口附近设置一道圈梁;②房屋檐口高度大于 8m 时,宜在墙体适当部位增设一道圈梁。

对有桥式吊车的厂房,圈梁应按下列原则布置:①除在檐口或窗顶处设一道圈梁外,应在吊车标高或墙体适当部位增设一道圈梁;②外墙高度在 15m 以上时,除檐口设置圈梁外还应根据墙体高度适当增设圈梁;③有振动设备的厂房,除满足上述要求外,每隔 4m 距离,应有一道圈梁。

当厂房的高度超过一定限度(比如 15m)时,宜设置墙梁,以承担上部墙体的重量。门窗洞口处应设置过梁,过梁在墙体上的支承长度不宜小于 240mm。设计时应尽量使圈梁、墙梁和过梁三梁合一。

在一般厂房中,通常用基础梁来承受围护墙体的重量,而不另做墙下基础。基础梁底部距地基土表面应预留 100mm 的空隙,使梁可随柱基础一起沉降。当基础下有冻胀土时,应在梁下铺设一层干砂、碎砖、矿渣等松散材料,并留 50~100mm 的空隙,可防止土冻胀时将梁顶裂。基础梁一般可直接搁置在柱基础杯口上;当基础埋置较深时,可放置在基础上面的混凝土垫块上。施工时,基础梁支座处应座浆。

当厂房高度不大,且地基比较好,柱基础埋置又较浅时,也可不设基础梁而用砖、混凝土做墙下条形基础。基础梁应优先采用矩形截面,必要时才采用梯形截面。连系梁、过梁和基础梁都有全国通用图集,设计时可直接查用。图集代号为:基础梁图集 93G320,连系梁图集 93G321,过梁图集 93G322。

第二节　单层厂房结构排架内力分析

单层厂房结构是一个复杂的空间体系，为了简化，一般按纵、横向平面结构计算。纵向平面排架的柱较多，其纵向的刚度较大，每根柱子分到的内力较小，故对厂房纵向平面排架往往不必计算。仅当厂房特别短、柱较少、刚度较差时，或需要考虑地震作用或温度内力时才进行计算。本节主要介绍横向平面排架的计算。

横向平面排架计算的目的在于为设计柱子和基础提供内力数据，横向平面排架计算的主要内容为：①确定计算简图；②各项荷载计算；③在各项荷载作用下进行排架内力分析，求出各控制截面的内力值；④内力组合，求出各控制截面的最不利内力。

一、单层厂房的计算单元与计算简图

1. 单层厂房的计算单元

在进行横向排架内力分析时，首先沿厂房纵向选取出一个或几个有代表性的单元，称为计算单元。然后将此计算单元的屋架、柱和基础抽象为合理的计算简图，再在该单元全部荷载的作用下计算其内力。

对于厂房端部和伸缩缝处的排架，其负荷范围只有中间排架的一半，但为了设计、施工的方便，通常不再另外单独分析，而按中间排架设计。当单层厂房因生产工艺要求各列柱距不等时，则应根据具体情况选取计算单元。如果屋盖结构刚度很大，或设有可靠的下弦纵向水平支撑，可认为厂房的纵向屋盖构件把各横向排架连接成一个空间整体，这样就有可能选取较宽的计算单元进行内力分析。此时可假定计算单元中同一柱列的柱顶水平位移相等，则计算单元内的两榀排架可以合并为一榀排架来进行内力分析，合并后排架柱的惯性矩应按合并考虑。需要注意，按上述计算简图求得内力后，应将内力向单根柱上再进行分配。

2. 单层厂房的计算假定和简图

为了简化计算，根据厂房结构的连接构造，对于钢筋混凝土排架结构通常做如下假定：①由于屋架与柱顶靠预埋钢板焊接或螺栓连接，抵抗弯矩的能力很小，但可以有效地传递竖向力和水平力，故假定柱与屋架为铰接；②由于柱子插入基础杯口有一定深度，用细石混凝土嵌固，且一般不考虑基础的转动（有大面积堆载和地质条件很差时除外），故假定柱与基础为刚接；③由于屋架

（或屋面梁）的轴向变形与柱顶侧移相比非常小（用钢拉杆作下弦的组合屋架除外），故假定屋架为刚性连杆。

这个假定对采用钢筋混凝土屋架、预应力混凝土屋架或屋面梁作为横梁是接近实际的。排架柱的高度是由基础顶面算至柱顶，其中 H_u 表示上柱高度（从牛腿顶面至柱顶），H_l 表示下柱高度（从基础顶面至牛腿顶面）；排架柱的计算轴线均取上下柱截面的形心线。跨度以厂房的轴线为准。抗弯刚度 EI 可由预先假定的截面形状、尺寸计算。当柱最后的实际抗弯刚度值与计算假定抗弯刚度值相差在 30% 之内时，计算是有效的，不必重算。

二、荷载计算

作用在厂房上的荷载有永久荷载和可变荷载两大类（偶然荷载，即地震作用在"结构抗震"课程中讲授）。前者包括屋盖、柱、吊车梁及轨道等自重；后者包括屋盖活荷载、吊车荷载和风荷载等。

（一）永久荷载

各种永久荷载可根据材料及构件的几何尺寸和容重计算，标准构件也可直接从标准图上查出。

1. 屋盖自重

屋盖自重（G_1）包括屋面板、屋面上各种构造层、屋架（屋面大梁）、天窗架、屋盖支撑等构件重量。

G_1 通过屋架支承点或屋面大梁垫板中心作用于柱顶，对上柱截面形心的偏心距 $e_1 = h_1/2 - 150$，h_1 为上柱截面高度。由可见，G_1 对上柱截面几何中心存在偏心距 e_1，对下柱截面几何中心的偏心距为 $e_1 + e_0$。

2. 柱自重

上、下柱自重重力荷载 G_2、G_3 分别作用于各自截面的几何中心线上，且上柱自重 G_2 对下柱截面几何中心线有一偏心距 e_0。

3. 吊车梁和轨道及其连接件自重

吊车梁和轨道及其连接件重力荷载可从轨道连接标准图中查得，或按 1~2kN/m 估算。它以竖向集中力的形式沿吊车梁截面中心线作用在柱牛腿顶面，G_4 对下柱截面几何中心线的偏心距为 e_4。

4. 悬墙自重

当设有连系梁支承围护墙体时，排架柱承受着计算单元范围内连系梁、墙体和窗等重力荷载，它以竖向集中力 G_5 的形式作用在支承连系梁的柱牛腿顶面，其作用点通过连系梁或墙体截面的形心轴线，距下柱截面几何中心的偏心距为 e_5。

应当说明，柱、吊车梁及轨道等构件吊装就位后，屋架尚未安装，此时还形不成排架结构，故柱在其自重、吊车梁及轨道等自重重力荷载作用下，应按竖向悬臂柱进行内力分析。但考虑到此种受力状态比较短，且不会对柱控制截面内力产生较大影响，为简化计算，通常仍按排架结构进行内力分析。

（二）屋面活荷载

屋面活荷载包括屋面均布活荷载、屋面雪荷载和屋面积灰荷载三部分，它们均按屋面水平投影面积计算，其荷载分项系数均为 1.4。

1. 屋面均布活荷载

屋面均布活荷载系考虑屋面在施工、检修时的活荷载，其标准值根据《建筑结构荷载规范》（GB 50009－2012）规定按下列情况取：不上人的屋面为 0.5kN/m2，上人的屋面为 2.0kN/m2。对不上人的屋面，当施工或维修荷载较大时，应按实际情况采用。

2. 屋面雪荷载

屋面水平屋面水平投影面上的雪荷载标准值 S（kN/㎡）按下式计算：

$$S_k = \mu_r S_0 \tag{6-1}$$

式中：S_0——基本雪压（kN/m），是以当地一般空旷平坦地面上由概率统计所得的 50 年一遇最大积雪的自重确定的，其值可查《建筑结构荷载规范》（GB 50009－2012）；μ_r——屋面积雪分布系数，根据不同屋面形式，由《建筑结构荷载规范》（GB 50009－2012）查得。

雪荷载的组合值系数可取 0.7，频遇值系数可取 0.6，准永久值系数应按雪荷载分区Ⅰ、Ⅱ和Ⅲ的不同，分别取 0.5、0.2 和 0。

3. 积灰荷载

对于生产中有大量排灰的厂房及其邻近建筑物应考虑屋面积灰荷载。对于具有一定除尘设施和清灰制度的机械、冶金和水泥厂房的屋面，按《建筑结构荷载规范》规定，其积灰荷载为 0.3～1.0kN/m2。

荷载的组合：屋面均布活荷载与雪荷载不同时考虑，两者中取较大值计算；当有积灰荷载时，积灰荷载应与雪荷载或不上人的屋面均布活荷载两者中的较大值同时考虑。上述三种荷载都是以集中力按与屋盖自重相同的途径传至柱顶。

（三）吊车荷载

单层厂房中吊车荷载是对排架结构起控制作用的一种主要荷载。吊车荷载是随时间和平面位置不同而不断变动的，对结构还有动力效应。桥式吊车由大车（桥架）和小车组成。大车在吊车梁轨道上沿厂房纵向行驶，小车在桥架（大车）上沿厂房横向运行，大车和小车运行时都可能产生制动刹车力。因此，吊车荷载有竖向荷载和横向荷载两种，而吊车水平荷载又分为纵向和横向两种。

1. 吊车竖向荷载

桥式吊车的竖向荷载标准值是由大车和小车自重及起吊重量产生的垂直轮压，它通过吊车梁传给排架柱牛腿，作用位置同 G_4。

由于小车的移动，大车两边的轮压一般是不相等的。当小车的吊重达到额定最大值并行驶到大车一侧的极限位置时，则这一侧大车的每个轮子作用在吊车轨道上的压力称为最大轮压 P_{max}。与最大轮压同时存在的另一侧轮压为最小轮压 P_{min}。最大轮压标准值 P_{max} 可从起重机械产品目录或有关手册中查出，最小轮压标准值 Pmin（有的产品目录中也给出）可按下式计算。对一般的四轮吊车：

$$P_{min} = \frac{G+g+Q}{2} - P_{max} \qquad (6-2)$$

式中：G——为大车自重标准值（kN）；g——为横行小车自重标准值（kN）；Q——为吊车额定起重量（kN）。

吊车梁承受的吊车轮压力是一组移动荷载，其支座反力应用反力影响线的原理求出。吊车梁支座反力即为吊车梁传给柱子的竖向荷载。计算多台吊车竖向荷载时，对一层有吊车单跨厂房的每个排架，参与组合的吊车台数不宜多于2台；多跨厂房的每个排架，参与组合的吊车台数不宜多于4台。

当吊车轮压为 P_{max} 时，柱子所受的压力最大，记为 D_{max}。当吊车轮压为 P_{min} 时，柱子所受的压力记为 D_{min}，两者同时发生。当车间内有两台吊车时，吊车竖向荷载的设计值 D_{max} 和 D_{min} 应考虑两台吊车作用时的最不利位置，利用支座反力影响线按下式计算：

$$\begin{gathered} D_{max} = \gamma_Q \psi_c P_{max} \sum y_i \\ D_{min} = \gamma_Q \psi_c P_{min} \sum y_i = D_{max} \frac{P_{min}}{P_{max}} \end{gathered} \qquad (6-3)$$

式中：γ_Q——为可变荷载分项系数，$\gamma_Q = 1.4$；ψ_c——为多台吊车的荷载折减系数，见表6-2；$\sum y_i$——为各轮子下影响线纵坐标之和。

表 6-2　　　　　　　　多台吊车的荷载折减系数 ψ_c

参与组合的吊车台数	吊车工作级别	
	A1~A5	A6~A8
2	0.9	0.95
3	0.85	0.90
4	0.8	0.85

D_{max} 和 D_{min} 可能发生在左柱，也可发生在右柱，应分别计算。D_{max} 和

$D_{\min}$ 对下柱为偏心压力，作用于下柱顶面力矩可按下式计算：

$$M_{\max}=D_{\max}e_3$$
$$M_{\min}=D_{\min}e_3$$
(6-4)

式中：e_3——为吊车梁支座钢垫板的中心线至下柱截面中心线的距离。

2. 吊车水平荷载

吊车水平荷载分为横向水平荷载和纵向水平荷载两种。纵向水平荷载系由大车刹车引起，由厂房纵向排架承受，一般可不做计算。

吊车横向水平荷载是当小车达到额定起重量时，启动或制动引起的垂直轨道方向的水平惯性力，由小车轮子传给大车，再由大车各个轮子平均传给两侧轨顶，由轨顶传给吊车梁，最后通过吊车梁顶面与柱的连接件传给柱子。吊车横向水平荷载的方向可左可右。因此，对排架来说，$T_{\max}$ 作用在吊车梁顶面处。

四轮大车每个轮子传递的横向水平荷载标准值 T_k 和设计值 T 分别按下式计算：

$$T_k=\alpha(g+Q)/4 \qquad (6-5)$$
$$T=\gamma_0 T_k=\gamma_0\alpha(g+Q)/4 \qquad (6-6)$$

式中：α——为横向水平荷载系数（软钩吊车：当 $Q\leqslant 100\text{kN}$ 时，$\alpha=0.12$；当 $Q=150\sim 500\text{kN}$ 时，$\alpha=0.10$；当 $Q\geqslant 750\text{kN}$ 时，$\alpha=0.08$。硬钩吊车：$\alpha=0.2$）。

计算吊车横向水平荷载时，对每个排架（不论单跨还是多跨）参与组合的吊车台数不应多于 2 台。用计算竖向荷载时的同样方法可求出作用在排架柱上的最大横向水平荷载设计值 $T_{\max}$：

$$T_{\max}=\psi_c\gamma_Q T_k\sum y_i=\psi_c T\sum y_i \qquad (6-7)$$

$$\text{或 } T_{\max}=\frac{1}{\gamma_Q}T\frac{D_{\max}}{P_{\max}}=T_k\frac{D_{\max}}{P_{\max}} \qquad (6-8)$$

必须注意，小车是沿横向左右运行的，$T_{\max}$ 可以向左作用，也可以向右作用，所以对于单跨厂房来讲，就有两种情况。对于多跨厂房的吊车水平荷载，《建筑结构荷载规范》规定，最多考虑 2 台吊车，因为 4 台吊车在同一跨间同时刹车的情况是不大可能的。因此，对两跨厂房来说，吊车横向水平荷载对排架的作用就有四种情况。

在排架内力组合时，对于多台吊车的竖向荷载和水平荷载，考虑到多台吊车同时达到额定最大起重量，小车又同时开到大车某一侧的极限位置的情况是极少的，所以应根据参与组合的吊车台数及吊车的工作制级别，乘以折减系数后采用，折减系数见表 6-2。

厂房中的吊车以往是按吊车荷载达到其额定值的频繁程度分成 4 种工作制：

①轻级。在生产过程中不经常使用的吊车（吊车运行时间占全部生产时间不足 15％者），例如用于机器设备检修的吊车等。

②中级。当运行为中等频繁程度的吊车，例如机械加工车间和装配车间的吊车等。

③重级。当运行较为频繁的吊车（吊车运行时间占全部生产时间不少于 40％者），例如用于冶炼车间的吊车等。

④超重级。当运行极为频繁的吊车，这在极个别的车间采用。

中国现行国家标准《起重机设计规范》为了与国际有关规定相协调，参照国际标准《起重设备分级》的原则，按吊车在使用期内要求的总工作循环次数和荷载状态将吊车分为 8 个工作级别，作为吊车设计的依据。为此《建筑结构荷载规范》（GB 50009—2012）规定，在厂房结构设计时，可按表 6—3 中吊车的工作制等级与工作级别的对应关系进行设计。

表 6—3　　　　吊车的工作制等级与工作级别的对应关系

工作制等级	轻级	中级	重级	超重级
工作级别	A1～A3	A4、A5	A6、A7	A8

吊车纵向水平荷载是大车启动或制动引起的水平惯性力，纵向水平荷载的作用点位于刹车轮与轨道的接触点，方向与轨道方向一致，由大车每侧的刹车轮传至轨顶，继而传至吊车梁，通过吊车梁传给纵向排架。对一般四轮吊车，作用在一边轨道上每个制动轮产生的纵向水平荷载 $T_1 = 0.1nP_{max}$。纵向排架其纵向水平荷载总设计值 T_0 应按下式确定：

$$T_0 = \gamma_Q m \psi_c T_1 = \gamma_Q m \psi_c 0.1 n P_{max} \tag{6-9}$$

式中：n——为作用在一边轨道上最大刹车轮压总数，对一般四轮吊车，取 $n=1$；m 为起重量相同的吊车台数，不论单跨或多跨厂房，当 $m>2$ 时，取 $m=2$。

（四）风荷载

作用在厂房上的风荷载，在迎风墙面上形成压力，在背风墙面上为吸力，对屋盖则视屋顶形式不同可出现压力或吸力。风荷载的大小与厂房的高度和外表体形有关。垂直作用在建筑物表面上的风荷载标准值 w_k（kN/m2）应以下公式计算。

$$w_k = \beta_z \mu_z \mu_s w_0 \tag{6-10}$$

式中：w_k——基本风压（kN/m2）；β_z——高度 z 处的风振系数；μ_z——

风压高度变化系数；μ_s——风荷载体型系数。

风荷载的组合值系数、频遇值系数和准永久值系数可分别取 0.6、0.4 和 0。

1. 基本风压 w_0

基本风压是根据空旷平坦地面上离地面 10m 高统计所得 50 年一遇的 10min 平均最大风速 v_0，按 $w_0 = \rho v_0^2 / 2$（ρ 为空气密度）换算而来的。在结构设计时，其取值不得小于 0.3kN/m2。对于高层建筑、高耸结构以及对风荷载比较敏感的其他结构，基本风压的取值应适当提高，并应符合有关结构设计规范的规定。

当考虑重现期不同于设计规范规定的 50 年时，应将荷载规范 50 年一遇基本风压值乘以相应的修正系数 μ，见表 6-4。

表 6-4　　　　　不同重现期基本风压修正系数 μ

重现期/年	10	20	30	50	100
修正系数 μ	0.734	0.850	0.917	1.000	1.112

2. 风压高度变化系数 μ_z

由于空气本身具有一定的黏性，能承受一定的切应力，因此在与物体接触表面附近形成一个具有速度梯度的边界层气流，导致风速随高度和地貌情况而变化。基本风压是建立在平坦地面上空 10m 高度处的风速基础之上的，对于不同高度及地貌情况，需要对风压进行修正，用风压高度变化系数来反映，见表 6-5。

表 6-5　　　　　风压高度变化系数 μ_z

离地面或海平面高度/m	地面粗糙度类别			
	A	B	C	D
5	1.09	1.00	0.65	0.51
10	1.28	1.00	0.65	0.51
15	1.42	1.13	0.65	0.51
20	1.52	1.23	0.74	0.51
30	1.67	1.39	0.88	0.51
40	1.79	1.52	1.00	0.60
50	1.89	1.62	1.10	0.69
60	1.97	1.71	1.20	0.77

续表

离地面或海平面高度/m	地面粗糙度类别			
	A	B	C	D
70	2.05	1.79	1.28	0.84
80	2.12	1.87	1.36	0.91
90	2.18	1.93	1.43	0.98
100	2.23	2.00	1.50	1.04
150	2.46	2.25	1.79	1.33
200	2.64	2.46	2.03	1.58
250	2.78	2.63	2.24	1.81
300	2.91	2.77	2.43	2.02
350	2.91	2.91	2.60	2.22
400	2.91	2.91	2.76	2.40
450	2.91	2.91	2.91	2.58
500	2.91	2.91	2.91	2.74
≥500	2.91	2.91	2.91	2.91

地貌方面，《建筑结构荷载规范》（GB 50009－2012）将地面粗糙度类别分为四类：A类指近海海面和海岛、海岸、湖岸及沙漠地区；B类指田野、乡村、丛林、丘陵以及房屋比较稀疏的乡镇；C类指有密集建筑群的城市市区；D类指有密集建筑群且房屋较高的城市市区。

对于山区建筑和远海海面及海岛上的建筑，还需考虑地形条件的修正，修正系数详见《建筑结构荷载规范》（GB 50009－2012）。

3. 风荷载体型系数 μ_s

由风速换算得到的风压是所谓来流风的速度压，并不能直接作为建筑物设计的结构荷载，因为房屋本身并不是理想地使原来的自由气体停滞，而让气流以不同方式在房屋表面绕过，房屋会对气体形成某种干扰。完全用空气动力学原理分析不同外形建筑物表面风压的变化，目前还存在困难，一般根据风洞试验来确定风载体型系数。详细系数见《建筑结构荷载规范》（GB 50009－2012）

4. 风振系数 β_z

风压的变化可以分为两部分：一是长周期部分，其周期从几十分钟到几小时；二是短周期部分，常常只有几秒钟。为便于分析，可以把实际风分解为平均风分量和脉动风分量。平均风的周期比一般结构的自振周期大得多，因而对结构的响应相当于静力作用；而高频的脉动风周期与高层和高耸结构的自振周期相当。因此，《建筑结构荷载规范》（GB 50009－2012）规定，对于高度大于30m且高宽比大于1.5的房屋，以及自振周期大于1.5的高耸结构，应考虑脉动风压对结构产生顺风向风振的影响。

对于一般竖向悬臂型结构，例如高层建筑和构架、塔架、烟囱等高耸结构，均可仅考虑结构第一振型的影响。高度z处的风振系数β_z可按下式计算：

$$\beta_z = 1 + 2gI_{10}B_z\sqrt{1+R^2} \qquad (6-11)$$

式中：g——峰值因子，可取2.5；I_{10}——10m高度名义湍流度，对应A、B、C和D类地面粗糙度，可分别取0.12、0.14、0.23和0.39；B_z——脉动风荷载的背景分量因子；R——脉动风荷载的共振分量因子。

(1) 脉动风荷载的共振分量因子R可按下列公式计算

$$R = \sqrt{\frac{\pi}{6\zeta_1}\frac{x_1^2}{(1+x_1^2)^{4/3}}}$$

$$x_1 = \frac{30f_1}{\sqrt{k_w w_0}}, \quad x_1 > 5 \qquad (6-12)$$

式中：f_1——结构第1阶自振频率（Hz），第1阶自振周期对钢结构可近似取$T_1 = (0.1\sim0.15)n$，混凝土框架结构$T_1 = (0.08\sim0.10)n$，混凝土框架—剪力墙和框架—筒体结构$T_1 = (0.06\sim0.08)n$，剪力墙和筒中筒结构$T_1 = (0.05\sim0.06)n$，n为层数；k_w——地面粗糙度修正系数，对A类、B类、C类和D类地面粗糙度分别取1.28、1.0、0.54和0.26；ζ_1——结构阻尼比，对钢结构可取0.01，对有填充墙的钢结构房屋可取0.02，对钢筋混凝土及砌体结构可取0.05，对其他结构可根据工程经验确定。

(2) 脉动风荷载的背景分量因子B_z可按下式计算

$$B_z = kH^{\alpha_1}\rho_x\rho_z\frac{\varphi_1(z)}{\mu_z} \qquad (6-13)$$

式中：$\varphi_1(z)$——结构第1阶振型系数；H——结构总高度（m），对A、B、C和D类地面粗糙度，H的取值分别不应大于300m、350m、450m和550m；ρ_x——脉动风荷载水平方向相关系数；ρ_z——脉动风荷载竖直方向相关系数；k，α_1——系数，按表6-6取值。

表 6-6　　　　　　　　　　系数 k 和 α_1

粗糙度类别		A	B	C	D
高层建筑	k	0.944	0.670	0.295	0.112
	α_1	0.155	0.187	0.261	0.346
高耸结构	k	1.276	0.910	0.404	0.155
	α_1	0.186	0.218	0.292	0.376

①水平方向相关系数 ρ_x 可按下式计算：

$$\rho_x = \frac{10\sqrt{B+50e^{-B/50}-50}}{B} \qquad (6-14)$$

式中：B——结构迎风面宽度（m），$B \leqslant 2H$。

②竖直方向相关系数 ρ_z 可按下式计算：

$$\rho_z = \frac{10\sqrt{H+60e^{-H/60}-60}}{H} \qquad (6-15)$$

式中：H——结构总高度（m），对 A、B、C 和 D 类地面粗糙度，H 的取值分别不应大于 300m、350m、450m 和 550m。

③振型系数 $\varphi_1(z)$ 应根据结构动力计算确定。对外形、质量、刚度沿高度按连续规律变化的竖向悬臂型高耸结构及沿高度比较均匀的高层建筑，振型系数也可根据相对高度 z/H 按《建筑结构荷载规范》（GB 50009—2012）附录 G 确定。表 6-7 为高层建筑的振型系数。

表 6-7　　　　　　　　层建筑的振型系数 $\varphi_1(z)$

相对高度（z/H）	振型序号			
	1	2	3	4
0.1	0.02	-0.09	0.22	-0.38
0.2	0.08	-0.30	0.58	-0.73
0.3	0.17	-0.50	0.70	-0.40
0.4	0.27	-0.68	0.46	0.33
0.5	0.38	-0.63	-0.03	0.68
0.6	0.45	-0.48	-0.49	0.29
0.7	0.67	-0.18	-0.63	-0.47
0.8	0.74	0.17	-0.34	-0.62
0.9	0.86	0.58	0.27	-0.02
1.0	1.00	1.00	1.00	1.00

三、等高排架的内力计算

作用在排架上的荷载种类很多，究竟在哪些荷载作用下哪个截面的内力最不利，很难一下判断出来。但是，人们可以把排架所受的荷载分解成单项荷载，先计算单项荷载作用下排架柱的截面内力，然后再把单项荷载作用下的计算结果综合起来，通过内力组合确定控制截面的最不利内力，以其作为设计依据。

单层厂房排架为超静定结构，它的超静定次数等于它的跨数。等高排架是指各柱的柱顶标高相等，或柱顶标高虽不相等，但在任意荷载作用下各柱柱顶侧移相等。由结构力学知道，等高排架不论跨数多少，由于等高排架柱顶水平位移全部相等的特点，可用比位移法更为简捷的"剪力分配法"来计算。这样超静定排架的内力计算问题就转变为静定悬臂柱在已知柱顶剪力和外荷载作用下的内力计算。任意荷载作用下等高排架的内力计算，需要首先求解单阶超静定柱在各种荷载作用下的柱顶反力。因此，下面先讨论单阶超静定柱的计算问题。

作用在对称排架上的荷载可分为对称和非对称两类，它们的内力计算方法有所不同，现分述如下。

（一）对称荷载作用

对称排架在对称荷载作用下，排架柱顶无侧移，排架简化为下端固定，上端不动铰的单阶变截面柱，如图 6—3(a)。这是一次超静定结构，用力法（或其他方法）求出支座反力后，便可按竖向悬臂构件求得各个截面的内力。

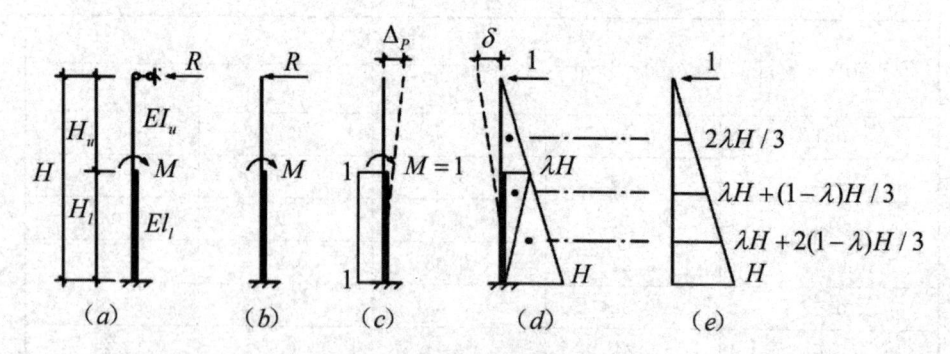

图 6—3 单阶一次超静定柱分析

如在变截面处作用一力矩 M 时，设柱顶反力为 R，取基本体系如图 6—3(b) 由力法方程可得

$$R\delta - \Delta_p = 0 \qquad (6-16)$$

第六章 钢筋混凝土单层厂房设计原理及方法

即 $R = \Delta_p / \delta$ (6-17)

式中：δ——为悬臂柱在柱顶单位水平力作用下柱顶处的侧移值，因其主要与柱的形状有关，故称为形常数；Δ_p——为悬臂柱在荷载作用下柱顶处的侧移值，因与荷载有关，故称为载常数。

由式（6-17）可见，柱顶不动铰支座反力 R 等于柱顶处的载常数除以该处的形常数。

令 $\lambda = \dfrac{H_u}{H}$，$n = \dfrac{I_u}{I_l}$

由图 6-3(c)、(d)、(e)，根据结构力学中的图乘法可得

$$\delta = \frac{H^3}{C_0 E I_l}$$

$$\Delta_p = (1-\lambda^2)\frac{H^2}{2EI_l}M$$ (6-18)

将式（6-18）代入式（6-17），得

$$R = C_M \frac{M}{H}$$ (6-19)

式中：C_0——单阶变截面柱的柱顶位移系数，按下式计算：

$$C_0 = \frac{3}{1+\lambda^3\left(\dfrac{1}{n}-1\right)}$$ (6-20)

C_M——单阶变截面柱在变阶处集中力矩作用下的柱顶反力系数，按下式计算：

$$C_M = \frac{3}{2} \cdot \frac{1-\lambda^2}{1+\lambda^3\left(\dfrac{1}{n}-1\right)}$$ (6-21)

单跨厂房的屋盖恒荷载是对称荷载。屋面活荷载是非对称荷载。为了简化计算，对于单跨厂房的排架可按对称荷载计算，即可不考虑活荷载在半跨范围内的布置情况，由此引起的计算误差很小。

（二）非对称荷载作用

作用在单跨排架上的非对称荷载有风荷载、吊车竖向荷载和吊车横向水平荷载。在非对称荷载作用下，无论结构是否对称，排架顶端均产生位移，此时可用材料力学中的力法等进行计算。对于等高排架，用剪力分配法计算是很方便的。

1. 柱顶水平集中力作用下的内力分析

在柱顶水平集中力 F 作用下，等高排架各柱顶将产生侧移动。由于假定横梁为无轴向变形的刚性连杆，则柱顶水平力作用下，排架柱顶的侧移相等，即

满足下列变形条件：

$$\Delta_1 = \Delta_2 = \cdots = \Delta_n = \Delta \qquad (6-22)$$

若沿横梁与柱的连接处将各柱的柱顶切开，则在各柱顶的切口上作用有一对相应的剪力 V_i。如取出横梁为脱离体，则有下列平衡条件：

$$F = V_1 + V_2 + \cdots + V_n = \sum_{i=1}^{n} V_i \qquad (6-23)$$

此外，根据形常数 δ_i 的物理意义，可得下列物理条件：

$$V_i \delta_i = \Delta_i \qquad (6-24)$$

求解联立方程（6-22）和（6-23），并利用式（6-24），可得

$$V_t = \frac{\dfrac{1}{\delta_i}}{\sum\limits_{i=1}^{n} \dfrac{1}{\delta_i}} F = \eta_i F \qquad (6-25)$$

式中：$1/\delta_i$ 为第 i 根排架柱的抗侧移刚度（或抗剪刚度），即悬臂柱柱顶产生单位侧移所需施加的水平力；η_i 为第 i 根排架柱的剪力分配系数，按下式计算：

$$\eta_i = \frac{\dfrac{1}{\delta_i}}{\sum\limits_{i=1}^{n} \dfrac{1}{\delta_i}} \qquad (6-26)$$

显然，剪力分配系数 η_i 与各柱的抗剪刚度 $1/\delta_i$ 成正比，抗剪刚度 $1/\delta_i$ 愈大，剪力分配系数也愈大，分配到的剪力也愈大。

按式（6-25）求得柱顶剪力 V_i 后，用平衡条件可得排架柱各截面的弯矩和剪力。由式（6-26）可见：①当排架结构柱顶作用水平集中力 F 时，各柱的剪力按其抗剪刚度与各柱抗剪刚度总和的比例关系进行分配，故称为剪力分配法；②剪力分配系数满足 $\sum n_i = 1$；③各柱的柱顶剪力 V_i 仅与 F 的大小有关，而与其作用在排架左侧或右侧柱顶处的位置无关，但 F 的作用位置对横梁内力有影响。

2. 任意荷载作用下的等高排架内力分析

为了利用剪力分配法来求解这一问题，对任意荷载作用，必须把计算过程分为三个步骤：第一步先假想在排架柱顶增设不动铰支座，由于不动铰支座的存在，排架将不产生柱顶水平侧移，而在不动铰支座中产生水平反力 R。由于实际上并没有不动铰支座，因此，第二步必须撤除不动铰支座，换言之，即加一个和 R 数值相等而方向相反的水平集中力于排架柱顶，以使排架恢复到实际情况，这时排架就转换成柱顶受水平集中力作用的情况，即可利用剪力分

配法来计算。最后，将上面两步的计算结果进行叠加，即可求得排架的实际内力。

四、单层厂房的整体空间作用

(一) 厂房整体空间作用的基本概念

单层厂房结构是由排架、屋盖系统、支撑系统和山墙等组成的一个空间结构，如果简化成按平面排架计算，虽然简化了计算，但却与实际情况有出入。

在恒载、屋面荷载、风载等沿厂房纵向均布的荷载作用下，除了靠近山墙处的排架的水平位移稍小以外，其余排架的水平位移基本上是差别不大。因而各排架之间相互牵制作用不显著，按简化成平面排架来计算对排架内力影响很小，故在均布荷载作用下不考虑整体空间作用。

但是，吊车荷载（竖向和水平）是局部荷载，当吊车荷载局部作用于某几个排架时，其余排架以及两山墙都对承载的排架有牵制作用。如厂房跨数较多、屋盖刚度较大，则牵制作用也较大。这种排架与排架、排架与山墙之间相互关联和牵制的整体作用，即称为厂房的整体空间作用。

根据实测及理论分析，厂房的整体空间作用的大小主要与下列因素有关：①屋盖刚度：屋盖刚度越大，空间作用越显著，故无檩屋盖的整体空间作用大于有檩屋盖。②厂房两端有无山墙：山墙的横向刚度很大，能承担很大部分横向荷载。根据实测资料表明，两端有山墙与两端无山墙的厂房，其整体空间作用将相差几倍甚至十几倍。③厂房长度：厂房的长度长，空间作用就大。④排架本身刚度：排架本身的刚度越大，直接受力排架承担的荷载就越多，传给其他排架的荷载就越少，空间作用就相对减少。此外，还与屋架变形等因素有关。

对于一般单层厂房，在恒载、屋面活荷载、雪荷载以及风荷载作用下，按平面排架结构分析内力时，可不考虑厂房的整体空间作用。而吊车荷载仅作用在几榀排架上，属于局部荷载，因此，《混凝土结构设计标准》规定，在吊车荷载作用下才考虑厂房的整体空间作用。

(二) 吊车荷载作用下考虑厂房整体空间作用的排架内力分析

当某一榀排架柱顶作用水平集中力 R 时，若不考虑厂房的整体空间作用，则此集中力 R 完全由直接受荷排架承受，其柱顶水平位移为 Δ；当考虑厂房的整体空间作用时，由于相邻排架的协同工作，柱顶水平集中力 R 不仅由直接受荷载排架承受，而且将通过屋盖等纵向联系构件传给相邻的其他排架，使整个厂房共同承担。

如果把屋盖看作一根在水平面内受力的梁，而各榀横向排架作为梁的弹性支座，则各支座反力 R_i 即为相应排架所分担的水平力。如设直接受荷排架对应的支座反力为 R_0，则 $R_0 < R$，R_0 与 R 之比称为单个荷载作用下的空间作用分配系数，以 μ 表示。由于在弹性阶段，排架柱顶的水平位移与其所受荷载成正比，故空间作用分配系数 μ 可表示为柱顶水平位移之比（Δ_0/Δ），即

$$\mu = R_0/R = \Delta_0/\Delta < 1.0 \tag{6-27}$$

式中：Δ_0——为考虑空间作用时直接受荷排架的柱顶位移。

可见，μ 表示当水平荷载作用于排架柱顶时，由于厂房结构的空间作用，该排架所分配到的水平荷载与不考虑空间作用按平面排架计算所分配的水平荷载的比值。μ 值越小，说明厂房的空间作用越大，反之则越小。根据试验及理论分析，表 6—8 给出了吊车荷载作用下单层、单跨厂房的 μ 值，可供设计时参考。

表 6—8　　　　　　　　　单跨厂房空间作用分配系数 μ

厂房情况		吊车起重量 /t	厂房长度/m	
			≤60	>60
有檩屋盖	两端无山墙或一端有山墙	≤30	0.90	0.85
	两端有山墙	≤30	0.85	
无檩屋盖			厂房跨度/m			
	两端无山墙或一端有山墙	≤75	12～27	>27	12～27	>27
			0.90	0.85	0.85	0.80
	两端有山墙	≤75	0.80			

（三）考虑厂房整体空间作用时排架内力计算步骤

当考虑厂房整体空间作用时，可按下述步骤计算排架内力：

①先假定排架柱顶无侧移，求出在吊车水平荷载 T_{max} 作用下的柱顶反力 R 以及相应的柱顶剪力。

②将柱顶反力 R 乘以空间作用分配系数 μ，并将它反方向施加于该排架的柱顶，按剪力分配法求出各柱顶剪力。

③将上述两项计算求得的柱顶剪力叠加，即为考虑空间作用的柱顶剪力。根据柱顶剪力及柱上实际承受的荷载，按静定悬臂柱可求出各柱的内力。

五、单层厂房的内力组合

所谓内力组合，就是将排架柱在各单项荷载作用下的内力，按照它们在使用过程中同时出现的可能性，求出在某些荷载共同作用下，柱控制截面可能产

生的最不利内力，作为柱和基础配筋计算的依据。

（一）单层厂房的控制截面

控制截面是指对截面配筋起控制作用的截面。从排架内力分析中可知，排架柱内力沿柱高各个截面都不相同，故不可能（也没有必要）计算所有的截面，而是选择几个对柱内配筋起控制作用的截面进行计算。对单阶柱，为便于施工，整个上柱截面配筋相同，整个下柱截面的配筋也相同。

对上柱来说，上柱柱底弯矩和轴力最大，是控制截面，记为Ⅰ—Ⅰ截面。对下柱来说，下柱牛腿顶截面处在吊车荷载作用下弯矩最大，下柱底截面在吊车横向水平荷载和风荷载作用下弯矩最大，此两截面是下柱的控制截面，分别记为Ⅱ—Ⅱ截面和Ⅲ—Ⅲ截面。同时，柱下基础设计也需要Ⅲ—Ⅲ截面的内力值。

（二）单层厂房的内力组合

排架柱为偏心受压构件，各个截面都有弯矩、轴向力和剪力存在，它们的大小是设计柱的依据，同时也影响基础设计。

柱的配筋是根据控制截面最不利内力组合计算的。当按某一组内力计算时，柱内钢筋用量最多，则该组内力即为不利的内力组合。

由偏心受压构件计算可知：大偏心受压情况下，当 M 不变，N 愈小，或当 N 不变，M 愈大时，钢筋用量愈多；小偏心受压时，当 M 不变，N 愈大，或当 N 不变，M 愈大时，钢筋用量愈多。因此，一般情况下可按下述四个项目进行组合：①$+M_{max}$ 与相应的 N，V 组合；②$-M_{max}$ 与相应的 N，V 组合；③N_{max} 与相应的 M，V 组合；④N_{min} 与相应的 M，V 组合。（M 为弯矩，N 为轴力）

（三）单层厂房的内力组合注意事项

①永久荷载在任何情况下都参加组合。

②吊车竖向荷载 D_{max} 和 D_{min} 在同一跨内并存。D_{max}（D_{min}）可能作用在左柱，也可能作用在右柱，只取一种情况参加组合。

③吊车横向水平荷载 T_{max} 同时作用在两侧柱上，方向可向左，也可向右，只取一种情况参加组合。

④同一跨间有 T_{max} 时必有 D_{max}（D_{min}），因此，选择 T_{max} 参加组合的同时必然有 D_{max}（D_{min}）。反之，有 D_{max}（D_{min}）时不一定有 T_{max}。有 T_{max} 时方向可左可右，因此，选择 D_{max}（D_{min} n）参加组合时应考虑 T_{max}。

⑤风荷载有向左和向右两种情况，只取其一参加组合。

第三节 单层厂房柱的设计

一、柱的截面设计及配筋构造要求

(一) 柱截面承载力验算

单层厂房柱,根据排架分析求得的控制截面最不利组合的内力 M 和 N,按偏心受压构件进行正截面承载力计算及按轴心受压构件进行弯矩作用平面外受压承载力验算。一般情况下,矩形、T 形截面实腹柱可按构造要求配置箍筋,不必进行斜截面受剪承载力计算。因为柱截面上同时作用有弯矩和轴力,而且弯矩有正、负两种情况,所以一般采用对称配筋。

在对柱进行受压承载力计算及验算时,柱因弯矩增大系数及稳定系数均与柱的计算长度有关,而单层厂房排架柱的支承条件比较复杂,所以,柱的计算长度不能简单地按材料力学中几种理想支承情况来确定。

对于单层厂房,不论它是单跨厂房还是多跨厂房,柱的下端插入基础杯口,杯口四周空隙用现浇混凝土将柱与基础连成一体,比较接近固定端;而柱的上端与屋架连接,既不是理想自由端,也不是理想的不动铰支承,实际上属于一种弹性支承情况。因此,柱的计算长度不能用工程力学中提出的各种理想支承情况来确定。对于无吊车的厂房柱,其计算长度显然介于上端为不动铰支承与自由端两种情况之间。对于有吊车厂房的变截面柱,由于吊车桥架

的影响,还需对上柱和下柱给出不同的计算长度。《混凝土结构设计标准》根据厂房实际工作特点,经过综合分析给出了单层厂房柱的计算长度的规定,见表 6—9。

表 6—9　　　　　　　　单层厂房柱的计算长度

柱的类型		排架方向	垂直排架方向	
			有柱间支撑	无柱间支撑
无吊车厂房柱	单跨	1.5 H	1.0 H	1.2 H
	两跨及多跨	1.25 H	1.0 H	1.2 H
有吊车厂房柱	上柱	2.0 H_u	1.25 H_u	1.5 H_u
	下柱	1.0 H_l	0.8 H_l	1.0 H_l
露天吊车柱和栈桥柱		2.0 H_l	1.0 H_l	—

注:H_l——从基础顶面至装配式吊车梁底面或现浇式吊车梁顶面的柱下部高度;

H——从基础顶面算起的柱全高；

H_u——柱上部高度。

（二）柱的裂缝宽度验算

《混凝土结构设计标准》规定，对 $e_0/h_0>0.55$ 的偏心受压构件，应进行裂缝宽度验算。验算要求：按荷载效应的标准组合并考虑长期作用影响计算的最大裂缝宽度 $\omega_{max} \leqslant \omega_{min}$（最大裂缝宽度限值）。对 $e_0/h_0 \leqslant 0.55$ 的偏心受压构件，可不验算裂缝宽度。

（三）柱吊装阶段的承载力和裂缝宽度验算

预制柱一般在混凝土强度达到设计值的 70% 以上时，即可进行吊装就位。当柱中配筋能满足平吊时的承载力和裂缝宽度要求时，宜采用平吊，以简化施工。但当平吊需较多地增加柱中配筋时，则应考虑改为翻身起吊，以节约钢筋用量。

吊装验算时的计算简图应根据吊装方法来确定，如采用一点起吊，吊点位置设在牛腿的下边缘处。当吊点刚离开地面时，柱子底端搁在地上，柱子成为带悬臂的外伸梁，计算时有动力作用，应将自重乘以动力系数 1.5。同时考虑吊装时间短促，承载力验算时结构重要性系数应较其使用阶段降低一级采用。

为了简化计算，吊装阶段的裂缝宽度不直接验算，可用控制钢筋应力和直径的办法来间接控制裂缝宽度，即钢筋应力 σ_{ss} 应满足下式要求：

$$\sigma_{ss} = \frac{M_s}{0.87 h_0 A_s} \leqslant \sigma_{ss} \tag{6-28}$$

式中：M_s——为吊装阶段截面上按荷载短期效应组合计算的弯矩值，需考虑动力系数（1.5）；σ_{ss} 为不需验算裂缝宽度的钢筋最大允许应力，可在《混凝土结构设计标准》查得（由已知截面上钢筋直径 d 及 ρ_{te}，查得不需作裂缝宽度验算的最大允许应力值）。

（四）构造要求

柱的混凝土强度等级不宜低于 C20，纵向受力钢筋 $d \geqslant 12mm$。全部纵向钢筋的配筋率 $\rho \leqslant 5\%$。当柱的截面高度 $h \geqslant 600mm$ 时，在侧面设置直径为 10~16mm 的纵向构造筋，并且应设置附加箍筋或拉筋。柱内纵向钢筋的净距不应小于 50mm，对水平浇筑的预制柱，其上部纵筋的最小净间距不应小于 30mm 和 $1.5d$；下部纵筋的净间距不应小于 25mm 和 d（d 为柱内纵筋最大直径）。

柱中的箍筋应做成封闭式。箍筋的间距不大于 400mm 且不大于 $15d$（对绑扎骨架）或不大于 $20d$（对焊接骨架），d 为纵筋最大直径；当采用热轧钢筋时，箍筋直径不小于 $d/4$，且不大于 6mm；当柱中全部纵筋的配筋率超过

3%时，箍筋直径不宜小于8mm，间距不应大于10d（d为纵筋最小直径），且不大于200mm；当柱截面短边尺寸大于400mm，

且每边的纵向钢筋多于3根时（或当柱子短边尺寸不大于400mm但纵向钢筋多于4根时），应设置复合箍筋。

二、柱牛腿设计

在单层厂房中，通常采用柱侧伸出的短悬臂——"牛腿"来支承屋架、吊车梁及墙梁等构件。牛腿不是一个独立的构件，其作用就是将牛腿顶面的荷载传递给柱子。由于这些构件大多是负荷大或有动力作用，所以牛腿虽小，却是一个重要部件。

根据牛腿所受竖向荷载F_v作用点到牛腿下部与柱边缘交接点的水平距离a与牛腿垂直截面的有效高度h_0之比的大小，可把牛腿分成两类：① $a > h_0$时为长牛腿，按悬臂梁进行设计；②当$a \leqslant h_0$时为短牛腿，是一个变截面短悬臂深梁。单层厂房中遇到的一般为短牛腿。下面主要讨论短牛腿（以下简称牛腿）的应力状态、破坏形态和设计方法。

（一）牛腿的应力状态和破坏形态

1. 牛腿的应力状态

对$a/h_0=0.5$的环氧树脂牛腿模型进行光弹性试验得到的主应力迹线，牛腿上部的主拉应力方向基本上与上边缘平行，到加载点附近稍向下倾斜。牛腿上表面的拉应力，沿牛腿长度方向分布比较均匀，在加载点外侧，拉应力迅速减少至零。

这样，可以把牛腿上部近似地假定为一个拉杆，且拉杆与牛腿上边缘平行。主压应力方向大致与加载点到牛腿下部转角的连线相平行，并在一条不很宽的带状区域内主压应力迹线密集地分布，这一条带状区域可以看作传递主压应力的压杆。

2. 牛腿的破坏形态

对$a/h_0=0.1 \sim 0.75$范围内的钢筋混凝土牛腿做试验，结果表明，牛腿混凝土的开裂以及最终破坏形态与上述光弹性模型试验所得的应力状态相一致。

牛腿的破坏形态主要取决于a/h_0，有五种破坏形态，分别为弯压破坏、剪切破坏、斜压破坏、斜拉破坏和局压破坏。

①弯压破坏。当$0.75 < a/h_0 < 1$或受拉纵筋配筋率较低时，它与一般受弯构件破坏特征相近，首先受拉纵筋屈服，最后受压区混凝土压碎而破坏。

②剪切破坏。当$a/h_0 \leqslant 0.1$时，或虽a/h_0较大但牛腿的外边缘高度h_1较小时，在牛腿与柱边交接面上出现一系列短而细的斜裂缝，最后牛腿沿此裂缝

从柱上切下而破坏，破坏时牛腿的纵向钢筋应力较小。

③斜压破坏。当 a/h_0 值在 0.1～0.75 范围内时，随着荷载增加，在斜裂缝外侧出现细而短小的斜裂缝，当这些斜裂缝逐渐贯通时，斜裂缝间的斜向主压应力超过混凝土的抗压强度，直至混凝土剥落崩出，牛腿即发生斜压破坏。有时，牛腿不出现斜裂缝，而是在加载垫板下突然出现一条通长斜裂缝而发生斜拉破坏。因为单层厂房的牛腿 a/h_0 值一般在 0.1～0.75 范围内，故大部分牛腿均属斜压破坏。

④局压破坏。当加载垫板尺寸过小时，会导致加载板下混凝土局部压碎破坏。

为了防止上述各种破坏，牛腿应有足够大的截面尺寸，配置足够的钢筋，垫板尺寸不能过小并满足一系列的构造要求。

(二) 牛腿的设计

牛腿设计内容包括三个方面的内容，分别为：①牛腿截面尺寸的确定；②牛腿承载力计算；③牛腿构造要求。

1. 牛腿截面尺寸的确定

牛腿的截面宽度与柱宽相同，故确定牛腿的截面尺寸主要是确定其截面高度。

由于牛腿在使用阶段出现斜裂缝易给人以不安全感，且加固困难，故牛腿截面尺寸通常以不出现斜裂缝作为控制条件。对于不是支承吊车梁的牛腿要求可适当降低。

根据试验研究，牛腿斜截面的抗裂性能除与截面尺寸 bh_0 和混凝土抗拉强度标准值 f_{tk} 有关外，还与 a/h_0 以及水平拉力 F_{hk} 值有关。为此，设计时应以下列经验公式作为抗裂控制条件来确定牛腿的截面尺寸：

$$F_{vk} \leqslant \beta\left(1 - 0.5 \frac{F_{hk}}{F_{vk}}\right) \frac{f_{tk} b h_0}{0.5 + \dfrac{a}{h_0}} \quad (6-29)$$

式中：F_{vk}，F_{hk}——作用于牛腿顶部按荷载效应标准组合计算的竖向力和水平拉力值；β——裂缝控制系数，对支承吊车梁的牛腿，取 $\beta = 0.65$，对其他牛腿，取 $\beta = 0.80$；a——竖向力的作用点至下柱边缘的水平距离，此时应考虑安装偏差 20mm；当考虑 20mm 安装偏差后的竖向力作用点仍位于下柱截面以内，取 $a = 0$；b——牛腿宽度；h_0——牛腿与下柱交接处的垂直截面有效高度，取 $h_0 = h_1 - a_s + c\tan\alpha$，当 $\alpha > 45°$ 时，取 $\alpha = 45°$，c 为下柱边缘到牛腿外边缘的水平长度。

此外，牛腿的外边缘高度 h_1 不应小于 $h/3$，且不应小于 200mm；牛腿外边缘至吊车梁外边缘的距离不宜小于 70mm；牛腿底边倾斜角 $\alpha \leqslant 45°$。

为防止牛腿顶面加载垫板下混凝土的局部受压破坏，垫板下的局部压应力应满足：

$$\sigma_c = \frac{F_{vk}}{A} \leqslant 0.75 f_c \tag{6-30}$$

式中：A——局部受压面积；f_c——混凝土轴心抗压强度设计值。

当式（6-30）不满足时，应采取加大受压面积、提高混凝土强度等级或设置钢筋网片等有效的加强措施。

2. 牛腿承载力计算

根据前述牛腿的试验结果指出，常见的斜压破坏形态的牛腿，在即将破坏时的工作状况可以近似看作以纵筋为水平拉杆，以混凝土压力带为斜压杆的三角形桁架。如图 6-4 所示

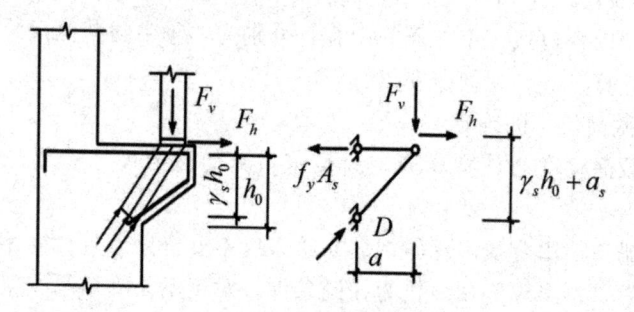

图 6-4 牛腿计算简图

（1）正截面承载力

通过三角形桁架拉杆的承载力计算来确定纵向受力钢筋用量，纵向受力钢筋由随竖向力所需的受拉钢筋和随水平拉力所需的水平锚筋组成。根据牛腿的计算简图，在竖向力设计值 F_v 和水平拉力设计值 F_h 的共同作用下，通过对 D 点取力矩平衡得：

$$F_v a + F_h \ \gamma_s h_0 + a_s \leqslant f_y A_s \gamma_s h_0 \tag{6-31}$$

近似取 $\gamma_s = 0.85$，$(\gamma_s h_0 + a_s) \gamma_s h_0 \approx 1.2$，则上式可取得纵向受力钢筋总截面面积 A_s 为：

$$A_s \geqslant \frac{F_v a}{0.85 f_y h_0} + 1.2 \frac{F_h}{f_y} \tag{6-32}$$

式中：F_v、F_h——分别为作用在牛腿顶部的竖向力设计值和水平拉力设计值；

a——意义同前，当 $a < 0.3 h_0$ 时，取 $a = 0.3 h_0$；f_y——纵向受拉钢筋强度设计值。

当仅有竖向力作用时，公式（6—32）如下：

$$A_s \geqslant \frac{F_v a}{0.85 f_y h_0} \quad (6-33)$$

（2）斜截面承载力

牛腿的斜截面承载力主要取决于混凝土和弯起钢筋，而水平箍筋对斜截面受剪承载力没有直接作用，但水平箍筋可有效地限制斜裂缝的开展，从而可间接提高斜截面承载力。根据试验分析及设计，只要牛腿截面尺寸满足式（6—32）或式（6—33）的要求，且按构造要求配置水平箍筋和弯起钢筋，则斜截面承载力均可得到保证。

3. 牛腿的构造要求

沿牛腿顶部配置的纵向受力钢筋，宜采用 HRB400 级或 HRB500 级热轧带肋钢筋。全部纵向受力钢筋及弯起钢筋宜沿牛腿外边缘向下伸入下柱内 150mm 后截断。

纵向受力钢筋及弯起钢筋伸入上柱的锚固长度，当采用直线锚固时不应小于受拉钢筋锚固长度 l_0；当上柱尺寸不足时，可采用 90°弯折锚固的方式，此时钢筋应伸至柱外侧纵向钢筋内边并向下弯折，其包含弯弧在内的水平投影长度不应小于 $0.4l_a$（l_a 为受拉钢筋的基本锚固长度）。此时，锚固长度应从上柱内边算起。

当牛腿设于上柱柱顶时，宜将牛腿对边的柱外侧纵向受力钢筋沿柱顶水平弯入牛腿，作为牛腿纵向受拉钢筋使用。当牛腿顶面纵向受拉钢筋与牛腿对边的柱外侧纵向钢筋分开配置时，牛腿顶面纵向受拉钢筋应弯入柱外侧，并应符合钢筋搭接的规定。

牛腿应设置水平箍筋，水平箍筋的直径应取 6～12mm，间距为 100～150mm，在上部 $2h_0/3$ 范围内的箍筋总截面面积不宜小于承受竖向力的受拉钢筋截面面积的 1/2。

当牛腿的剪跨比 a/h_0 不小于 0.3 时，宜设置弯起钢筋。弯起钢筋宜采用 HRB400 级或 HRB500 级热轧带肋钢筋，并宜使其与集中荷载作用点到牛腿斜边下端点连线的交点位于牛腿上部 $l/6 \sim l/2$ 的范围内，l 为该连线的长度。弯起钢筋截面面积不宜小于承受竖向力的受拉钢筋截面面积的 1/2，且不宜少于 2 根直径 12mm 的钢筋。同时，纵向受拉钢筋不得兼作弯起钢筋。

三、抗风柱的设计要点

厂房两端山墙由于其面积较大，所承受的风荷载亦较大，故通常需设计成具有钢筋混凝土壁柱而外砌墙体的山墙，这样，使墙面所承受的部分风荷载通过该柱传到厂房的纵向柱列中去,这种柱子称为抗风柱。抗风柱的作用是承受山墙风载或同时承受由连系梁传来的山墙重力荷载。

厂房山墙抗风柱的柱顶一般支承在屋架(或屋面梁)的上弦,其间多采用弹簧板相互连接,以便保证屋架(或屋面梁)可以自由地沉降,而又能够有效地将山墙的水平风荷载传递到屋盖上去。

为了避免抗风柱与端屋架相碰,应将抗风柱的上部截面高度适当减小,形成变截面柱。抗风柱的柱顶标高应低于屋架上弦中心线50mm,以使柱顶对屋架施加的水平力可通过弹簧钢板传至屋架上弦中心线,不使屋架上弦杆受扭;同时抗风柱变阶处的标高应低于屋架下弦底边200mm,以防止屋架产生挠度时与抗风柱相碰。

上部支承点为屋架上弦杆或下弦杆,或同时与上下弦铰接,因此,在屋架上弦或下弦平面内的屋盖横向水平支撑承受山墙柱顶部传来的风载。在设计时,抗风柱上端与屋盖连接可视为不动铰支座,下端插入基础杯口内可视为固定端,一般按变截面的超静定梁进行计算。

由于山墙的重量一般由基础梁承受,故抗风柱主要承受风荷载;若忽略抗风柱自重,则可按变截面受弯构件进行设计。当山墙处设有连系梁时,除风荷载外,抗风柱还承受由连系梁传来的墙体重量,则抗风柱可按变截面的偏心受压构件进行设计。

抗风柱上柱截面尺寸不宜小于350mm×300mm,下柱截面尺寸宜采用工字形截面或矩形截面,其截面高度应满足≥H_x/25,且≥600mm;其截面宽度应满足≥H_y/35,且≥350mm。其中,H_x为基础顶面至屋架与山墙柱连接点(当有两个连接点时指较低连接点)的距离;H_y为山墙柱平面外竖向范围内支点间的最大距离,除山墙柱与屋架及基础的连接点外,与山墙柱有锚筋连接的墙梁也可视为连接点。

第四节 单层厂房各构件与柱连接构造设计

装配式钢筋混凝土单层厂房柱除了按上述内容进行设计外,还必须进行柱和其他构件的连接构造设计。柱子是单层厂房中的主要承重构件,厂房中许多构件,如屋架、吊车梁、支撑、基础梁及墙体等都要和它相联系。由各种构件传来的竖向荷载和水平荷载均要通过柱子传递到基础上去,所以,柱子与其他构件有可靠连接是使构件之间有可靠传力的保证,在设计和施工中不能忽视。同时,构件的连接构造关系到构件设计时的计算简图是否基本合乎实际情况,也关系到工程质量及施工进度。因此，应重视单层厂房结构中各构件间的连接构造设计。

一、单层厂房各构件与柱连接构造

（一）柱与屋架的连接构造

在单层厂房中，柱与屋架的连接，采用柱顶和屋架端部的预埋件进行电焊的方式连接。垫板尺寸和位置应保证屋架传给柱顶的压力的合力作用线正好通过屋架上、下弦杆的交点，一般位于距厂房定位轴线150mm处。

柱与屋架（屋面梁）连接处的垂直压力由支承钢板传递，水平剪力由锚筋和焊缝承受。

（二）柱与吊车梁的连接构造

单层厂房柱子承受由吊车梁传来的竖向及水平荷载，因此，吊车梁与柱在垂直方向及水平方向都应有可靠的连接，吊车梁的竖向荷载和纵向水平制动力通过吊车梁梁底支承板与牛腿顶面预埋连接钢板来传递。吊车梁顶面通过连接角钢（或钢板）与上柱侧面预埋件焊接，主要承受吊车横向水平荷载。同时，采用C20～C30的混凝土将吊车梁与上柱的空隙灌实，以提高连接的刚度和整体性。

（三）柱间支撑与柱的连接构造

柱间支撑一般由角钢制作，通过预埋件与柱连接。预埋件主要承受拉力和剪力。

二、单层厂房各构件与柱连接预埋件计算

（一）预埋件的构造要求

1. 预埋件的组成

预埋件由锚板、锚筋焊接组成。受力预埋件的锚板宜采用可焊性及塑性良好的Q235、Q345级钢制作。受力预埋件的锚筋应采用HRB400或HPB300钢筋。若锚筋采用HPB300级钢筋时，受力埋设件的端头须加标准钩。不允许用冷加工钢筋做锚筋。在多数情况下，锚筋采用直锚筋的形状，有时也可采用弯折锚筋的形状。

预埋件的受力直锚钢筋不宜少于4根，且不宜多于4排；其直径不宜小于8mm，且不宜大于25mm。受剪埋设件的直锚钢筋允许采用2根。

直锚筋与锚板应采用T形焊连接。锚筋直径不大于20mm时，宜采用压力埋弧焊；锚筋直径大于20mm时，宜采用穿孔塞焊。当采用手工焊时，焊缝高度不宜小于6mm及$0.5d$（300MPa级钢筋）或$0.6d$（其他钢筋）。

2. 预埋件的尺寸要求

锚板厚度 δ 应大于锚筋直径的 0.6 倍,且不小于 6mm;受拉和受弯埋设件锚板厚度 δ 尚应大于 1/8 锚筋的间距 b。锚筋到锚板边缘的距离,不应小于 $2d$ 及 20mm。受拉和受弯预埋件锚筋的间距以及至构件边缘的边距均不应小于 $3d$ 及 45mm。

受剪预埋件锚筋的间距应不大于 300mm。受剪预埋件直锚筋的锚固长度不应小于 $15d$,其长度比受拉、受弯时小,这是因为预埋件承受剪切作用时,混凝土对其锚筋有侧压力,从而增大了混凝土对锚筋的黏结力的缘故。

(二) 预埋件的构造计算

预埋件的计算,主要指通过计算确定锚板的面积和厚度、受力锚筋的直径和数量等。它可按承受法向压力、法向拉力、单向剪力、单向弯矩、复合受力等几种不同预埋件的受力特点通过计算确定,并在参考构造要求后予以确定。

1. 承受法向压力的预埋件的计算

承受法向压力的预埋件,根据混凝土的抗压强度来验算承压锚板的面积:

$$A \geqslant \frac{N}{0.5 f_c} \qquad (6-34)$$

式中:A——为承压锚板的面积(钢板中压力分布线按 45°);N——为由设计荷载值算得的压力;f_c——为混凝土轴心抗压强度设计值;0.5 为保证锚板下混凝土压应力不致过大而采用的经验系数。

承压钢板的厚度和锚筋的直径、数量、长度可按构造要求确定。

2. 承受法向拉力的预埋件的计算

承受法向拉力的预埋件的计算原则是,拉力首先由拉力作用点附近的直锚筋承受,与此同时,部分拉力由于锚板弯曲而传给相邻的直锚筋,直至全部直锚筋到达屈服强度时为止。因此,埋设件在拉力作用下,当锚板发生弯曲变形时,直锚筋不仅单独承受拉力,而且还承受由于锚板弯曲变形而引起的剪力,使直锚筋处于复合应力状态,因此其抗拉强度应进行折减。锚筋的总截面面积可按下式计算:

$$A \geqslant \frac{N}{0.8 \alpha_b f_y} \qquad (6-35)$$

式中:f_y——为锚筋的抗拉强度设计值,不应大于 300N/mm2;N——为法向拉力设计值;α_b——为锚板的弯曲变形折减系数,与锚板厚度 t 和锚筋直径 d 有关,可取:

$$\alpha_b = 0.6 + 0.25 \frac{t}{d} \qquad (6-36)$$

当采取防止锚板弯曲变形的措施时,可取 $\alpha_b = 1.0$。

3. 承受单向剪力的预埋件的计算

目前采用的直锚筋在混凝土中的抗剪强度计算公式，是经一些预埋件的剪切试验后得到的半理论半经验公式。试验表明，预埋件的受剪承载力与混凝土强度等级、锚筋抗拉强度、锚筋截面面积和直径等有关。在保证锚筋锚固长度和直锚筋到构件边缘合理距离的前提下，预埋件承受单向剪力的计算公式为：

$$A_s \geqslant \frac{V}{\alpha_r \alpha_v f_y} \tag{6-37}$$

式中：V——为剪力设计值；α_r——为锚筋层数的影响系数；当锚筋按等间距配置时，二层取 1.0，三层取 0.9，四层取 0.85；α_v——为锚筋的受剪承载力系数，反映了混凝土强度、锚筋直径 d、锚筋强度的影响，应按下列公式计算：

$$\alpha_v = (4.0 - 0.08d) \sqrt{\frac{f_c}{f_y}} \tag{6-38}$$

当 $\alpha_v > 0.7$ 时，取 $\alpha_v = 0.7$。

4. 承受单向弯矩的预埋件的计算

预埋件承受单向弯矩时，各排直锚筋所承担的作用力是不等的。受压区合力点往往超过受压区边排锚筋以外。为计算简便起见，在埋设件承受单向弯矩 M 的强度计算公式中，拉力部分取该埋设件承受法向拉力时锚筋可以承受拉力的一半，同时考虑锚板的变形引入修正系数 α_b，再引入安全储备系数 0.8，即 $0.8\alpha_b \times 0.5 A_s f_y$；力臂部分取埋设件外排直锚筋中心线之间的距离 z 乘以直锚筋排数影响系数 α_r，于是锚筋截面面积按下式计算：

$$A_s \geqslant \frac{M}{0.4\alpha_r \alpha_b f_y z} \tag{6-39}$$

式中：M——为弯矩设计值；z——为沿弯矩作用方向最外层锚筋中心线之间的距离。

5. 拉弯预埋件

根据试验，预埋件在受拉与受弯复合力作用下，可以用线性相关方程表达它们的强度。这样做既偏于安全，也使强度计算公式得到简化，给设计计算带来方便。

当预埋件承受法向拉力和弯矩共同作用时，其直锚筋的截面面积 A_s 应按下式计算：

$$A_s \geqslant \frac{N}{0.8\alpha_b f_y} + \frac{M}{0.4\alpha_r \alpha_b f_y z} \tag{6-40}$$

式中：N——为法向拉力设计值；M——为弯矩设计值；z——为沿剪力作用方向最外层锚筋中心线之间的距离。

6. 压弯预埋件

当预埋件承受法向压力和弯矩共同作用时，其直锚筋的截面面积 A_s 应按下式计算：

$$A_s \geqslant \frac{M-0.4Nz}{0.4\alpha_r\alpha_b f_y z} \qquad (6-41)$$

上式中 N 应满足 $N \leqslant 0.5 f_c A$ 的条件，A 为锚板的面积。

7. 拉剪预埋件

根据试验，预埋件在受拉与受剪复合力作用下，可以用线性相关方程表达它们的强度。当预埋件承受法向拉力和剪力共同作用时，其直锚筋的截面面积 A_s 应按下式计算：

$$A_s \geqslant \frac{V}{\alpha_r\alpha_v f_y} + \frac{N}{0.8\alpha_b f_y} \qquad (6-42)$$

8. 压剪预埋件

当预埋件承受法向压力和剪力共同作用时，其直锚筋的截面面积 A_s 应按下式计算：

$$A_s \geqslant \frac{V-0.3N}{\alpha_r\alpha_v f_y} \qquad (6-43)$$

上式中 N 应满足 $N \leqslant 0.5 f_c A$ 的条件，N 为锚板的面积。

9. 弯剪预埋件

根据试验，预埋件在受剪与受弯复合力作用下，都可以用线性相关方程表达它们的强度。当预埋件承受剪力、弯矩共同作用时，其直锚筋的总截面面积 As 应按下列两个公式计算，并取计算结果中的较大值：

$$A_s \geqslant \frac{V}{\alpha_r\alpha_v f_y} + \frac{M}{1.3\alpha_r\alpha_b f_y z}$$

$$A_v \geqslant \frac{M}{0.4\alpha_r\alpha_b f_y z} \qquad (6-44)$$

10. 预埋件在剪力、法向力和弯矩共同作用下的强度计算

埋设件一般都处于受拉（或受压）、受剪、受弯等各种组合的复合力作用之下。因此，除了掌握它们在单向力作用下的强度计算方法以外，还必须掌握它们在各种复合力作用下的强度计算方法。

（1）预埋件在剪力、拉力和弯矩共同作用下的强度计算

根据试验，预埋件在受拉、受剪复合力以及在受拉、受弯复合力作用下，都可以用线性相关方程表达它们的强度。因此，预埋件在受拉、受剪、受弯三种力的复合作用下，应取两个公式计算结果的较大者选取直锚筋：

$$A_s \geqslant \frac{V}{\alpha_t \alpha_v f_y} + \frac{N}{0.8\alpha_b f_y} + \frac{M}{1.3\alpha_t \alpha_b f_y z} \tag{6-45}$$

$$A_s \geqslant \frac{N}{0.8\alpha_b f_y} + \frac{M}{0.4\alpha_t \alpha_b f_y z}$$

（2）预埋件在剪力、压力和弯矩共同作用下的强度计算

当预埋件在法向压力、剪力、弯矩共同作用下时，预埋件所需的直锚筋总截面面积 A_s 取下列两式计算结果的较大者：

$$A_s \geqslant \frac{V - 0.3N}{\alpha_r \alpha_v f_y} + \frac{M - 0.4Nz}{1.3\alpha_t \alpha_b f_y z} \tag{6-46}$$

$$A_s \geqslant \frac{M - 0.4Nz}{0.4\alpha_t \alpha_b f_y z}$$

当 $M < 0.4Nz$ 时，取 $M = 0.4Nz$。

式中，N 为法向压力设计值，不应大于 $0.5 f_c A$，此处，A 为锚板的面积。

11. 弯折锚筋预埋件计算

由锚板和对称配置的弯折锚筋及直锚筋共同承受剪力的预埋件，其弯折锚筋的截面面积 A_{sb} 应符合：

$$A_{sb} = 1.4 \frac{V}{f_y} - 1.25\alpha_v A_s \tag{6-47}$$

式中：V ——为剪力设计值；α_v ——为锚筋的受剪承载力系数，应按下列公式计算：

$$\alpha_v = (4.0 - 0.08d)\sqrt{\frac{f_c}{f_y}} \tag{6-48}$$

当 $\alpha_v > 0.7$ 时，取 $\alpha_v = 0.7$。

当直锚筋按构造要求设置时，取 $A_s = 0$。

注：弯折锚筋与钢板之间的夹角不宜小于 $15°$，也不宜大于 $45°$。

（三）吊环计算

为了吊装预制钢筋混凝土构件，通常在构件中设置预埋吊环。吊环应采用可焊性及塑性良好的钢材，一般用 HPB300 级钢筋制成，不允许采用经过冷加工处理的钢筋。在构件的自重标准值 G_k（不考虑动力系数）作用下，假定每个构件设置 n 个吊环，每个吊环按 2 个截面计算，吊环钢筋的允许拉应力值为 σ_s，则吊环钢筋的截面面积 A_s 可按下式计算：

$$A_s \geqslant \frac{G_k}{2n \; \sigma_s} \tag{4.55}$$

式中：G_k ——为吊环承受的构件自重的标准值，以 kN 计；A_s ——为吊环钢筋截面面积，以 mm2 计；σ_s ——为钢筋的允许拉应力，可取 50N/mm2。

根据施工时的实际受力状况，当一个构件设有四个吊环时，只考虑其中的三个能够同时起作用。

吊环在混凝土中的锚固长度为 $30d$（d 为吊环钢筋直径），并应将吊环焊接或绑扎在受力钢筋骨架上。

参考文献

[1] 郑睿，高超. 建筑结构［M］. 北京：北京理工大学出版社，2024.

[2] 江鹏. 建筑设计原理和设计实践［M］. 北京：北京三合骏业文化传媒有限公司，2024.

[3] 刘正涛，彭强，宫金鑫. 建筑结构设计与项目管理［M］. 哈尔滨：哈尔滨出版社，2024.

[4] 何浙浙. 高层建筑结构设计［M］. 北京：机械工业出版社，2023.

[5] 马骥，宋继鹏，杜书源. 建筑结构设计与工程管理［M］. 长春：吉林科学技术出版社，2023.

[6] 韩克鹏. 建筑结构设计及优化研究［M］. 北京：中国商务出版社，2023.

[7] 王晋，黎新，刘丽霞. 建筑结构设计与工程管理［M］. 长春：吉林科学技术出版社，2023.

[8] 林永洪. 建筑理论与建筑结构设计研究［M］. 长春：吉林科学技术出版社，2023.

[9] 张峰，徐长波. 建筑结构设计与项目工程监管［M］. 长春：吉林科学技术出版社，2023.

[10] 梁宗敏，唐一文. 建筑结构设计导论［M］. 北京：中国水利水电出版社，2023.

[11] 董志城，高华，祁广攀. 建筑结构设计原理与实务［M］. 延吉：延边大学出版社，2023.

[12] 张学任，牛建辉，郭星星. BIM技术与建筑结构设计应用研究［M］. 长春：吉林科学技术出版社，2023.

[13] 李江. 现代建筑结构及其优化设计［M］. 长春：吉林科学技术出版社，2023.

[14] 郭仕群. 高层建筑结构设计［M］. 重庆：重庆大学出版社，2022.

[15] 胡群华，刘彪，罗来华. 高层建筑结构设计与施工［M］. 武汉：华中科技大学出版社，2022.

［16］魏颖旗，张敏君，王淼. 现代建筑结构设计与市政工程建设［M］. 长春：吉林科学技术出版社，2022.

［17］杨东豫，李欣聪，王空前. 建筑结构设计与施工质量控制研究［M］. 长春：吉林科学技术出版社，2022.

［18］马兵，王勇，刘军. 建筑工程管理与结构设计［M］. 长春：吉林科学技术出版社，2022.

［19］卢瑾. 建筑结构设计研究［M］. 北京：中国纺织出版社，2022.

［20］戚军，张毅，李丹海. 建筑工程管理与结构设计［M］. 汕头：汕头大学出版社，2022.

［21］宋明，张红军，齐津涛. 建筑工程建设与结构设计研究［M］. 沈阳：辽宁科学技术出版社，2022.

［22］滕凌. 建筑构造与建筑设计基础研究［M］. 长春：吉林科学技术出版社，2022.

［23］熊海贝. 高层建筑结构设计［M］. 北京：机械工业出版社，2021.

［24］白国良，王博. 高层建筑结构设计［M］. 武汉：武汉大学出版社，2021.

［25］林拥军. 建筑结构设计［M］. 成都：西南交通大学出版社，2020.

［26］杨飞羽. 建筑结构设计与施工管理［M］. 天津：天津科学技术出版社，2020.

［27］刘炳强，王连兴，刁春峰. 建筑结构设计与暖通工程研究［M］. 长春：吉林科学技术出版社，2020.

［28］朱浪涛. 建筑结构［M］. 重庆：重庆大学出版社，2020.

［29］田洹东，刘涛，黄景信. 建筑结构优化设计方法与应用研究［M］. 北京：中国原子能出版社，2020.

［30］刘雁，李琮琦. 建筑结构［M］. 南京：东南大学出版社，2020.

［31］徐明刚. 建筑结构［M］. 北京：北京理工大学出版社，2020.